煤矿综放工作面引射除尘理论与技术研究

翟国栋 著

煤 炭 工 业 出 版 社

· 北 京 ·

内 容 提 要

本书在综合分析煤矿综放工作面粉尘特征、除尘技术和引射除尘机理的基础上，深入研究了内旋子式喷嘴的设计理论，对内旋子式喷嘴的流场和引射除尘器的流场进行了数值模拟，设计了引射除尘器性能测试试验系统，从而对引射除尘器结构进行了优化，并在某煤矿综采工作面进行了现场试验。全书共分 10 章，主要内容包括绪论、放煤口煤尘的产生和基本特性、高压水射流及其雾化机理的研究、引射除尘基础理论、综放工作面引射除尘器设计、引射除尘器内旋子式喷嘴的设计、引射除尘器喷嘴内外流场的数值模拟、引射除尘器引射筒内部流场数值模拟、引射除尘器流场的数值模拟、引射除尘器的试验研究等。

本书可供机械工程、矿业工程、安全工程等专业的师生和工程技术人员参考和使用。

前　言

煤矿粉尘是指在煤矿开拓、掘进、回采和提升运输等生产过程中产生并能长时间悬浮于空气中的岩石和煤炭的细微颗粒，简称为矿尘。随着煤炭开采机械化水平大幅度提高，煤矿粉尘的产生也成倍增加。综合机械化放顶煤开采是集机械破煤和矿压破煤于一体的开采方法，具有出煤多、适应性强和效率高的明显优势。在采煤过程中，放顶煤液压支架不仅起着支撑采空区顶板、提供足够作业空间、推移工作面的作用，最关键的是具有放出支架上方破碎煤体的功能。在综合机械化放顶煤开采工作面，除了采煤机割煤、刮板输送机运煤产生煤尘外，液压支架的放煤、移架、架间漏煤也是煤尘的主要来源。

煤矿粉尘影响矿井安全生产，威胁职工身体健康，是煤矿五大灾害之一。煤尘化学成分与物理特性复杂，长期接触会形成弥漫性肺纤维化，尤其是呼吸性煤尘，由于体积小的特点，极易被吸入肺中，引发各类相关疾病，严重威胁工人的生命和健康。煤尘浓度较高时，不仅遮挡采煤司机的视线而导致误操作，而且加速机械的磨损，缩短精密仪器的寿命。最主要的是大量煤矿粉尘可以引发煤尘爆炸事故，从而造成严重的煤矿安全生产事故。因此煤矿的除尘、降尘工作一直是煤矿安全生产的重要任务。

由于放顶煤开采放煤口位置较高，产生的粉尘量大、浓度高，应采取多种措施，有效降低工作面的粉尘密度，改善安全状况，保护工人健康。在采煤工作面，降尘、除尘的方法有通风除尘、加湿润剂降尘、磁化水抑尘、泡沫除尘等。引射除尘器作为一种应用于放顶煤液压支架放煤口的除尘装置,其工作原理是高压水通过特制的喷水装置喷入引射筒,形成雾状水滴在引射筒中高速前进,从而在引射筒出水口的另一端产生负压,含尘空气在负压的作用下吸入引射筒,并与引射筒内水雾混合从而被水滴捕集,粉尘和水雾混合后形成的含尘水雾高速撞向折流板,排放到刮板输送机上,并由刮板输送机运出采煤工作面,从而起到降低工作面粉尘浓度的作用。引射除尘器的除尘过程是一个非常复杂的气体、液体和固体微颗粒的多相流运动。在引射除尘器内部,煤尘的运动受到气体流场分布、管道壁、颗粒间相互碰撞、液体流场、压力、湍流以及漩涡等因素的影响。

本书是在参阅前人研究成果的基础上,根据多年来在引射除尘领域的理论研究和工程实践完成的,本书主要内容包括:

(1)以 ZF 13000/21/40 型低位放顶煤液压支架为例,根据该型液压支架的设备构成和几何尺寸,综合考虑工作面的实际状况,计算出引射除尘器的最大空间尺寸,确定了引射除尘器的总体结构尺寸。根据引射除尘器总体结构尺寸要求,进行引射除尘器的结构设计,包括引射筒组件、折流板组件、喷水装置组件等。应用三维建模软件,建立引射除尘器的实体模型,实现了引射除尘器的可视化、标准化。

(2)设计了内旋子式喷嘴结构。应用 Abramovich 的最大流量原理和高压水射流破碎理论,计算出内旋子喷嘴结构参数的理论尺寸范围,包括喷嘴的理论出口直径,螺旋槽的理论旋流直径、槽宽、槽深等。

(3)建立喷嘴内外流场的物理模型和数学模型,运用 Fluent 分析软件进行数值仿真模拟,得出喷嘴内外气液两相流分布情况及其压力特性、速度特性。建立正交模拟试验组,通过对喷嘴出口处水流的速度、吸气量等指标的分析,优化喷嘴的结构参数。通过数值模拟,充分体现了射流破碎现象。分析数值模拟结果,可以得到以下结论:“入口段与螺旋槽、直通孔的过渡部分”“螺旋槽”和“混合室与喷嘴出口的过渡部分”是喷嘴水压损失、动能增加的主要部位;水流的轴向速度在出口段呈现出M形分布,即在中心区出现空气灌入的现象;水流的切向速度呈现出N形分布,并具有明显的势涡和涡核现象;水流的径向速度在喷嘴内较低,而在喷出后,迅速增大,以满足水流向四周扩散的速度要求。

(4) 分析了流体流动特性和流体基本控制方程。采用Fluent软件建立流体分析模型,固定引射筒直径改变水压,得到流场的分布和数据,确定了水压和引射筒直径最佳组合参数。在已有的Fluent模型中改变引射筒直径,得到相应的流场分布。经过多组正交模拟试验,得到引射除尘器的最佳参数组合。数值模拟结果与现场试验测试结果进行对比,得知在误差允许范围内所建立的Fluent模型准确可靠。

(5) 深入分析并探讨了煤尘的产生、煤尘在空气中的受力、煤尘随气流的运动特性;对射流雾化的机理进行研究,得出圆柱液体的破碎原理、雾化的程度指标、雾化的影响因素等都是研究水射流雾化除尘的重要影响因素;建立数学控制方程,研究湍流和多相流模型;选择了低位放顶煤液压支架作为负压除尘器的安装对象,建立了相应的物理模型,进行网格划分后,选择了适合负压除尘器的标准$k-\varepsilon$方程和离散相模型;利用Fluent软件对负压除尘器进行模拟,得到了水压、喷嘴直径和喷嘴位置对内部流场的影响;分析现场试验和数值仿真模拟结果发现,两种方法基本吻合,验证了所建立的Fluent模型基本正确。

(6) 设计了用于优化引射除尘器结构参数的风速测试试验系统。依据理论计算的喷嘴结构参数参考值,设计了不同结构参数的12种外壳与14种旋芯;测量了由不同结构参数的旋芯和外壳搭配的多个喷嘴在自由状态下喷出射流的雾化角。通过分析测量数据，可以得到雾化效果较好的喷嘴结构参数组合。

(7) 设计了射流参数 PDA 测试试验系统。试验对已经优化的喷嘴在进水压力为 12 MPa 时喷出的射流进行了测量，得到三个坐标方向的速度分布图和粒径分布图。

本书是作者负责和承担的中央高校基本科研业务费专项资金（项目编号：2014YJ02）、国家级大学生创新创业训练计划（项目编号：201611413086）、北京市大学生创新训练项目（项目编号：K201504024）、北京高校高水平人才交叉培养“实培计划”（2016 年、2017 年）、中国矿业大学（北京）教学改革项目（项目编号：j160403）、中国矿业大学（北京）重点资助教材建设项目（项目编号：j150402）等课题研究成果的整理和总结。

本书的研究工作自始至终得到了中国矿业大学(北京)董志峰教授、傅贵教授、严升明教授以及开滦集团禹州矿业公司许向东高级工程师等专家的关心和指导,在此表示衷心的感谢。感谢课题组研究生李耀宗、陈巧珍、孟莉俐以及本科生童伟、王泽路等在资料整理、数值模拟等方面的辛勤工作。本书参阅了国内外许多学者的著作、论文和研究报告,特在此对其作者表示衷心的感谢。

引射除尘的机理和技术应用涉及许多理论和方法，需要考虑的因素很多，非常值得深入探讨和研究。由于作者水平有限，书中难免有不妥和错误之处，敬请读者批评指正。欢迎将意见发送至作者邮箱：zgd@ cumtb. edu. cn。

作　者

2018 年 8 月

目 录

1 绪　论

1.1 煤矿综放工作面除尘技术的研究背景

煤矿粉尘是指在煤矿开拓、掘进、回采和提升运输等生产过程中产生并能长时间悬浮于空气中的岩石和煤炭的细微颗粒，也简称为矿尘。随着煤炭开采机械化水平大幅度提高，煤矿粉尘的产生也大幅度提高。综合机械化放顶煤开采是集机械破煤和矿压破煤于一体的开采方法，具有出煤多、适应性强和效率高的明显优势。放顶煤液压支架是综放工作面的主要设备之一。在采煤过程中，放顶煤液压支架不仅起着支撑采空区顶板，提供足够作业空间，推移工作面的作用，更主要的是具有放出支架上方破碎煤体的关键功能。在综放工作面，除了采煤机割煤、刮板输送机运煤产生煤尘外，液压支架的放煤、移架、架间漏煤也是煤尘的主要来源。

煤矿粉尘影响矿井安全生产，威胁职工身体健康，是煤矿五大灾害之一。煤矿粉尘化学成分与物理特性复杂，长期接触会形成弥漫性肺纤维化，尤其是呼吸性煤尘，由于体积小的特点，极易被吸入肺中，引发各类相关疾病，严重威胁工人的生命和健康。尘肺病发生的主要因素：①矿尘成分。矿尘中游离二氧化硅的含量越高越易致病；②矿尘的粒度。尘粒越微细越易致病，小于 5 μm 的尘粒越多，对人体的危害性越大；③矿尘的浓度。空气中含有的矿尘浓度越大，工人吸入的矿尘量就越多，越易得病；④接触矿尘的作业时间。从事井下作业的工龄越长，吸入的粉尘量越多，就越易患尘肺病。根据我国煤矿的统计，尘肺病的发病工龄一般在 10 年左右，短的也有 3 ~ 5

年发病者；⑤矿工的健康状况，生活习惯以及个人卫生条件。体质较弱，个人卫生较差又有吸烟等不良生活习惯的矿工更易患尘肺病。截至 2014 年，我国累计报告职业病尘肺病例 77 万例，矿工尘肺约占 55%，且还以每年 1 万例递增。我国每年尘肺病带来的直接经济损失达上百亿，严重影响了国民生活质量的提高。

煤尘浓度较高时，不仅遮挡采煤司机的视线而导致误操作，而且加速机械的磨损，缩短精密仪器的寿命，最为严重的是煤尘可以引发煤尘爆炸事故。煤尘爆炸是空气中氧气与煤尘急剧反应的过程，首先是浮尘在热源作用下迅速地被干馏或气化而放出可燃性气体。然后是可燃性气体与空气混合燃烧。最后是煤尘燃烧放出热量，这种热量以分子传导和火焰辐射的方式传给附近悬浮的或被吹扬起来的落地煤尘，这些煤尘受热分解，跟着燃烧起来，此种过程连续不断地进行，氧化反应越来越快，温度越来越高，当达到一定程度时，便能发展成煤尘爆炸。煤尘爆炸时产生高温、高压和生成大量的有毒有害气体，破坏井巷，毁坏设备，伤亡人员，甚至导致整个矿井毁坏，严重地威胁安全生产和人员的生命安全。干式钻孔和采煤机在破煤过程中产生的煤尘既能在完全没有瓦斯存在的情况下单独发生爆炸，也能使小规模的瓦斯爆炸转化为瓦斯与煤尘的混合爆炸，引起连续爆炸。在 2006 年至 2015 年间发生的各类煤矿安全事故中，由瓦斯（煤尘）造成的事故是发生频率最高的事故，占事故总数的 48.1%。国务院印发的《安全生产“十三五”规划》指出，在煤矿生产过程中，应强化煤矿粉尘防控，加强作业工作面职业病危害的管控。

鉴于煤矿粉尘的巨大危害性和相关法律法规的要求，掌握综放工作面煤尘的运动规律和有效控制煤尘浓度成为一个迫切需要解决的重要课题。降低煤尘浓度，对于保证数百万煤矿井下人员生命和健康、保证煤矿的安全生产和实现国家能源的稳定供给有着重要意义。而实现这一目标的最根本手段是煤矿相关技术的革新与管理水平的提升。

1.2 煤矿降尘除尘的主要方法

煤矿生产过程中，如钻眼作业、爆破作业、采掘、运输等各个环节都会产生大量的粉尘。控制的重点就是如何减少、降低这些区域的产尘量，把煤矿粉尘控制在安全浓度之内。煤矿粉尘治理技术和装备发展很快，20 世纪 50 年代中期到 20 世纪 60 年代，国内较系统地进行煤层注水机理及工艺的研究。20 世纪 70 年代研制出煤层注水专用的高压注水泵及配套注水仪表和器具，形成了煤层注水成套技术。20 世纪 80 年代煤矿机械化发展迅速，采掘工作面产尘强度也急剧增加，针对采掘面高产尘的现状，先后开展了采煤机内外喷雾降尘技术、机采工作面含尘气流控制技术、液压支架自动喷雾降尘技术、综采放顶煤工作面综合防尘技术、机掘工作面通风除尘技术以及湿式和干式掘进机用除尘器、锚喷除尘器、转载运输系统自动喷雾降尘、泡沫除尘等一系列技术的研究，开发了多种除尘降尘设备。20 世纪 90 年代，则进行了超声雾化、荷电喷雾、高压喷雾等高效喷雾降尘技术的研究，使呼吸性粉尘的降尘率大大提高。随着现代科学技术的不断发展，成功研制出了涡流控尘装置、KCS 系列新型湿式除尘器和 CPC 高压喷雾降尘装置，使工作面综合除尘技术配套装备更加完善，降尘效率进一步提高。

我国煤矿主要的防尘措施有采煤机喷雾、掘进机喷雾、湿式打眼、干式凿岩捕尘、水力冲孔以及掘进爆破时采用水炮泥、喷雾洒水、通风除尘、煤层注水、冲洗岩帮、水幕净化、个人防护等防尘技术措施。其中，使用率最高的是煤层注水预湿技术、喷雾洒水技术和通风除尘技术，而在井下的采掘工作面主要采用以通风除尘技术为主、以洒水技术相辅的措施。主要除尘技术措施为以下几个：

（1）减少和抑制尘源产生。减少和抑制尘源产生是防尘工作的治本性方法，它不仅可以减小总产尘量，同时可以减少呼吸性粉尘的比例，是矿井控尘中优先采用的技术措施。减少和抑制尘源产生的主要技术措施：煤层注水、湿式打眼、水炮泥、采掘机械内外喷雾等。煤层注水是利用水的压力通过钻孔把水注入即将回采的煤层中，使煤体得到预先湿润，减少采煤过程中浮游煤尘的产生量。这种措施降尘效果较好，一般可降低煤矿粉尘浓度60% ~90% 。国外有些国家在煤层注水中加湿润剂，提高了湿润程度和降尘的效果。

（2）降低悬浮煤矿粉尘。采用抑制尘源的措施后，仍有一定量的煤矿粉尘悬浮在矿井风流中，对这部分煤矿粉尘采取采煤机内外喷雾，液压支架移架自动喷雾，转载点、回风巷等点采取定点喷雾洒水等技术措施使其沉降，以降低风流中的煤矿粉尘浓度。喷雾降尘是向浮游于空气中的粉尘喷射水雾，通过增加尘粒的重量，达到降尘的目的。喷雾技术的关键是喷嘴要能形成良好降尘效果的雾流。美国和苏联等国家在雾流参数方面进行了大量研究，并建立了喷嘴检测中心，保证了喷嘴的生产质量和使用效果。

（3）通风除尘。对一些颗粒极小的煤矿粉尘，特别是呼吸性煤矿粉尘，在采取了喷雾技术后，仍有一部分煤矿粉尘难以沉降，继续悬浮在空气中。为此，可加强通风和改变通风方式，使其不断被风流稀释并排除，同时可附加专门的除尘设备，使风流中浮游煤矿粉尘聚集之后被清除。例如利用除尘器除尘，将空气中的煤矿粉尘分离出来，从而达到除尘的目的。目前，国外一些主要产煤国家都在煤矿井下广泛使用除尘器进行除尘。美国采用了除尘风机、湿式纤维除尘器、旋风除尘器等。英国在掘进巷道及掘进机上采用了湿式洗涤除尘器和湿式过滤除尘器。德国在破碎机处、转载点、掘进机上采用了干式布袋除尘器。国外的除尘设备一般体积大、较笨重，但除尘效率高，消音效果好。国内应用比较普遍的主要是除尘风机、风水除尘器以及负压二次降尘技术等。

（4）湿润剂。对于一些降低总尘量效果较好而对降低呼吸性煤矿粉尘量不够理想的场合，需提高呼吸性煤矿粉尘降尘效果的技术措施，如在水中加湿润剂。由于水的表面张力较大，对粒径较小的粉尘降尘率仅在 30% 左右。水中加入湿润剂后，可增加水溶液对粉尘的润湿性，从而提高降尘效果。我国煤矿采用的湿润剂有 JFC、HY、SR－1 等，其降尘率一般较清水提高 60% ~90% 。

（5）磁化水抑尘。水是一种抗磁性的物质，由成对电子的分子组成，在磁场中都存在着一个微弱的排斥力，当外加一个磁场后，能使原来的抗磁性物质发生磁化，并建立起与原有磁场相反的磁矩。这一外加的磁矩使水的内聚力下降，也就是使水的黏度和表面张力下降。磁化处理后，降低了水的硬度、电导率，净化了水质和提高了水的渗透压力，更主要的是改变了水的晶格结构，使复杂的长链变成短链结构，从而使水珠变细变小，提高雾化程度，增加与粉尘的凝聚机会，特别是对呼吸性粉尘的捕捉能力加强。经磁化处理后，使水的黏度降低，晶体结构变小、水珠变细，有利于提高水的雾化程度，提高固－液界面的吸附作用和润湿作用，增加水与尘粒的接触机会，从而提高降尘效果。水磁化后的平均降尘率一般是清水的 1.91 倍。目前，我国煤矿推广应用的磁水器主要有 TFL 型高效磁化喷嘴降尘器、RMJ 型系列磁水器等。

（6）泡沫除尘。泡沫除尘是用专门的泡沫发生装置向尘源喷射泡沫，使刚刚生成的粉尘被无间隙泡沫覆盖，从而被湿润、沉积，最终达到降尘的目的。应用泡沫除尘时，先将压缩空气、水、表面活性剂用混合机强行混合后，再送至称为发泡装置的金属网处，形成类似刮脸涂膏的细小泡沫，再通过导管，向指定地点喷射。泡沫除尘适用于尘源较固定的作业地点，如综采机组、带式输送机等，一般除尘率可达 90% 以上。泡沫除尘同喷雾洒水除尘相比，其耗水量减少一半以上。这种除尘技术在美国、苏联、波兰等国家得到广泛应用。采用泡沫除尘应注意泡沫剂的成分，其成分应该是无毒的、易溶于水的。

（7）超声雾化技术。这种除尘方法的特点是在局部密闭的产尘点中，安装利用压缩空气驱动的超声波雾化器，当高速气流冲击雾化器的共振腔时，在气流出口与腔之间由于聚能而产生超声场，水进入超声场时，迅速被雾化成浓密的微细水雾，这种水雾的粒径比普通喷雾器喷出的雾滴粒径（200 ~ 400 μm）小 10 倍左右。同时水迅速捕集并凝聚微细粉尘，使粉尘很快沉降在产尘点，实现就地抑尘的目的。超声雾化技术由于其捕尘机理与普通喷雾捕尘完全不同，在捕尘中耗水量极少，被称为超声干雾捕尘，避免了使用干式、湿式除尘器带来的问题和清灰工作带来的二次污染以及普通喷雾水量过大的弊病。

1.3 采煤工作面粉尘防治技术

采煤工作面粉尘防治主要通过控制粉尘飞扬、捕尘、避开粉尘流等方式降低粉尘浓度，其主要技术措施有煤层注水预湿煤体防尘、采煤机高压喷雾降尘、液压支架自动喷雾降尘以及采煤机随机自动跟踪降尘等。

1.3.1 煤层注水预湿煤体防尘

煤层注水是利用水的压力通过钻孔把水注入即将回采的煤层中，使煤体得到预先湿润，以便减少采煤时浮游煤尘的产生量。煤层注水预湿煤体是降低煤层开采时煤尘产生量最根本、最有效的防尘手段，一般可降低粉尘浓度 60% ~90% 。在综放工作面，煤层注水还起到软化煤体、提高放煤效率和顶煤回收率的作用。

同时，煤层注水也能有效抑制煤体氧化，降低工作面温度，预防或降低冲击地压的危害，减少瓦斯的解吸及涌出量，降低工作面的瓦斯浓度，预防煤与瓦斯突出。有些国家在煤层注水中加湿润剂或氯化钙，提高了湿润程度和降尘的效果。苏联已研制出测定煤层注水前后煤层水分的仪器。煤层注水预湿煤体防尘关键技术：注水钻孔布置方式、注水钻孔封孔工艺技术及装备、注水工艺技术及参数等。应根据工作面长度、实际钻孔施工技术及其他具体条件，确定采用不同钻孔布置方式；根据不同煤层的注水难度和特殊性，为提高注水湿润效果，采用不同的钻孔间距和注水工艺；根据钻孔倾角对封孔及注水的影响，一般采用顺层长钻孔或伪斜长钻孔。煤层注水时，封孔质量的好坏对注水效果的影响极大。通过对具体煤层封孔工艺技术影响因素的综合分析，确定其封孔工艺。国内外采用的封孔方法主要有三种：水泥稠浆类封孔、封孔器封孔及化学合成材料封孔。由于煤层注水对封孔质量及封孔深度的要求较高，一般应采用水泥稠浆加膨胀剂封孔，以保证封孔深度和封孔质量。针对煤层湿润性及工作面的具体条件，煤层注水工艺参数的确定原则是使注水钻孔所承担范围的煤层最大可能地得到均匀、充分地湿润。具体有以下注水工艺：①先抽放后注水；②利用工作面超前压力影响带进行注水；③采用一般动压注水方式；④采用脉冲动压注水；⑤使用注水添加剂提高煤的湿润效果；⑥缩小钻孔间距等。

长钻孔注水方式具有煤体湿润均匀、湿润范围大等优点，国内外均作为主要的注水方式。单向钻孔能湿润工作面全长的煤体时，直接从回风巷或运输平巷平行于工作面打向下或向上的钻孔，如图 1 - 1 所示。当单向钻孔不能湿润工作面全长的煤体时，则采用双向钻孔注水，如图 1 - 2 所示。

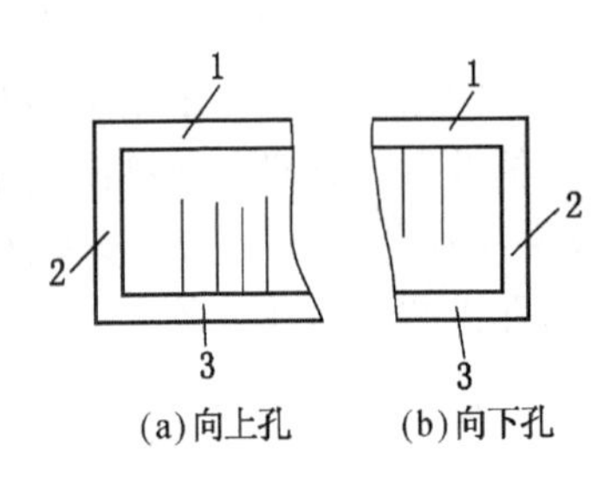

1—上平巷；2—开切眼；3—下平巷

图1－1　单向长钻孔注水方式示意图

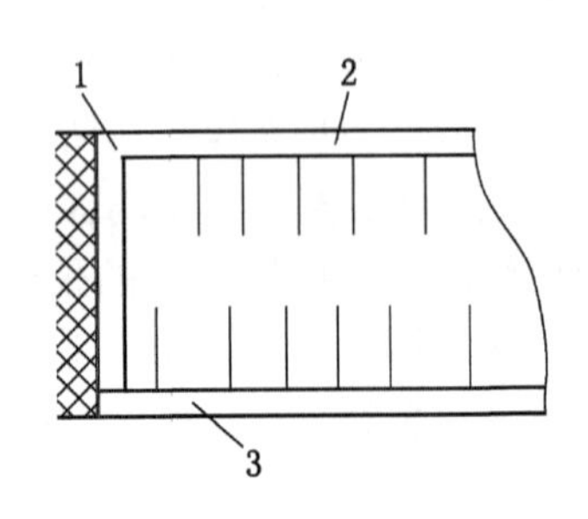

1—回风巷；2—开切眼；3—运输巷

图1－2　双向长钻孔注水方式示意图

1.3.2　采煤机高压喷雾降尘

采煤机割煤是采煤工作面的最大尘源。根据采煤机割煤产尘特点及高压喷雾降尘理论，可以采用采煤机高压喷雾引射降尘系统对割煤尘源实施高压喷雾及引射除尘。为了提高采煤机高压喷雾降尘效果，应选择合理的结构参数及工作参数。德国、英国等对此进行了大量的研究，找出了各参数之间的相互关系，控制了煤尘的产生量。滚筒采煤机一般安置内、外喷雾，即从安装在滚筒上的喷嘴喷出水雾和从安装在截割部位的固定箱、摇臂或挡板上的喷嘴喷出水雾进行降尘。喷嘴的布置方式及数量、喷嘴的选型、合理的喷嘴参数等因素都与降尘效果的关系极为密切。

采煤机高压喷雾引射除尘是利用高压喷嘴产生的高压水雾流对风流的引射作用来引射工作面的含尘风流并在引射除尘器内对风流加以净化。同时高速气流与高压水流混合形成风、水混合喷雾射流喷向截割滚筒处，从而大大提高喷雾降尘效果。与普通外喷雾相比，由于其除尘机理先进，可大幅度降低喷雾用水量。降尘系统采用二级以上过滤装置，除尘器性能可靠稳定，基本无须维护。通过采煤机电控系统改造，即可实现喷雾降尘与采煤机联动。降尘器安装方便，安装后不影响采煤机正常工作，降尘器本身具有防、抗砸的特点，能保证降尘系统长期、可靠、稳定运行。另外，除尘器内的多管引射装置可根据用户要求设计成可调角度或固定两种型式。

采煤机组的工作机构是螺旋截割滚筒，并由它来完成综采工艺。螺旋截割滚筒是采煤机生产作业时产生粉尘的最主要环节。滚筒式采煤机外喷雾安装位置一般有三个部位：采煤机背部、摇臂、截割电机固定框外侧，如图 1－3 所示。

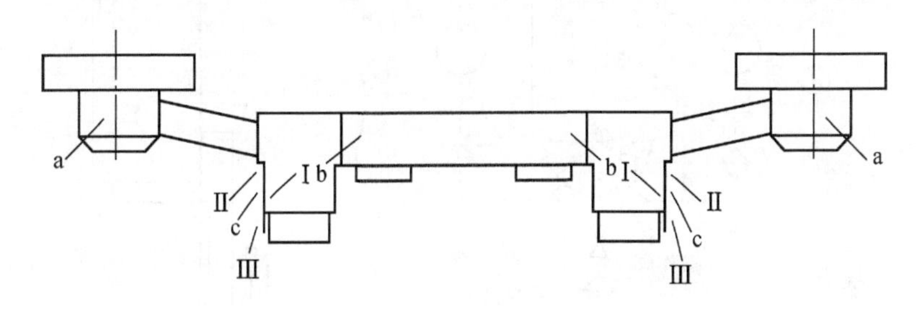

a—喷雾在摇臂上；b—喷雾在采煤机背部；c—喷雾在截割电机固定框外侧；
Ⅰ、Ⅱ、Ⅲ—喷雾在截割电机固定框外侧固定位置

图 1－3 采煤机喷雾安装位置示意图

以 MXG－475 型采煤机为例，其截割滚筒内喷雾系统如图 1－4 所示，地面静压水经管路运输并通过管路中的过滤器过滤净化后，供给喷雾泵，经喷雾泵加压后成为采煤机内喷雾系统喷雾降尘的压力水源，高压水经过管路到达采煤机，经采煤机上的三通接头将水分为两路，通过液管分别与机头、机尾摇臂盘的水嘴相连，然后通过摇臂内部水路及滚筒中心流道，最后从滚筒上截齿附近的喷嘴喷出，雾化水与采煤机滚筒周围的粉尘结合，从而达到降尘的效果。

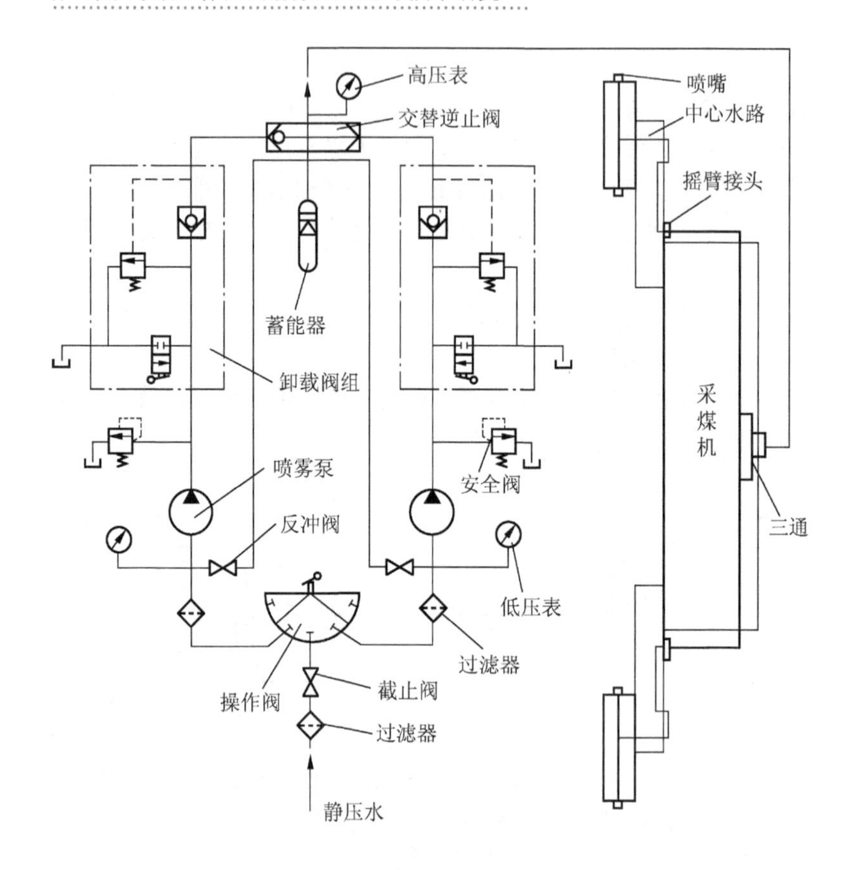

图 1-4　MXG-475 型采煤机内喷雾系统

内喷雾喷嘴在采煤机滚筒上的布置方式有许多种，如图 1-5 所示。

采煤机高压外喷雾系统如图 1-6 所示。

某煤矿在截割电机箱体外侧安装负压降尘装置，如图 1-7 所示。采用弧形设计，每个装置设有 4 个喷头，均为煤机专用铜质喷头，喷嘴直径为 2 mm，单个喷嘴流量为 12 L/min 左右。两套装置供水管路均为 ϕ16 mm 高压胶管与主管路直接连接，喷雾

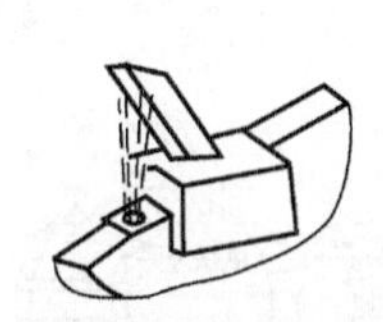

(a_1)安在叶片上喷向齿尖

(a_2)安在叶片上喷向齿尖和齿管

(a_3)安在叶片上喷向两齿之间

(b) 安在叶片侧面的导管上

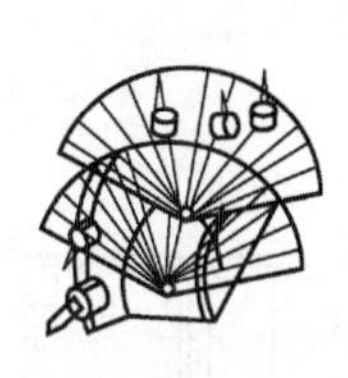

(c) 安在两排叶片间的轮毂上

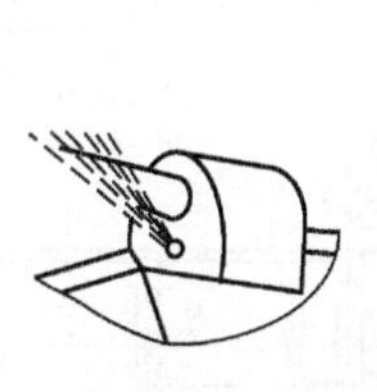

(d) 安在齿座上喷向齿尖

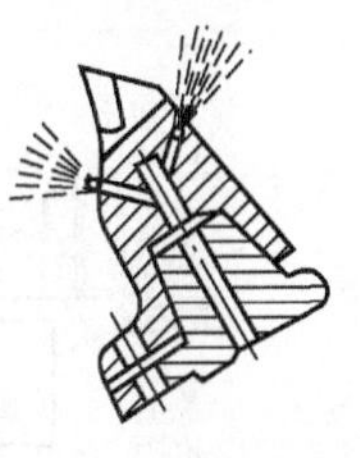

(e_1) 安在截齿上

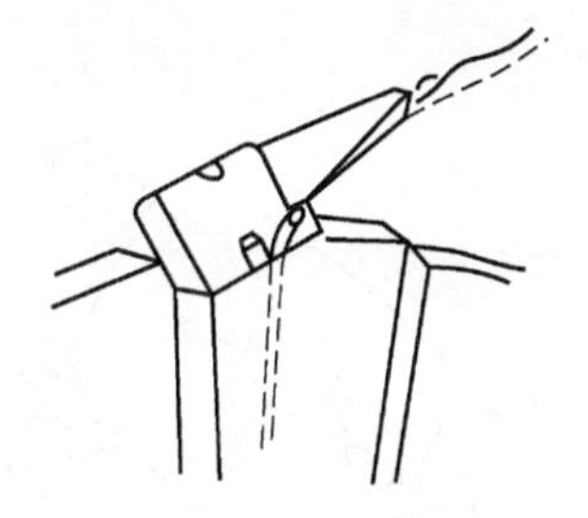

(e_2) 喷嘴安装在齿座端面

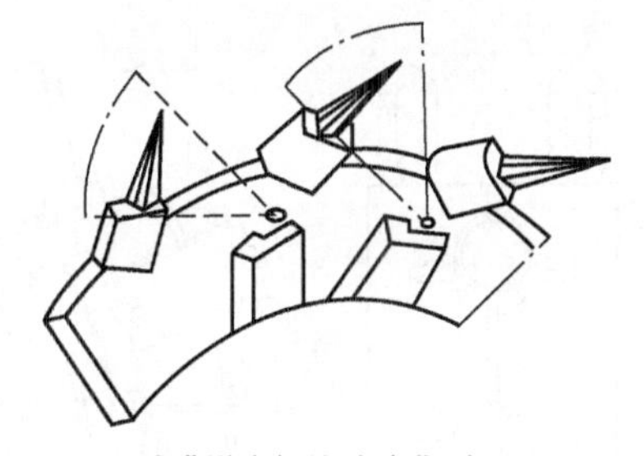

(f) 喷嘴设在螺旋叶片背面

图 1-5　内喷雾喷嘴在采煤机上布置方式

压力为 8 MPa，喷头喷射方向分别朝向摇臂减速箱箱体上方、滚筒外壳和减速箱箱体下方，整体成扇形喷雾。通过增加负压降尘装置，突破了煤机内外喷雾的局限性，将滚筒割煤内外喷雾降尘后遗漏的煤尘通过负压降尘装置高压喷射形成的循环气流，吸收到负压降尘装置喷雾覆盖范围内，达到降尘目的。另外，负压降尘装置还能有效地将滚筒运煤产生的扬尘降下去，同时对摇臂减

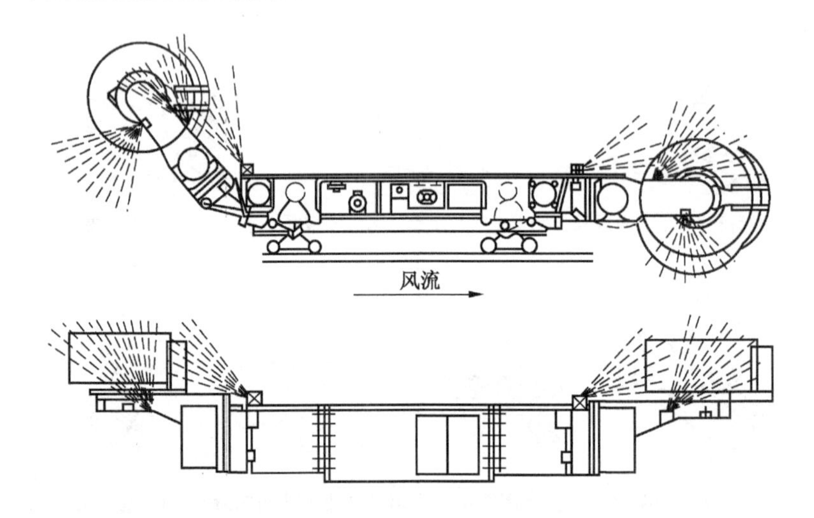

图 1－6　采煤机机载液动泵高压外喷雾系统示意图

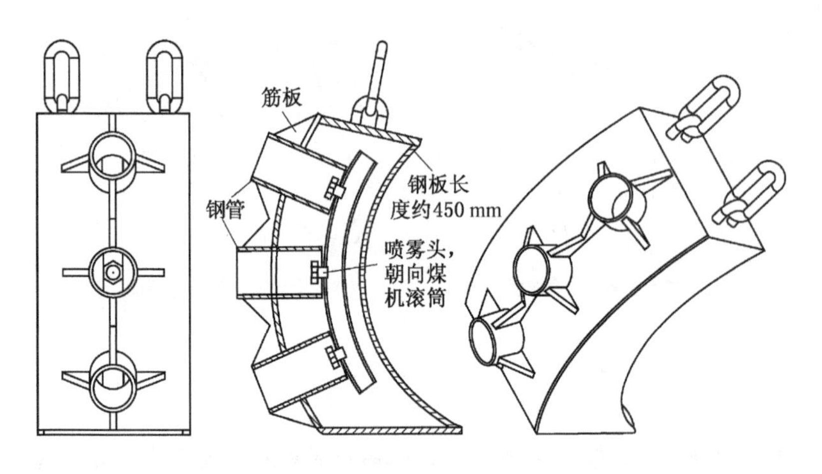

图 1－7　采煤机负压降尘装置示意图

速箱起到冷却作用。

某煤矿在采煤机滚筒上安装负压降尘装置，如图 1－8 所示。将若干个集尘管均匀地布置在滚筒轴周围，在集尘管的一端

（靠煤壁侧）分别装有高压水喷嘴。集尘管中的水喷雾带动了空气的流动，使气流从煤壁侧通过集尘管到达滚筒的另一侧。在气流通过滚筒后，气流和水沿滚筒端面边缘和折流板之间的缝隙流出，其中部分气流沿滚筒表面返回集尘管再次参与循环，而另一部分则被工作面风流带走。该降尘器主要由保护壳、引射装置、管路系统及高压喷嘴等组成，主要工作参数：工作压力为 8～15 MPa；喷雾流量为 20～35 L/min；射程为 6 m。喷射的水雾能够较好地到达滚筒位置并覆盖滚筒，有效抑制滚筒割煤时产生的粉尘。

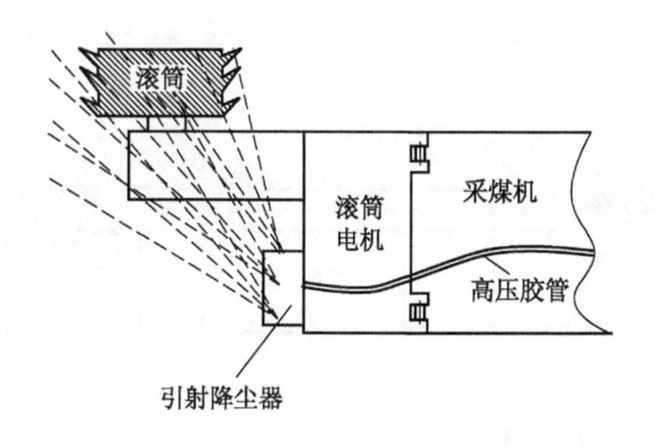

图 1-8　采煤机上滚筒负压引射降尘器安装示意图

由于工作面风量大，风速高，在逆风向割煤条件下，滚筒上的降尘器由于受到风流的影响，高压水雾较难喷到滚筒，无法有效地覆盖滚筒，且喷雾对风流的阻挡作用，迫使风流携带水雾及滚筒产生的粉尘迅速向人行道扩散，导致人行道和司机位置粉尘浓度大、水雾大，司机位置作业环境恶劣。某煤矿采用与采煤机逆风向摇臂相平行，装设一根喷雾管，上面装有可调节方向的喷嘴，通过合理布置喷嘴的位置、角度及流量等参数，迫使采煤机割煤时产生的含尘气流沿煤壁流动，并在引射喷雾和跟踪喷雾的作用下进行有效的降尘，减少对司机的危害，如图 1-9、图 1-10 所示。

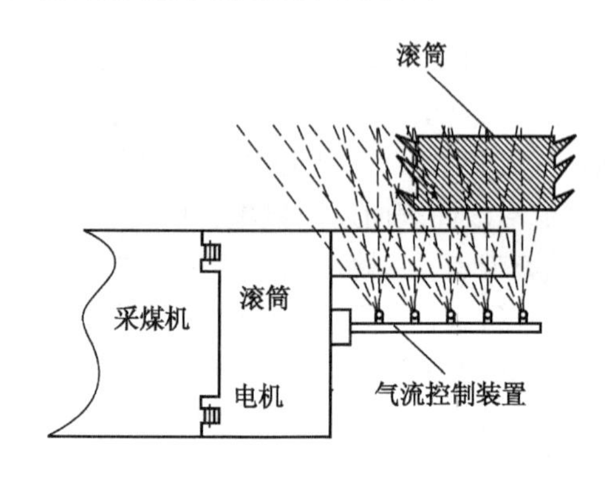

图1-9　下滚筒含尘气流控制示意图

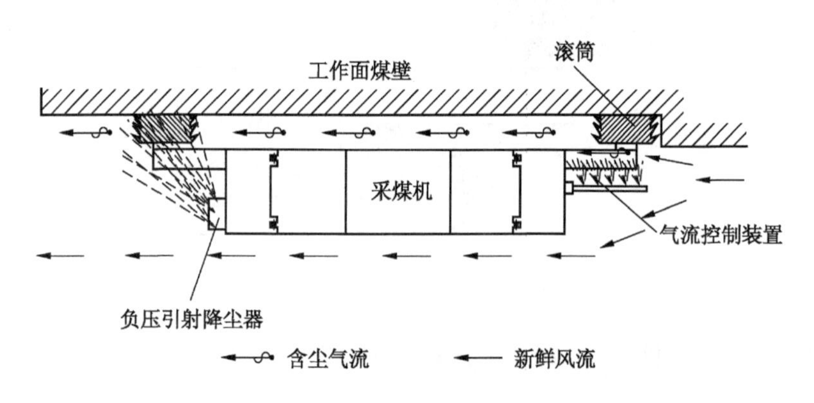

图1-10　采煤机高压喷雾引射降尘及含尘气流控制

1.3.3　液压支架自动喷雾降尘

液压支架自动喷雾降尘系统主要由液压支架自动喷雾控制阀、喷嘴及其管路系统组成。其工作原理：控制阀工作液分别与支架的降柱油路和升柱油路相连接，在降柱油路作用于控制阀时控制液打开喷雾水路，在升柱油路作用于控制阀时控制液关闭喷雾水路；当控制阀与支架的放煤油路和停放煤油路相连接时，在放煤油路作用于控制阀时控制液打开喷雾水路，在放煤油路作用于控制阀时工作液关闭喷雾水路，从而实现移架推溜和放煤过程中喷雾降尘的自动控制。

液压支架自动喷雾控制阀安装在煤矿井下液压支架上并与其相应的液压管路相连接。当操作支架相应手柄使支架动作的同时，利用管路的高压乳化液（工作液）自动打开或关闭喷雾水路的装置。液压支架自动喷雾控制阀主要用于综采或综放工作面移架推溜过程或放煤过程中喷雾降尘的自动控制，具有安装简单、性能可靠、安全性好、使用寿命长等特点。

如液压支架自动喷雾除尘，其布置示意图如图 1－11 所示。

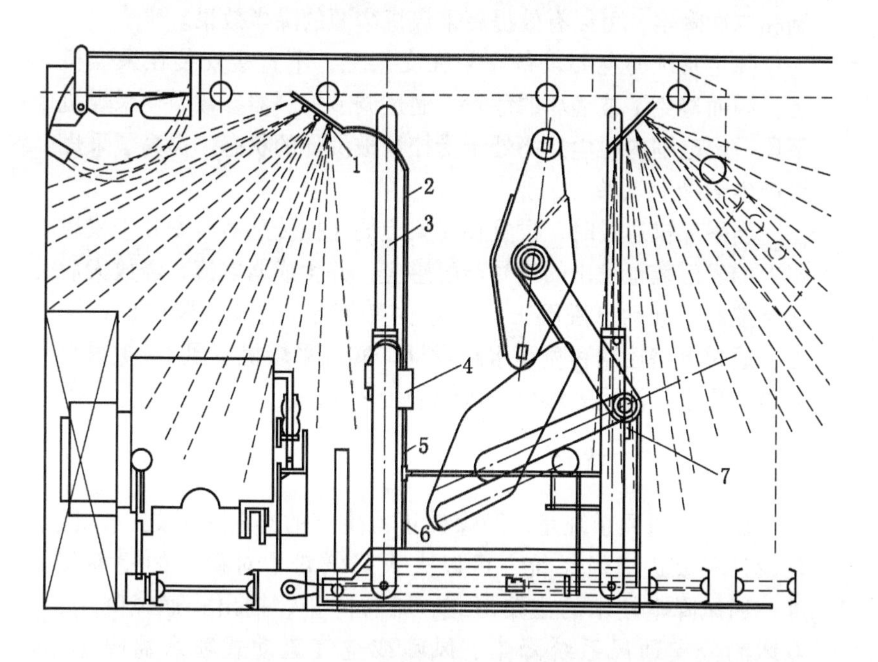

1—喷嘴；2—水管；3—液压支架；4—喷雾阀；5—分水管；
6—主水管；7—采煤机

图 1－11　液压支架自动喷雾除尘布置示意图

某煤矿喷头设置在液压支架前梁、架间和放煤口三处，如图1－12所示。前梁喷雾装置安装在距前梁最前端约1 m处，方向朝向煤壁斜向下方向；架间喷雾装置安装在液压支架前立柱处，喷雾方向扇面朝下；放煤口喷雾装置安装在一字连杆中部一侧，喷雾方向朝向后部刮板运输机斜向下方向。三组喷雾装置均安装在支架下风侧。

1.3.4 尘源智能跟踪高效降尘技术

对采煤机截割尘源，在采用高压喷雾引射降尘基础上，采用尘源智能跟踪高效降尘技术对采煤机尘源及其下风流粉尘进行控制和二次降尘，可以有效提高采煤机尘源的降尘效果。

降尘系统的主要设备安装在支架上，不直接安装在采煤机上，因而避免了被砸坏的危险。通过调节控制器参数，使采煤机下风一定范围内粉尘始终处于受控和被沉降的状态，提高了采煤机产尘的降尘效果。

当采煤机通过时，设置在支架上的光控传感器对安装于采煤机上的发射装置发出的信号产生感应，并生成弱电流，经放大后送至控制箱推动电磁阀工作。将喷嘴安装在支架顶梁或前探梁处，通过电路控制和喷雾水路设计，实现采煤机下风1～3组自动喷雾降尘，消除采煤机下风侧粉尘污染。

1.3.5 通风降尘技术

良好的通风系统是保障煤矿正常生产的必备条件之一，优化设计和改进通风系统，可以大大降低粉尘对矿工的侵害程度。通风降尘技术的主要形式：稀释降尘、抽出式通风降尘、双风流分支通风系统降尘、风障或空气流动式喷水器降尘、压/抽混合式及最佳排尘风速措施降尘、采空区风帘及人行道风帘降尘。

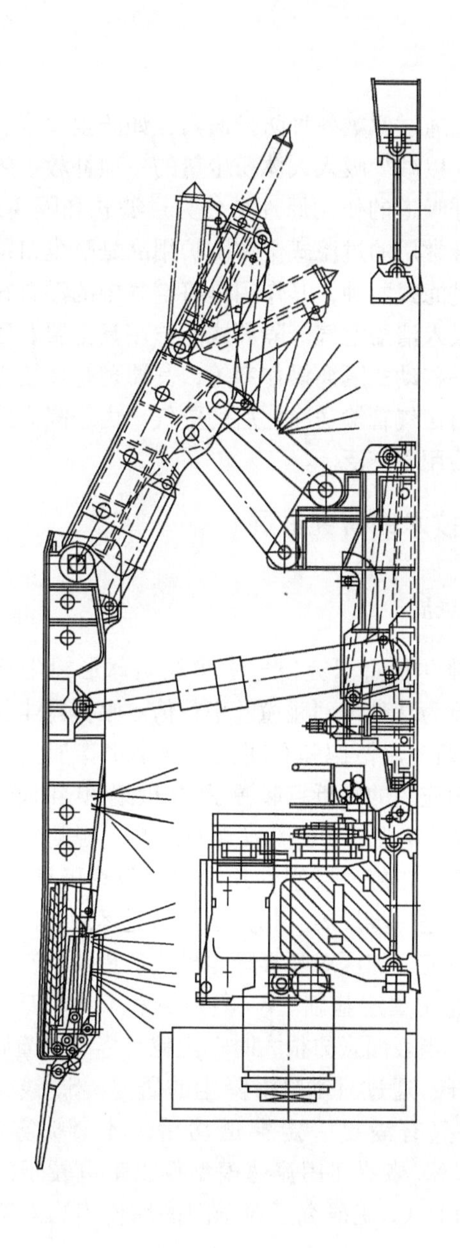

图 1-12 前梁、架间及放煤口喷雾装置安装位置示意图

1.3.6 个体防护

个体防护是指通过佩戴各种防护面具，如防尘口罩、防尘面罩、防尘矿帽等，以减少吸入人体粉尘量的一项补救措施。根据其阻止粉尘进入呼吸道的作用原理可分为过滤式和隔离式两种。目前，我国煤矿最常用的过滤式个体防护用品是防尘口罩，分自吸过滤式和送风过滤式两种，其作用是将空气中的浮游粉尘通过滤料滤掉，使人吸入清洁空气。隔离式防护用具主要有压气呼吸器、粉尘防护服、移动式隔离操作室等，其原理是使接尘人员与含尘空气隔绝，由送气管输送净化后的空气。由于隔离式防护用具受条件限制，使用不广泛。

1.4 喷雾降尘技术的研究进展

1.4.1 国外研究进展

1946 年，兰米尔通过研究空气中尘粒与球形捕尘器上的碰撞，以滞流和位流为基础得到碰撞效率数值。喷雾降尘技术的研究是从 1976 年由斯考温格德和布朗提出微小水雾捕尘理论开始的。喷雾除尘技术应用的转折点起源于 20 世纪 70 年代开始的能源危机。20 世纪 80 年代后，研究发现开放性尘源的粉尘不能封闭捕集，普通的降尘措施对呼吸性粉尘捕集效率极低。近年来，随着喷雾降尘技术进一步发展，相关学者通过运用新的方法对喷雾降尘过程进行研究，加深对喷雾降尘理论的更深层次理解，为喷雾降尘系统的优化奠定基础。B. 奥斯克和 C. R. 麦克卡利通过试验研究得出，当表面张力很大时，尘粒与雾滴碰撞后并没有被捕获，反被弹开；通过对水喷淋降尘的研究，S. 钱德认为与雾滴碰撞的尘粒只有满足一定穿透功后，才会被雾滴捕获；K. V. 比尔德和 S. N. 格罗弗用流速模型得出带电粒子间的碰撞效率；M. B. 张和 H. C. 王研究了粒子间的库伦引力对降尘效率的影响，以及惯性碰撞与库伦引力之间的关系；O'Rourke 建立了统计模型，如 KTVA 程序。该模型存在两个方面问题：一是在计算碰撞频率时，认为雾滴分布均匀，而实际喷雾场中雾滴在空间的分布差别很大，加上雾滴数量密度在离散相雾滴模型中难以精确计算，从而造成计算精度不够；二是模型根据以前的雾滴碰撞试验数据建立，仅考虑了摩擦分离与聚合两种情况，但实际的雾滴碰撞结果相当复杂，这两方面的原因限制了碰撞模型在喷雾模拟中的应用；Tennison 完善了碰撞模型；Schmidt、Nordin 则针对碰撞频率计算不足的问题，通过改进碰撞频率计算方法来提高计算速度和准确性。

许多煤矿中把高压喷雾降尘技术应用到采煤机上，降尘效率很高。俄国研制的采煤机高压水喷雾设备，在外喷雾为 8 MPa、内喷雾为 1.2 ~ 1.5 MPa 时，降尘效率可达 96% ~ 98%，同时单位耗水量降低 30%。原联邦德国在供水压力为 6 ~ 6.6 MPa 条件下，试验研究高压喷雾降尘效率，采煤机附件的粉尘浓度比原来降低 30% ~ 35%。

1.4.2 国内研究进展

陈明基等用流体力学理论分析喷雾降尘机理，得出捕尘是在惯性碰撞、扩散和拦截等机理共同作用下完成的，并且得出了降尘效率的计算方法；张国权应用胶体化学理论分析了喷雾捕尘机理，从惯性碰撞、截留、扩散作用、重力沉降等方面描述喷雾降尘机理，还提出了雾滴群降尘效率的计算方法；赵兴本研究了喷雾除尘技术的应用；杨玉军和梁彤等研究应用于矿上的喷枪设备原理与性能、喷雾降尘系统设计方法；张小艳用试验研究手段研究超声雾化技术，通过回归分析建立了超声雾化数学模型，在研究捕尘雾滴凝聚沉降技术和微细雾滴捕尘机理的基础上，设计了多功能含尘气流净化系统，并通过对该系统的除尘效率进行试验研究，其除尘效率可达到 99.6%，并建立了相应的数学模型；

蒋仲安对湿式除尘机理进行了理论分析，导出了除尘装置分级效率的计算公式，结果表明，主要影响湿式除尘器分级效率的因素是液气比和气液混合物的流动速度；陈卓楷对超声雾化水雾的除尘机理进行了分析，并通过试验研究了雾化量、风量对除尘效率的影响，但试验只做了定性的分析，并未定量给出各个参数之间的关系；陈海焱分析了除尘机理，通过试验研究粉尘浓度、风速和湿润的程度对除尘效率的影响，得出随粉尘浓度、气流速度的增大先升高后降低的试验结果；徐立成提出了按照空气动力学原理，含尘气流绕雾滴运动时，尘粒由于自身惯性不会沿流线绕过，而是保持原来的运动方向并与雾滴发生碰撞从而被捕集，其降尘效率与雾滴孔径相关，当两者直径相近时，粉尘更易被雾滴捕集，通过研究，当雾滴直径与粉尘粒径之比 K 值在 $1.25<K<5$ 时，捕尘效果最好；叶钟元认为喷雾降尘效率与雾滴和粉尘的相对粒度相关，当两者比值为 100～150 时，降尘效果好；2011 年，程卫民、聂文等对煤矿高压喷雾雾化粒度进行研究得出雾场位置处的粒径随压力增加，雾化粒度变小；2012 年，聂文、陈卫民等对掘进面喷雾雾化粒度受风流扰动影响进行试验，研究表明，风流扰动前后，喷雾雾化粒度随压力的增大与喷嘴轴向距离的减小及与雾场轴向横截面中心距离的减小而减小；受风流扰动影响后，雾滴粒度总体有所增大；胡文森、周晓兰针对文丘里除尘器出口带水的现象进行了分析并加以解决，把除尘器内部的喷嘴改进成内喷式溅锥喷嘴，并在脱水器入口加装挡水槽。除了部分采用理论和数值模拟方法对雾化过程进行研究外，大多采用试验手段对其开展研究。目前，喷雾降尘采用的喷嘴因供水压力低、雾化质量差、喷雾降尘效率低，其总粉尘降尘效率仅为 50%～60%，对呼吸性粉尘的降尘效率只有 20%～30%，远没有达到喷雾降尘应有的效果。为提高喷雾降尘效率，许多学者开始研究降尘剂降尘、泡沫降尘、声波雾化降尘、磁化水喷雾降尘、预荷电喷雾降尘、高压喷雾降尘等技

术。在这些新技术的应用中，某些降尘机理研究还在试验研究阶段，还要配置相应的设备，离推广还有一定距离。喷雾降尘还有许多需要改进的地方，特别对降低呼吸性粉尘有着广泛的发展空间。

2　工作面煤尘的产生和基本特性

放顶煤液压支架是放顶煤开采的重要设备之一。放煤时,破碎的煤体从液压支架放煤口落入刮板输送机上,由刮板输送机运出工作面。顶煤放落的同时,大量煤尘伴随产生,对工作面的正常作业产生巨大影响。综放工作面需要采取降尘除尘措施以保证矿工的身体健康和煤矿安全生产。本章对放顶煤开采的煤尘产生过程及煤尘基本特性进行分析研究,为引射除尘机理的研究奠定基础。

2.1　工作面的尘源及其影响因素

2.1.1　工作面尘源分布

严格地讲，煤矿生产的每道工序都是潜在的尘源，但产尘的主要工序包括：钻眼作业（如煤电钻打眼、打注水眼等）；煤岩的爆破；采煤机、掘进机的割煤和装煤；工作面支护；装载、输送、转载、卸载和提升等。按尘源分析，各产尘环节所产生的浮游粉尘量比例关系：采掘工作面产尘为 80% ；锚喷作业点产尘为 15% ；其他作业点产尘为 5% 。

2.1.2　影响粉尘生成量的主要因素

不同的矿井，由于煤层和岩层的地质条件不同，采掘方法、作业方式和机械化程度不同，粉尘的生成量有很大的差别，即使在同一个矿井，产尘的多少也因地因时而变化。影响粉尘生成量的主要因素有以下几个。

1. 地质构造及煤层赋存条件

在地质构造复杂、断层褶曲发育并且受地质构造破坏强烈的地段采掘时，产尘量较大；反之较小。井田内如有火成岩侵入，使煤体变酥，产尘量将增加。一般说来，急倾斜煤层比缓倾斜煤层的粉尘生成量大，开采厚煤层比开采薄煤层的产尘量要高。

2. 煤岩的物理性质

通常节理发育且脆性大的煤易碎，结构疏松而又干燥、坚硬的煤岩在采掘工艺相近的条件下，产生的粉尘较多。

3. 环境的温度和湿度

煤岩本身水分低、煤帮岩壁干燥，采煤机和掘进机在环境相对湿度较低的情况下作业时，产尘量会增大；而当在岩体较潮湿、矿井空气湿度较大的条件下工作时，由于水蒸气和水滴的湿吸作用，使作业过程产生的粉尘悬浮减弱，空气中的粉尘含量会相对减少。

4. 采掘方法

不同的采掘工艺和方法，其产尘量差异很大。例如，对于急倾斜煤层采用倒台阶方法开采比水平分层开采的产尘量大；全部冒落采煤法较水砂充填法的产尘量大得多，旱采特别是机采的产尘量远大于水采的产尘量。

5. 产尘点的通风状态

粉尘浓度大小和作业点的通风方式、风速及风量密切相关。当井下实行分区通风、风量充足且风速适宜时，粉尘浓度就会降低；如采用串联通风，含尘风流再次进入下一个作业地点风量不足或风速偏低时，粉尘浓度就会增大。

6. 采掘机械化程度

工作面的粉尘生成量是随着采掘机械化程度的提高和生产强度的加大而急剧上升的。采用的机械化设备及其作业方式不同，产尘量也不一样。如综采工作面使用双滚筒采煤机时，截割机构的结构参数及采煤机的工作参数都与产尘量密切相关。煤矿粉尘的主要尘源是采掘、运输和装载、锚喷等作业场所。采掘工作面产生的浮游粉尘约占矿井粉尘的 80%；其次是运输系统中的各个转载点，由于煤岩遭到进一步破碎，也产生相当数量的粉尘。

2.2 放煤产尘机理

2.2.1 综合放顶煤开采过程

放顶煤开采是在厚煤层的底部布置一个小于煤层总厚的采煤工作面，利用采煤机、刮板输送机和放顶煤液压支架等设备进行回采。采煤机所采过区域的顶部煤层由于受到矿山压力或者人工作用而变得松动或破碎。当放顶煤液压支架打开放煤口时，散落的煤体就从液压支架的上部或者尾部落入刮板输送机被运出工作面。综采放顶煤工作面布置图如图 2－1 所示。

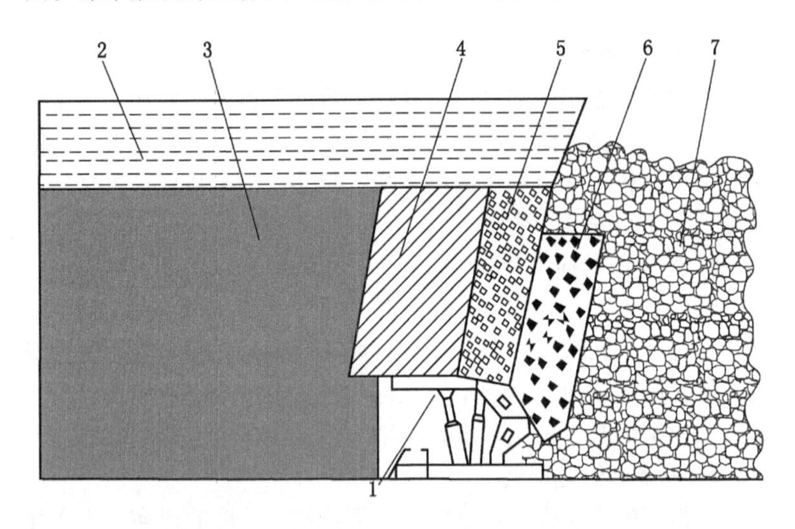

1—放顶煤液压支架；2—顶板；3—待采煤体；4—不充分破碎煤体；
5—较充分破碎煤体；6—充分破碎煤体；7—矸石

图 2－1　综采放顶煤工作面布置图

顶部煤层的松动和破碎是一个复杂的变化过程，涉及矿山压力、煤体破碎与移动、散体顶煤的流动等问题。放顶煤液压支架通过顶部煤层将压力传给顶板，同时顶板也通过顶部煤层将矿压施加给放顶煤液压支架，三者的相互作用使顶煤发生变形、移动和破碎，顶部煤层在此处起到中间介质的作用。

当采煤机割煤过后，煤壁与顶部煤层交界处将产生应力集中，煤壁此时形成支撑压力，顶部煤层有向下的剪切力。煤壁的支撑压力和顶部煤层的剪切力对于顶部煤层产生预破坏，这也是顶部煤层松动的关键。随着回采的继续，放顶煤液压支架需要多次对煤层顶部施压和泄压，顶部煤层产生的交变应力呈周期性变化，多次对顶部煤层破坏。根据顶部煤层的松动和破碎情况，沿回采前进方向可以分为四个区域，即煤层完好区、破坏发育区、裂隙发展区、坍塌区，如图 2－2 所示。四个区域随着采煤设备的移动破坏逐渐发展，直至完全破碎。

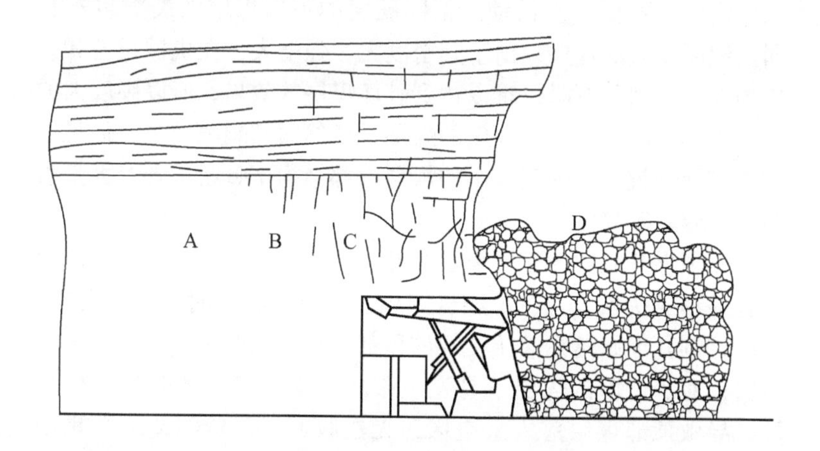

A—煤层完好区；B—破坏发育区；C—裂隙发展区；D—坍塌区

图 2－2　顶部煤层破坏分区图

2.2.2 影响顶煤破碎的主要因素

影响顶部煤层破碎的因素主要有顶部煤层硬度、煤体裂隙分布、顶部煤层厚度和矸石的分布等因素。

顶部煤层的硬度越大，顶煤冒落角越小，越不易形成流动的散体，有时需要通过人工预处理的方法使顶部煤层松动。而对于硬度小的煤层，在采煤机割煤结束后就表现出良好的散体状态，可放性较好。

煤体中如果自带裂隙，且是贯穿的裂隙，则对煤层松动极为有利。贯穿裂隙将会成为煤体松动的边界。对于非贯穿裂隙，在支撑压力和顶板压力作用下产生应力集中，裂缝继续发展成为煤体松动的边界。因此对于顶部煤层来说，裂隙越密集，越容易松动，但是也要预防由此带来提前冒落的危险。裂隙的方向也是影响煤体松动的重要因素，平行于采煤工作面的裂隙比垂直于采煤工作面的裂隙更容易松动。不同硬度的顶部煤层的裂隙也不相同。硬度较大的煤层，由于其密度大，强度大，在机械设备和矿压的双重作用下有时也难以达到破坏煤层的效果，所以硬度大的煤层内部裂隙较少；中硬度的煤层，虽然内部裂隙较少，但是裂隙的扩展性较好；硬度较小的煤层内部结构不致密，含有大量裂隙，很容易破碎。

放顶煤开采适用于厚煤层的开采，对于较薄的煤层，顶部煤层容易形成伪顶，当在采煤机割煤过后就存在随时破碎的可能，不能控制其准确落在液压支架的顶部，对于安全生产构成极大地威胁；对于过厚的煤层不易发生破碎，当放煤时才开始产生裂隙，导致顶部煤层落入采空区，无法收回，对资源造成严重浪费。

放顶煤采煤时，在顶部煤层中经常夹有矸石，如果矸石较多或者分布集中，则在放煤时，矸石没有断裂就会造成顶部煤层无法及时放落；或者断裂块较大，堵塞放煤口，也会影响放煤效率。

2.2.3 放顶煤开采的产尘过程

当放顶煤液压支架打开放煤口时，顶部煤层受到拉伸、挤压、粉碎、摩擦、冲击和剥离等作用，生成不同粒径的颗粒，当颗粒粒径足够小时，在工作面风流的作用下做不规则运动，形成大量的煤尘。拉伸使煤体沿裂隙的方向扩展，不同大小的煤块在重力的作用下从煤体上分离，分界面上的煤块被拉伸断裂，储存在每块内的能量瞬间爆发并向外喷出，生成粉尘；挤压、粉碎和摩擦发生在放煤时煤体流动的过程中，包括煤体之间、煤体与矸石之间、煤体和液压支架之间。当煤体表面的受力超过本身的抗压强度时，煤尘向外飞出；煤体经放煤口落入后部刮板运输机时，产生冲击力。冲击力越大，煤体受到的振动越大，所产生的能量使粒径较小的煤尘飞扬；由于煤尘自身的黏附性，大多煤尘随煤块运动。当工作面风量较大时，煤尘就从煤块上被剥离，在风流中飘流。

综上所述，放煤产尘是一个复杂的过程，受到多种因素的共同影响。对放煤口煤尘产生过程的研究可以为煤尘治理提供依据。

2.3 煤尘的分类

我国的放顶煤采煤技术比较成熟，应用该技术采煤的矿井占有一定比例。在综放工作面无防尘设备的情况下，采煤机割煤、刮板输送机运煤和液压支架放煤同时作业时，工作面的煤尘浓度可达到4000～5000 mg/m^3，个别采煤工作面瞬时达到8000 mg/m^3，环境十分恶劣。2016年实施的新版《煤矿安全规程》指出作业场所空气中煤尘的总粉尘浓度为4 mg/m^3，呼吸性粉尘浓度为2.5 mg/m^3，见表2－1。目前许多采煤工作面煤尘浓度远远超过此标准。

表2-1 作业场所空气中粉尘浓度要求

粉尘种类	游离 SiO_2 含量/%	时间加权平均允许浓度/(mg·m^{-3})	
		总 尘	呼 尘
煤尘	<10	4	2.5
硅尘	10~50	1	0.7
	50~80	0.7	0.3
	≥80	0.5	0.2
水泥尘	<10	4	1.5

煤尘是指矿井中悬浮在空气中的微型固体颗粒，主要有以下分类方法。

2.3.1 按煤尘存在状态分类

煤尘一般有两种存在状态：一类是以空气为介质，在空气中悬浮的煤尘，此类煤尘的体积、质量、密度都相对较小，可以和空气看作是一种连续的流体，其中空气是介质，煤尘是分散于介质中的固体颗粒，类似于气溶胶。煤尘悬浮时间除了与煤尘大小、形状相关外还与采煤工作面的风速、温度、湿度等相关。浮尘在工作面的运动较为复杂，直接影响工作人员身心健康，所以传统上所谓的煤尘多指此类悬浮煤尘。另一类是从空气中沉积的煤尘，此类煤尘的体积、重量较大，在重力的作用下往往从空气中沉降。沉积的煤尘是发生煤粉爆炸的重要威胁因素，安全隐患极大。在一定的条件下，悬浮的煤尘和沉积的煤尘是可以相互转化的。

2.3.2 按煤尘粒径分类

国际标准规定，粉尘是指粒径小于75 μm的固体悬浮物，而煤尘粒径的范围在 0.1～100 μm 之间。粒径作为煤尘的基本参数，有多种定义方法，如长度径、平均径、周长径、投影面积径、表面积径、体积径和空气动力径等。尘粒如呈球形，可取其直径为粒径。但实际上尘粒的形状是很复杂的，若要求尘粒粒径为单一粒径，往往需要借用不同的方法测出其代表性尺寸。测量尘粒粒径的方法主要有显微镜粒径法、Stokes 粒径法、筛分粒径。粉尘的各种粒级（某一粒径范围，如 5～10 μm，10～15 μm 等）所占质量或颗粒数的百分比，称为质量分散度或颗粒分散度。粉尘的粒径值是粉尘的主要特性之一。细尘粒和粗尘粒的分布情况也是降尘除尘需要掌握的关键因素。同一煤尘按照不同的定义方法得到的粒径是不同的，因此在使用粒径时应该清楚所采用的测量方法。按照粒径对煤尘的分类见表 2－2。

表 2－2 煤尘按粒径分类

粉尘种类	粒径/μm	可见程度	运动状态
粗尘	＞40	肉眼可见	极易沉积
细尘	10～40	明亮光线下可见	在静止空气中加速沉积
微尘	0.25～10	光学显微镜下可见	在静止空气中等速沉积
超微粉尘	＜0.25	电子显微镜下可见	在空气中作布朗运动

2.3.3 按煤尘中游离的 SiO_2 分类

SiO_2 是引起尘肺病的主要物质之一，广泛存在于各类矿井中。SiO_2 一般有两种类型，一类是硅酸盐类化合物，此类物质比较稳定，对身体健康影响不大；另一类是游离的 SiO_2，在煤矿中游离的 SiO_2 主要来自煤层岩石和煤层本身。根据煤尘中游离 SiO_2 含量的不同，可以将煤尘分为硅尘和非硅尘，见表 2－3。

表 2－3　煤尘按游离 SiO_2 含量的分类

粉尘种类	游离 SiO_2 含量
硅尘	10% 以上
非硅尘	10% 以下

2.4　煤尘的基本特性

煤尘有粒径、比表面积、湿润性、荷电性、分散度、可见度、光学特性和吸附性等多种基本特性，本节着重对煤尘的粒径、湿润性、荷电性、分散度、燃烧爆炸性和运动特性等与除尘密切相关的主要特性进行研究。

2.4.1　粉尘的粒径

粒径是描述矿尘粒子的基本参数。由于粉尘形状通常不规则，一般可用等效直径表示，即量径。矿尘粒径一般在 0.1～100 μm 之间。同一煤尘按照不同的定义方法得到的粒径是不同的，因此在使用粒径时应该清楚所采用的测量方法。粉尘的粒径分类见表 2－2。

在某一粒子群中，用粒径分布的概念来表示不同粒径范围内颗粒粒子所占的比例，根据评判指标不同又可以分为粒数分布（即数量分布）、质量分布和表面积分布。实际应用中，通常用 Rosin－Rammler 分布函数（简称 R－R 分布函数）来描述粒径分布，见式（2－1）：

$$G = 1 - \exp(-aD_P^n) \tag{2-1}$$

式中　G——粉尘累积质量百分数，属于筛下累积，表示粒径从小到大进行累积，%；

a——分布系数；

D_P——粉尘粒径，表示粒子群中任一单一粒子的粒径，一般选用质量中位粒径，μm；

n——均匀性指数，表示粒径分布范围的宽窄。

取 $a=\left(\frac{1}{D_e}\right)^n$，则累积分布表达式可以写成：

$$G=1-\exp\left[-\left(\frac{D_P}{D_e}\right)^n\right] \tag{2-2}$$

式中 D_e——特征粒径，μm。

2.4.2 煤尘的湿润性

根据煤尘的湿润性程度将煤尘分为亲水性煤尘和疏水性煤尘。煤尘的湿润性可以通过湿润接触角 θ 来表示，如图 2-3 所示。

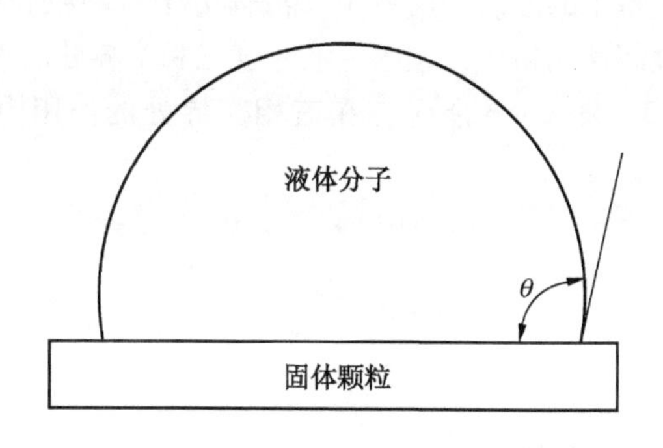

图 2-3 湿润接触角示意图

当湿润接触角 θ 小于 90°时，煤尘表现为亲水性；当湿润接触角 θ 大于 90°时，煤尘表现为疏水性，见表 2-4 和如图 2-4 所示。

表2-4 粉尘的湿润性接触角

粉尘湿润性	湿润接触角	参考粉尘
亲水性	$0°<\theta\leqslant 60°$	石英、方解石粉尘
湿润性差	$60°<\theta\leqslant 90°$	滑石粉、焦炭粉
疏水性	$90°<\theta\leqslant 180°$	炭黑、煤粉

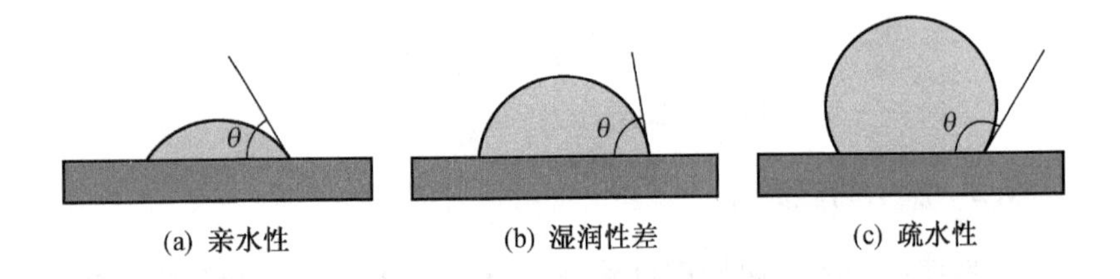

图2-4 不同湿润接触角示意图

液体对粉尘的湿润程度取决于液体分子对颗粒表面的作用。对于不同湿润性的粉尘，在固-液-气三相交界处的表面张力作用如图2-5、图2-6所示，在三相交界处的作用力达到平衡时，其表达式为

$$\gamma_{1\alpha}\cos\theta+\gamma_{\alpha 1}=\gamma_{s\alpha} \tag{2-3}$$

$$\cos\theta=\frac{\gamma_{s\alpha}-\gamma_{\alpha 1}}{\gamma_{1\alpha}} \tag{2-4}$$

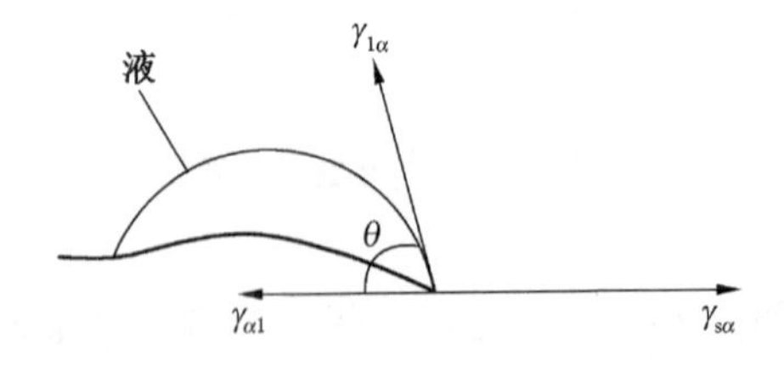

图2-5 固-液-气三相交界处的表面张力（θ小于90°）

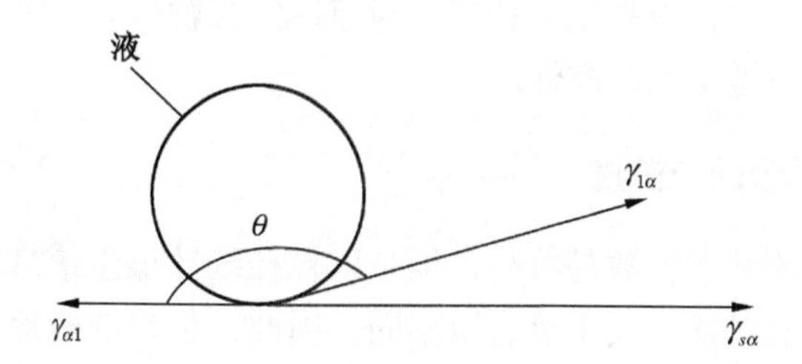

图2-6 固-液-气三相交界处的表面张力（θ大于90°）

θ角越小，被湿润的固体表面就越大，即表面张力γ_{s1}越小的液体，对颗粒越易湿润。

煤尘颗粒之间、液体分子与煤尘颗粒之间、液体分子与液体分子之间普遍存在分子力。当水分子与煤尘颗粒之间的分子力大于水分子之间的分子力时，则煤尘容易被湿润。粉尘的湿润性同时还与多种因素相关，粉尘中的球形粒子的湿润性比不规则形状的粒子要小；粉尘越细，亲水能力越差，因为粉尘的粒径越小比表面积越大、孔隙越发育、表面粗糙度越大，空气会吸附在表面和孔隙中形成气膜阻挡粉尘与水的接触。对于煤尘，粒径的减小会导致颗粒表面憎水基团的增加，降低湿润效果。当温度低、压力大、粒径与表面积的比值小、接触液体时间久、液体张力小时，煤尘的湿润性就会好；另外，粉尘颗粒与水雾滴的相对运动较高时容易被吸湿。

对于喷雾降尘，液滴捕集颗粒的过程包括：颗粒在外力作用下向液滴表面的运动；颗粒接触液滴表面后的运动。在颗粒撞击到液滴表面后，在表面张力的作用下，亲水性的颗粒进入液滴内部，而疏水性的颗粒可能进入、停留在表面或被弹回。煤尘的湿润性对提高采煤工作面的除尘技术具有重要意义。当煤尘的湿润性较好时，可以采用液体湿式除尘技术，如喷雾降尘技术；对于湿润性较差的煤尘，应采取各种方法降低粒径与表面积的比、温度和液体张力，提高压力和煤尘与液体的接触时间，或者加入添加剂，提高煤尘的湿润性。

2.4.3 煤尘的分散度

煤尘的基本参数是粒径，但是以粒径统计煤尘信息时，由于各个煤尘的形状、大小等有所不同，因此，很难准确地表示煤尘的特征。所以可以将煤尘按照一定的粒径范围划分为不同的组别，从而方便统计。煤尘在不同组别间的分布存在差异，这种差异表征为煤尘的分散度。分散度指不同组别的煤尘占总煤尘的比例，有两种表示方法。

（1）数量表示法。指各组煤尘的个数占总煤尘个数的比例，用公式表示为

$$P_{n_i} = \frac{n_i}{\sum n_i} \times 100\% \tag{2-5}$$

式中　P_{n_i}——i 组煤尘的数量百分比，%；

n_i——i 组煤尘的个数。

（2）质量表示法。指各组煤尘的质量占总质量的比例，用公式表示为

$$P_{m_i} = \frac{m_i}{\sum m_i} \times 100\% \tag{2-6}$$

式中　P_{m_i}——i 组煤尘的质量百分比，%；

m_i——i 组煤尘的质量，kg。

当细小煤尘多时，分散度就高；当粗大煤尘多时，分散度就低。煤炭行业根据粒径的大小，将煤尘分为四个等级，见表 2-5。

分散度是衡量煤尘颗粒组成比例的重要特征，分散度高则在空气中悬浮的煤尘就多，更重要的是沉降难度大且对安全构成威胁大。

表2-5 煤尘粒径四个等级

等级	1级	2级	3级	4级
粒径/μm	<2	2~5	5~10	>10
比例/%	46.5~60	25.5~35	4~11.5	2.5~7

2.4.4 密度与堆积密度

尘粒本身有其密度或真密度，而作为集合体，堆积状态的密度叫作堆积密度或容重。

密度与重力式、惯性式、离心式除尘器的除尘效率关系很大，而堆积密度则与设计粉尘的储存设备和粉尘的二次飞扬问题有关。当粉尘的密度与堆积密度之比为10以上时，需要特别注意粉尘的二次飞扬问题。

尘粒之间的空隙体积与包括尘粒在内的总体积之比称为空隙率，用ε表示。尘粒密度ρ_d(mg/m^3)与尘粒堆积密度ρ_c(mg/m^3)之间的关系为

$$\rho_d=(1-\varepsilon)\rho_c \tag{2-7}$$

2.4.5 粉尘的荷电性

粉尘产生过程中，由于物料的激烈撞击，尘粒彼此之间或尘粒与物料间的摩擦，放射线照射以及电晕放电作用而发生荷电，它的物理性质将有所改变，如凝聚性和附着性增强，并影响尘粒在气体中的稳定性等。粉尘的荷电性取决于尘粒的大小和密度，并与温度和湿度有关。粉尘随着比表面积增大、含水量减小以及温度升高，其电荷量增加。经测定，浮游于空气中的尘粒有95%左右带正电或负电；有5%左右的尘粒不带电。采掘工作面刚刚产生的新鲜尘粒较回风巷中的尘粒易带电。当尘粒间带有异性电荷时，则相互吸引，可促进凝聚，加速降尘。但同性电荷相

斥，增加了煤尘微粒在空气中的运动。

尘粒荷电后更容易沉附于肺泡和支气管中，某些粉尘的荷电性见表2－6。

表2－6 粉尘的荷电性 %

粉尘种类	带正电粒子	带负电粒子	不带电粒子
铁矿尘	54.3	36.4	9.3
石英岩矿尘	42.5	53.1	4.4
砂岩粉尘	54.7	40.2	5.1

粉尘的导电性在除尘工程中用电阻率或称视电阻来表示，单位为Ω·cm。粉尘电阻率是自然堆积的断面为1.0 cm^2、高为1.0 cm的粉尘圆柱，沿其高度方向测得的电阻值。粉尘的电阻率值在104～1011 Ω·cm范围内能获得理想电除尘效果，而电阻率低于104 Ω·cm或高于1011 Ω·cm都将使除尘效果降低。

2.4.6 自然堆积角

粉尘的自然堆积角也称为安息角，即粉尘在水平面上自然堆放时，所堆成锥体的斜面与水平面形成的夹角。粉尘从一定高度自由沉降，所堆积成的堆积角称为动堆积角；粉尘在空气中以极其缓慢的速度自由沉降，所堆积成的堆积角称为静堆积角。

2.4.7 煤尘的爆炸性和燃烧性

爆炸需要有三个条件：爆炸性物质、氧气和点燃源，煤尘的爆炸也遵循这个规律。

煤尘作为一种能够燃烧的固体颗粒，需要在一定的条件下才能发生爆炸。煤尘相对于煤炭，与空气接触的表面积成倍增加，吸热能力增强，更易燃烧。煤尘还能挥发出各类易燃气体，包括CH_4等烷类和氢气。煤尘发生爆炸需要达到一定的浓度要求，低于浓度下限和高于浓度上限都不能发生爆炸。正常情况下，浓度下限是30 g/m³，浓度上限是2000 g/m³，最易发生爆炸浓度范围是300～500 g/m³。综放工作面存在的点燃源很多，如光能、化学能、摩擦、静电、瓦斯自燃等。煤尘引燃的温度范围在550～1100 ℃。

当出现点燃源，煤尘也达到一定浓度时，煤尘点燃，并将热量传给周围的可燃气体和煤尘，如此迅速传播，单位时间内聚集的热量过多，就发生小规模的爆炸，爆炸产生的热量继续点燃其他煤尘存在的地方，如此循环的传导下去，由此引发严重的煤尘爆炸。

煤尘爆炸产生的破坏是巨大的，有时煤尘爆炸伴随着瓦斯爆炸，煤尘燃烧不充分时生成大量的一氧化碳，继续引起爆炸。

2.5 粉尘的受力分析和运动方程

按照煤矿粉尘的存在状态可分为浮尘和积尘。浮尘是以空气为介质，它与空气共同构成一种分散体系，分散相为固体粒子，空气作为分散介质，这种分散体系类似于气溶胶，此类煤尘的体积、质量、密度都相对较小，长时间飘浮在工作面风流中，可以和空气看作是一种稀薄的气固两相流体。气溶胶的概念是 Fuchs 于 1955 年首先提出的。气溶胶力学研究气溶胶粒子的形成、运动和凝并等规律，为研究粉尘颗粒析出、运动提供了方法。煤尘的运动受粒子受力复杂性的影响，其悬浮时间也与粒径大小、形状密切相关，除此之外还取决于采煤工作面的风速、温度、湿度等环境客观因素。风速越大，粉尘在空气中飘浮的时间越长，飞扬的距离越远。浮尘在工作面的运动较为复杂，直接影响工作人员身心健康，所以传统上所谓的煤尘多指此类悬浮煤尘，是煤尘防治的主要对象。积尘是从空气中沉积的煤尘，此类煤尘的体积、重量较大，在重力的作用下往往从空气中沉降。沉积的煤尘是发生煤粉爆炸的重要威胁因素，安全隐患极大。在一定的条件下，悬浮的煤尘和沉积的煤尘是可以相互转化的。

矿井通风系统对工作面内粉尘的扩散有很大影响。在没有风流时，大的粉尘会在重力作用下很快自由沉降下来，细微的粉尘向四周弥漫扩散。在层流状态下，粉尘颗粒在风流中受到垂直方向的浮力、重力、马格努斯力和速度梯度力，在水平方向不同层流之间会受到风流阻力、压力梯度力、虚假质量力和瞬时阻力等影响。当有风流作用时，由于尘粒的几何形状复杂，多为非球形不规则体，运动过程中受力较多，且工作面的流场非均匀分布，导致煤尘颗粒的运动规律很难掌握，大量的粉尘会随风流向下风侧扩散。逆风割煤时，粉尘最容易在较大范围内进行扩散从而弥漫整个巷道。滚筒旋转起来形成较大的气流紊动，加剧了粉尘的扩散。在紊流状态下，颗粒运动主要由两方面因素决定：在风流的曳力影响下，粉尘颗粒沿风流方向向前运动；在风流脉动影响下，尘粒在随风流运动的同时产生横向扩散效应。

2.5.1 粉尘的受力分析

为建立简单的数学模型，假定煤尘颗粒是球形颗粒，对于非球形颗粒，采用其等效 stoke 直径。对于粗大煤尘来说，在重力和惯性碰撞的作用下，会逐步沉降；对于微细煤尘来说，运动相对来说比较随机，做布朗运动。

煤尘颗粒在层流空气中，一般受到重力、浮力和空气阻力三种力的作用，如图 2－7 所示，而压力梯度力、附加质量力和巴塞特力只有在悬浮体通过喷嘴或冲击波时才明显，一般可以忽略。

1. 重力作用

设煤尘由于自身质量，其所受的重力 G 为

$$G=\frac{1}{6}\rho_P\,\pi d_P^3 g \tag{2-8}$$

式中 ρ_P——煤尘的密度，kg/m³；

d_P——球体直径，m；

g——重力加速度，m/s²。

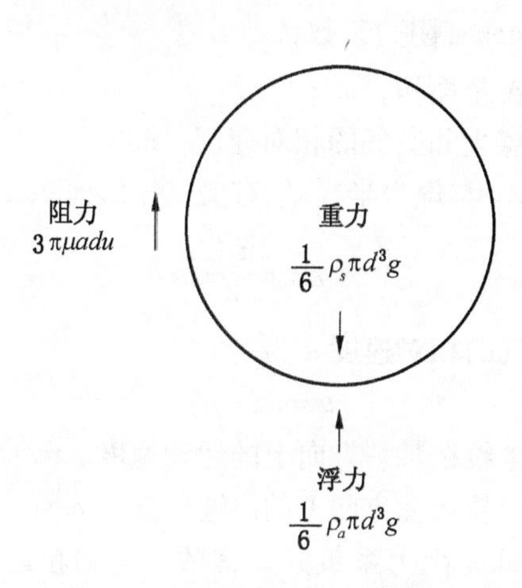

图2-7　煤尘在空气中的受力作用

2. 浮力作用

煤尘排开自己体积相同的空气，因此在空气中煤尘受到的浮力 F 为

$$F=\frac{1}{6}\rho_g\,\pi d_P^3 g \tag{2-9}$$

式中 ρ_g——空气的密度，kg/m³；

d_P——球体直径，m；

g——重力加速度，m/s²。

对于气固两相流，浮力与重力之比的数量级为 10^{-3}，通常忽略浮力的作用。

3. 空气阻力

只要固体与气体有相对运动，煤尘颗粒便受到空气阻力作用，煤尘粒子所受的空气阻力由 stokes 阻力定律确定为

$$F_f = C_D A_P \rho_g \frac{u^2}{2} \tag{2-10}$$

式中 C_D——stokes 阻力系数；

A_P——投影面积，m^2；

u——煤尘和空气的相对速度，m/s。

投影面积 A_P 与煤尘半径 d_P 有关，投影面积 A_P 为

$$A_P = \frac{\pi d_P^2}{4} \tag{2-11}$$

煤尘和空气的相对速度 u 为

$$u = u_P - u_g \tag{2-12}$$

式中 u_P——尘粒在某一方向上的运动速度，m/s；

u_g——尘粒运动方向上的风速分量，m/s。

C_D 作为 stokes 阻力系数并非常数，与颗粒运动的雷诺数有关，在工程上采用分段近似的方法表示为

$$\begin{cases} C_D = \dfrac{24}{Re_p} & \text{当 } Re_p \leqslant 1 \text{ 时(层流区)} \\ C_D = \dfrac{10}{\sqrt{Re_p}} & \text{当 } 1 < Re_p \leqslant 500 \text{ 时(过渡区)} \\ C_D = 0.44 & \text{当 } Re_p > 500 \text{ 时(紊流区)} \end{cases} \tag{2-13}$$

Re_p 为尘粒的雷诺数，表示为

$$Re_p = \frac{\rho_g d_P (u_P - u_g)}{\mu_g} \tag{2-14}$$

式中 μ_g——空气的运动黏性系数，kg/m · s。

煤尘在下降过程中，速度越来越快，受到的阻力也会相应地增加，直至受到的重力等于浮力和空气阻力之和，煤尘沉降速度到达最大值。

微细煤尘在空气中，由于自身所受重力极小，一般不做重力沉降运动，而是悬浮在空气中做无规则的运动，即布朗运动。当温度为 20 ℃时，不同粒径和密度的颗粒在空气中的布朗运动速度及自由沉降速度如图 2－8 所示。

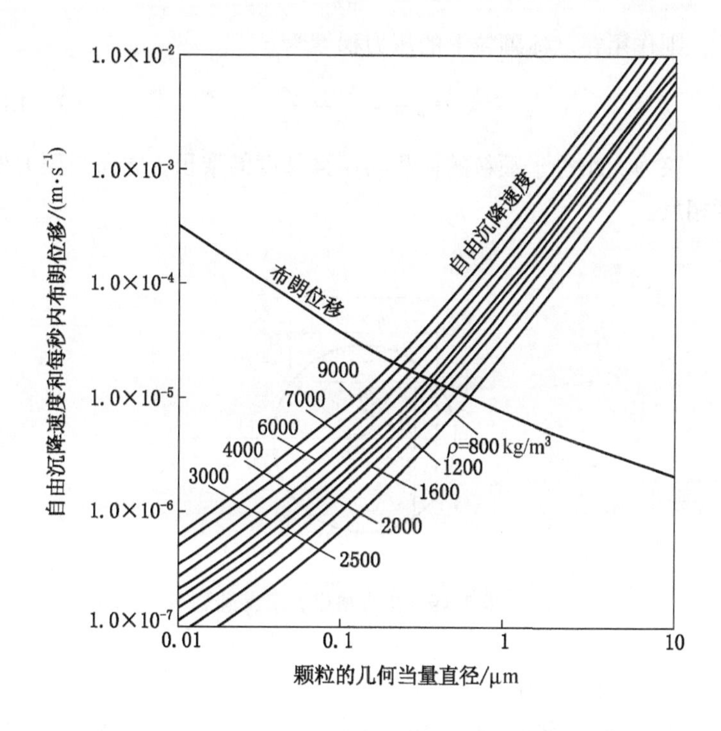

图 2－8　在 20 ℃时不同粒径和密度煤尘的布朗运动速度及自由沉降速度

从图 2－8 分析可得，当粒径小于 0.1 μm 时，布朗运动速度大于自由沉降的速度，故此类煤尘的运动以布朗运动为主；当粒径大于 0.1 μm 小于 1 μm 时，布朗运动速度和自由沉降速度差别不大，所以两种运动共同作用于煤尘；当粒径大于 1 μm 时，自由沉降速度大于布朗运动速度，且随着粒径的增加两者差别越来越大，所以此类煤尘主要做自由沉降运动。

4. 压力梯度力

在有压强梯度的流动中，压强的合力作用在颗粒上，对球形颗粒，沿流动方向的压强梯度用$\frac{\partial P}{\partial x}$表示，受力情况如图 2-9 所示，则作用在球体颗粒上的压力梯度为

$$F_P = -\frac{\pi d_P^3}{6}\frac{\partial p}{\partial x} \tag{2-15}$$

该力大小等于颗粒的体积与压强梯度的乘积，方向与压力梯度相反。

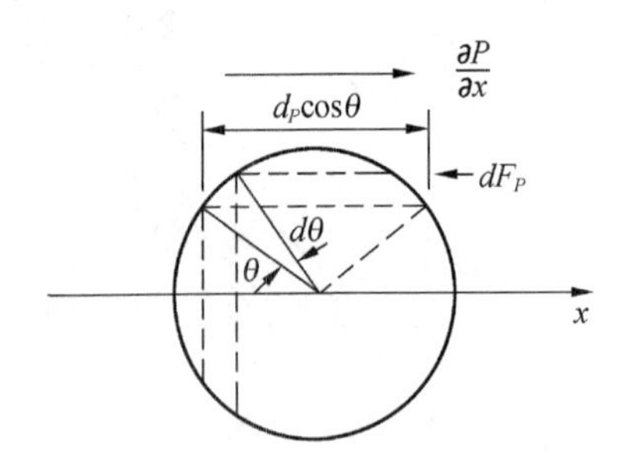

图 2-9　压力梯度力示意图

5. 附加质量力

推动周围流体加速运动的力称为附加质量力，在煤尘颗粒中受到同样大小的反作用力，根据压强分布，附加质量力为

$$F_m = 0.5\frac{\pi d_P^3}{6}\rho_g a_P \tag{2-16}$$

式中　a_P——球形颗粒的加速度，$a_P = \frac{d(u_g - u_P)}{dt}$，m/s²。

附加质量力数值上等于与矿尘颗粒同体积的流体以 a_P 加速运动时的惯性力的一半，常压下附加质量力在矿尘颗粒具有很大

的加速度时比较明显，通常情况下可以忽略。

6. Magnus（马格努斯）旋转提升力

颗粒在气流中运动过程中，相互间的非对心碰撞或者流体流场不均匀，会发生旋转，低雷诺数时，颗粒的旋转会带动紧靠它表面的气流，在其流动方向与旋转方向相同的一侧增加速度，在另一侧降低速度，此时颗粒会受到一个与颗粒运动方向相垂直的作用力，驱使颗粒向速度较高的一侧移动，称为 Magnus 旋转提升力，通常与重力有相同的重量级。

当颗粒在流体中边运动边旋转时，Rubinow 和 Keller 总结提出了旋转球体的马尔努斯旋转提升力的计算公式：

$$F_m = \frac{1}{8}\pi\rho_g d_p^3(u_P - u_g)\omega \tag{2-17}$$

式中　ω——颗粒旋转角速度，rad/s。

7. Basset（巴塞特）加速度力

若流体存在黏性作用，颗粒在流场内作任意变速的时候，会形成边界层并逐渐增长，其瞬间流场与当时的条件和之前颗粒的运动状态有关，因此计算中有一项专门反映“记忆效应”的特殊项，在层流状态下，由该“记忆效应”引起的附加力称为巴塞特加速度力：

$$F_{Ba} = \frac{3}{2}d_p^2(\pi\rho_g\mu_g)^{1/2}\int_{t_0}^{t}(t-\tau)^{-\frac{1}{2}}\frac{d(u_g-u_P)}{d\tau}d\tau \tag{2-18}$$

式中　τ——时间变量，通过 τ 对颗粒从开始加速的时间 t_0 到计算时的 t 为止的整个运动过程做出积分。

由式（2－18）可知，巴塞特力与流动的不稳定性有关，决定于加速度，只有当颗粒相对于加速度很大的时候才能起到明显的作用。

8. Saffman（萨夫曼）升力

Saffman 指出，当颗粒所在的流体场存在速度梯度时，颗粒即使不做旋转运动，也会受到一个由黏性流体的剪切作用引起的升力。煤尘颗粒在有速度梯度的气流中运动时，由于煤尘两侧的流速不同，将会产生一个由低速指向高速方向的升力。在根据气流和煤尘粒子相对运动速度计算的雷诺数 $Re<1$ 的情况下，萨夫曼升力为

$$F_s = 1.61 d_P^2 (\rho_g \mu_g)^{\frac{1}{2}} \left| u_g - u_P \right| \left| \frac{du}{dy} \right|^{\frac{1}{2}} \tag{2-19}$$

当 $u_g > u_P$ 时，萨夫曼升力的方向指向轴线；当 $u_g < u_P$ 时，萨夫曼升力的方向远离轴线，一般情况下，萨夫曼升力主要存在于边界层区域。

9. 其他作用力

除上述作用力之外，还可能存在由于温度梯度引起的热泳力、煤尘颗粒与壁面之间的范德华斯力、尘粒与尘粒之间的碰撞作用力等。由于研究的是理想状态下的稀相气固两相流，这些其他作用力可以忽略不计。

2.5.2 粉尘的运动特性

粉尘颗粒在气体中的运动主要分为两种：水平扩散运动和自由沉降运动。微细煤尘在空气中，由于自身所受重力极小，一般不做重力沉降运动，而是悬浮在空气中做无规则的运动，即布朗运动。由于粒径非常小的煤尘颗粒所受到的流体分子在各方向上的不规则撞击不再平衡，发生随机和不平稳的位移，做布朗运动。宏观上，气相介质中的尘粒会向局部浓度低的区域扩散，即布朗扩散。为进一步了解煤尘粒子扩散的过程，引用气体的扩散方程——菲克第一扩散定律的概念，假设穿过单位截面积的扩散物质的迁移速度与该面的物质浓度成比例，用公式表示为

$$J = -D \frac{\partial C}{\partial x} \tag{2-20}$$

式中 J——扩散通量，kg/(m^2·s)；

C——扩散煤尘颗粒的浓度，kg/m^3；

D——扩散系数，m^2/s。

扩散系数 D 代表煤尘粒子在气流中的难易程度，与颗粒的性质和温度有关，当扩散过程稳定时，扩散系数的公式为

$$D=\frac{kTC_u}{3\pi\mu_g d} \tag{2-21}$$

式中 k——玻尔兹曼常数，1.38×10^{-23} J/K；

T——气体绝对温度，K；

C_u——坎宁汉滑动修正系数；

μ——黏性系数，Pa·s；

d——煤尘粒径，μm。

结合空气黏度随温度变化的萨兰特公式，得到煤尘的扩散系数表达式：

$$D=1.233\times10^{-19}\left(\frac{T^{\frac{1}{9}}}{d}+\frac{6.215\times10^{-10}T^{\frac{10}{9}}}{d^2}\right) \tag{2-22}$$

由公式可知，影响煤尘粒子扩散系数的主要因素是温度和煤尘粒径，由于矿井工作面温度一般能在长时间内保持稳定，设定 T 为常数，即常温 20 ℃下 $T=273.15+20=293.15$ K，扩散系数随粒径的变化有所收敛。为了更直观地理解煤尘扩散系数随煤尘粒径的变化规律，截取煤尘粒径在 0～5 μm 的范围研究粒径大小对于粉尘扩散的影响趋势，绘出其变化趋势图，如图 2－10 所示。由图 2－10 可以看出，粒径在 1 μm 以下，煤尘的扩散系数加速增加。

研究发现，流体中的颗粒粒径大于 2 μm 时不会产生布朗运动，当粒径大于 1 μm 时，自由沉降速度大于布朗运动速度，且随着粒径的增加两者差别越来越大，所以此类煤尘主要做自由沉降运动。

煤尘在空气中因重力作用而下沉时，其受到的空气阻力与下落速度成正比，下落速度越大，阻力就越大，直到阻力和重力相等，此时，煤尘沉降速度达到最大，开始做持续的匀速运动，该

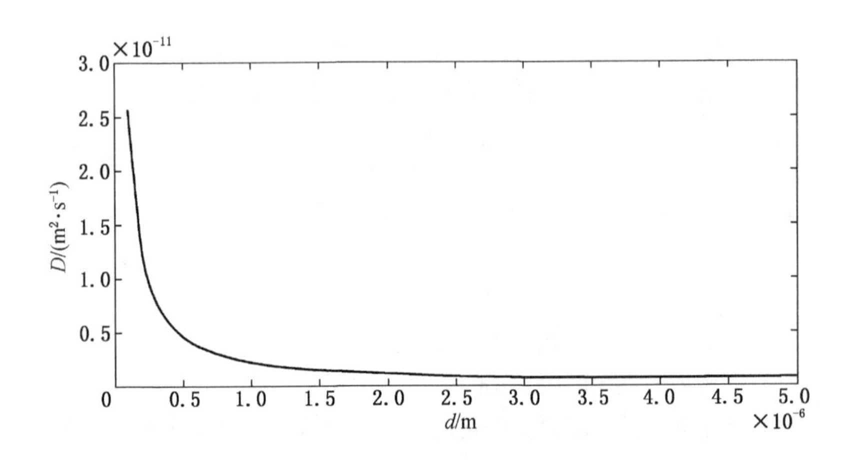

图 2-10 煤尘扩散系数随煤尘粒径的变化规律图

速度即为球形颗粒的自由沉降速度，用 u_t(m/s) 表示，结合前面所述受力分析，可以推导出煤尘自由沉降速度公式为

$$u_t=\sqrt{\frac{4gd_P(\rho_P-\rho_g)}{3C_D\rho_g}} \tag{2-23}$$

因为 stokes 阻力系数 C_D 并非常数，由颗粒运动的雷诺数确定，故对煤尘的自由沉降速度作分段回归处理。

(1) 当 $Re_p<1$ 时，煤尘处于层流沉降区，沉降服从斯托克斯（Stokes）定律：

$$u_t=\frac{(\rho_P-\rho_g)gd_P^2}{18\mu_g} \tag{2-24}$$

(2) 当 $1<Re_p<500$ 时，煤尘颗粒处于过渡沉降区，沉降服从阿伦（Allen）定律：

$$u_t=0.261d_P\sqrt[3]{\left[\frac{(\rho_P-\rho_g)g}{\rho_g}\right]^2\frac{\rho_g}{\mu_g}} \tag{2-25}$$

(3) 当 $Re_p>500$ 时，煤尘颗粒处于紊流沉降区，沉降服从牛顿（Newton）定律：

$$u_t = 1.74\sqrt{\frac{(\rho_P - \rho_g)gd_P}{\rho_g}} \tag{2-26}$$

由式（2-26）可知，球形煤尘的沉降速度与煤尘的粒径和密度有关，在层流区和过渡区与气体的黏性有关。研究煤尘的运动特性有利于了解煤尘在采煤工作面的运动情况，为进一步研究除尘技术提供了依据。

3 高压水射流及其雾化机理的研究

3.1 高压水射流及其分类

射流是指流体从各种形式的孔口或喷嘴射入同一个或另一种流体的流动过程。在水利水电工程、给水排水工程、航天航空工程、冶金、能源、环境工程以及化工机械等许多领域，都会遇到大量的射流问题。高压水射流是以水作为介质，通过高压发生设备使其获得巨大的能量后，用一种特定的液体运动方式，从一定形状的喷嘴（直径较小），以很高的速度喷射出来的，形成具有一定几何形状、一定喷射距离、能量高度集中的一股水流（水团和水柱）。

高压水射流一般分为以下几种类型：

（1）按流体性质分类：气体射流和液体射流。

（2）根据射流的喷射状态分类：自由射流、层流射流、紊动射流。自由射流是指自喷嘴射出的流体射入流体特性相同的空间中；层流射流是指射流处于层流状态；紊动射流或湍射流是指射流为紊动状态。对于三维紊动射流，按其轴线速度衰减状况，可分为三个显著的流动区域，分别是势流核心区、特征衰减区及轴对称（径向型）衰减区。

（3）按驱动压力分类：低压（0.5～35 MPa），高压（35～140 MPa），超高压（140～420 MPa）。

（4）按射流本身介质分类，高压水射流又可分为单相和多相射流。

(5) 按工作和环境介质分类：淹没射流（射流的工作介质与环境介质相同）和非淹没射流（环境介质与工作介质不同）。

(6) 按射流流体力学特性分类：定常射流和非定常射流。定常射流是射流的各个断面上的流体力学特性不随时间而变化，仅为位置的函数，非定常射流是射流各断面上的流体力学特性不仅随位置而变化，而且随时间而变化。定常射流一定是连续射流，而非定常射流可以是连续射流，也可以是非连续射流。

(7) 按固壁条件分类：流体射流的作业环境内有或没有固体壁面的限制，对射流的形成和动力特性有或没有明显的影响。在有固壁约束下的射流称为非自由射流；反之，则为自由射流。淹没射流不受固壁的限制，这种射流称为淹没自由射流；反之，称淹没非自由射流。同样，非淹没射流不受固壁条件约束，称为非淹没自由射流；反之，称为非淹没非自由射流。

(8) 按射流对物料的施载特性分类：连续射流、冲击射流和混合射流。连续射流对物料施载开始时有一个短时的冲击峰值压力，以后是稳定的较低压力。这种射流只有冲击峰值压力后的稳定压力才具有代表性。连续射流常用于切割和清洗物料。冲击射流对物料的施载特点是产生一个只持续极短时间的压力峰值，这时只有压力峰值才具有代表性。高速水滴冲击和脉冲射流可以看作是冲击射流。介于上面两种施载方式之间的射流为混合射流，其施载特点是冲击压力和稳定压力相结合。空化射流可以看作是混合射流，它具有一定长度的液柱间断射流，其施载过程为一冲击压力加上一段稳定压力。稳定压力维持时间与柱状液滴速度和大小有关。

3.2 高压水射流雾化机理的国内外研究现状

国外对雾化机理的理论研究最早可以追溯到 1878 年，Rayleigh 用经典方法从低速射流的不稳定性角度出发，提出了雾化射流不稳定理论。但由于当时所研究的是低速射流的破碎过程，且其假设液体的表面张力是唯一抵抗液体破碎的力，没有考虑液体的黏性力，该理论比目前常用的直射式喷嘴的实际雾化结果偏大。1909 年，Bohr 对被 Rayleigh 忽略的非线性问题进行了研究，对其理论进行了进一步完善。1931 年，Haenlein 和 Weber 综合考虑了黏度、表面张力及液体密度等因素的综合影响，对射流雾化理论进行了系统的深入研究。Rammingen 首先发现了喉管内液气快速混合和压力突然升高的现象，随后很多学者在喉管长度对液气射流泵基本性能的影响方面进行了研究。Takashima 推导出喉管与扩散管的计算公式。Casleman 假设雾化是由液体与气体之间的相互空气动力学动力作用引起的。Bradley 提出了利用稳定性理论来解决喷射雾化的问题，这些研究在判断雾化产生方面取得了成功。F. Dusrt、N. Alleborn 和 H. Raszillier 对空心圆柱射流进行了较为系统的研究，得出了射流内外表面不稳定扰动最大区域的计算公式。20 世纪 60 年代以后，人们对各种喷嘴的雾化特性进行了大量的研究。索科洛夫出版了《喷射器》一书，比较全面系统地阐述了各类射流泵和喷射器的计算和设计方法。1972 年，Bonington 和 King 出版了《射流泵和喷射器回顾与展望》一书，主要论述了 20 世纪 70 年代之前关于射流泵和喷射器的理论与试验成果。这两本专著为射流泵理论的研究与发展做出了巨大的贡献，至今为止仍是关于射流泵和喷射器研究的重要参考书目。Cunningham 等在 1974 年研究了基于单喷嘴结构的射流破碎机理和最优喉管长度。Kumar 等研究了喉嘴距对液气射流泵性能的影响，并得出最优喉嘴距。1963 年，英国帝国理工大学运用波动理论阐述了液体的雾化原理。1982 年，Reitz 和 Bracco 最先提出喷雾初始雾化模型，该模型对雾化机理做了深入的分析和有意义的猜测。Reitz 认为绝大多数液滴都是由增长最快的表面波破裂后所形成，且这些扰动波的振幅与其波长成正比。近年来激光测量技术应用于喷雾测量，对于通过试验进行雾化性能研究的水平有了很大提高，也进一步完善了一些经验公式。非线性理论的发展也推动了流体力学线性稳定性分析的研究，解世昭曾直接将流动区域做网格划分并用离散射流控制方程及相应的边界条件做数值处理，全面考虑了可能存在的非线性问题。

国内学者金锥对液气射流泵的工作性能、最佳构造形式、效率与最佳工况进行了试验研究，并给出了液气射流泵设计与计算的方法。刘景植通过试验对液气射流泵的工作原理及射流破碎机理进行了初步分析，并应用流体力学的基本原理推导了单级液气射流泵的基本性能方程，提出确定液气射流泵最优参数的计算方法。李燕城认为喉管长径比是影响液气射流泵性能的重要参数，并推导出了最佳性能方程式，为液气射流泵的设计计算提供了依据。李元端和糜留东针对液气射流泵的一种——射流曝气器设计计算中存在的问题进行了探讨，认为以最优面积比为主的计算方法能够获得最大吸气量，但若要提高氧转移率和充氧动力效率，则应采用以气液比为主的计算方法。陆宏圻教授通过整理国内外学者和自己的大量研究成果，出版了《射流泵技术的理论与应用》和《喷射技术理论及应用》，比较全面给出了各种射流泵的设计理论和设计方法，为推动这门学科在我国的发展奠定了坚实的基础。随着流体力学和计算机技术的发展，数值模拟逐步发展成为一种新的研究液气射流泵的方法。廖定佳采用数值模拟从内部流场的角度研究液气射流泵各参数的变化。向清江通过数值模拟获得液气射流泵内部流速分布与壁面压力分布，较好地反映了液气射流泵的外部水力性能，为液气射流泵的优化设计提供了参考。一些学者通过数值模拟试验对液气射流泵的结构参数进行了优化。在实际应用上，针对煤矿瓦斯抽放干式钻孔施工过程中产生大量粉尘的问题，重庆大学卢义玉教授提出利用射流泵技术除尘的新思路，即运用有压水流从喷嘴以一定速度喷出引起负压场卷吸煤尘进入除尘器，并与水流混合后排出，进而达到除尘效果。为使除尘效果最优，研究了孔口除尘器的结构组成和工作原理，并设计了水射流除尘器的结构和尺寸；运用均匀设计法对影响水射流除尘器吸气量的相关参数进行研究，试验优化了水射流除尘器的运行参数和结构参数，通过模拟煤矿瓦斯抽放钻孔施工现场打钻情况以及对孔口除尘装置的除尘效率进行试验，有效提高了孔口除尘装置的除尘效率，能够显著降低煤矿干式钻孔过程中产生的粉尘污染，但是该装置结构较复杂，目前仅处于试验研究阶段。

3.3 自由紊动射流

3.3.1 自由紊动射流基本方程

紊流是黏性流体在一定条件下所产生的一种运动状态，因而描述黏性流体的运动方程同时适用于紊流。紊流是一种随机过程，最简单的统计特征是取平均值。下面从雷诺平均数出发，建立紊流运动的基本方程，其方法就是把黏性流体的连续性方程和运动方程中的各个变量看作是随机变量，即由时均值与脉动值组成，然后取时间平均，得出紊流时均流动的基本方程。

不可压缩黏性流体的连续性方程为

$$\frac{\partial u_i}{\partial x_i}=0 \tag{3-1}$$

以 $\mu_i=\bar{\mu}+\mu_i'$ 代入上式，并取时间平均得

$$\frac{\partial \bar{u}_i}{\partial x_i}=0 \tag{3-2}$$

因为$\frac{\partial u_i}{\partial x_i}=\frac{\partial \bar{u}_i}{\partial x_i}+\frac{\partial u_i'}{\partial x_i}=0$，由式（3-2）可得

$$\frac{\partial u_i'}{\partial x_i}=0 \tag{3-3}$$

上式表明脉动流速也满足连续性方程。不可压缩黏性流体的

运动方程为

$$\frac{\partial u_i}{\partial t}+u_j\frac{\partial u_i}{\partial x_i}=f_i-\frac{1}{\rho}\frac{\partial p}{\partial x_i}+\nu\frac{\partial^2 u_i}{\partial x_j\partial x_j} \tag{3-4}$$

以 $\mu_i=\bar{\mu}+\mu_i'$，$p=\bar{p}+p'$代入上式，并取时间平均得

$$\frac{\partial \bar{u}_i}{\partial t}+\bar{u}_j\frac{\partial \bar{u}_i}{\partial x_j}+\overline{u_j'\frac{\partial u_i'}{\partial x_j}}=f_i-\frac{1}{\rho}\frac{\partial \bar{p}}{\partial x_i}+\nu\frac{\partial^2 \bar{u}_i}{\partial x_i\partial x_j} \tag{3-5}$$

式中左边第三项可以改为如下形式：

$$\frac{\partial \rho}{\partial t}+\frac{\partial(\rho\nu)}{\partial y}+\frac{\partial(\rho\omega)}{\partial z}=0 \tag{3-6}$$

根据式（3-3），式（3-6）右边第二项为零，故

$$\overline{u_j'\frac{\partial u_j'}{\partial x_j}}=\frac{\partial}{\partial x_j}(\overline{u_i'u_j'}) \tag{3-7}$$

将式（3-7）代入式（3-5）可得

$$\frac{\partial \bar{u}_i}{\partial t}+\bar{u}_j\frac{\partial \bar{u}_i}{\partial x_j}=f_i-\frac{1}{\rho}\frac{\partial \bar{p}}{\partial x_i}+\frac{1}{\rho}\frac{\partial}{\partial x_i}\left(u\frac{\partial \bar{u}_i}{\partial x_j}-\overline{\rho u_i'u_j'}\right) \tag{3-8}$$

此式称为紊流时均运动方程，常称为雷诺方程。式（3-8）中的 $\overline{\rho u_i'u_j'}$ 称为雷诺应力，它表示脉动对时均流动的影响。

3.3.2 恒定紊流边界层方程

不可压缩流体的紊流边界层方程可由雷诺方程简化得到。按照边界层的厚度 δ 远小于其长度 l 的特性，用量级比较的方法，忽略方程中量级较小的项后，可导出不可压缩恒定流动的边界层方程。现给出常用的两种形式：

① 对于恒定二维边界层：

$$\frac{\partial \bar{u}}{\partial x}+\frac{\partial \bar{v}}{\partial y}=0 \tag{3-9}$$

$$\bar{u}\frac{\partial \bar{u}}{\partial x}+\bar{v}\frac{\partial \bar{u}}{\partial y}=f-\frac{1}{\rho}\frac{\partial \bar{u}}{\partial x}+\frac{1}{\rho}\frac{\partial}{\partial y}\left(u\frac{\partial \bar{u}}{\partial y}-\rho\overline{u'\nu'}\right) \tag{3-10}$$

$$\frac{\partial \bar{p}}{\partial y}=0 \tag{3-11}$$

② 对于恒定轴对称边界层：

$$\frac{\partial \bar{u}}{\partial x}+\frac{1}{r}\frac{\partial (r\bar{\nu})}{\partial r}=0 \tag{3-12}$$

$$\bar{u}\frac{\partial \bar{u}}{\partial x}+\bar{v}\frac{\partial \bar{u}}{\partial r}=f-\frac{1}{\rho}\frac{\partial \bar{p}}{\partial x}+\frac{1}{\rho r}\frac{\partial}{\partial r}\left[r\left(u\frac{\partial \bar{u}}{\partial r}-\rho\overline{u'\nu'}\right)\right] \tag{3-13}$$

$$\frac{\partial \bar{p}}{\partial r}=0 \tag{3-14}$$

在紊动射流中，黏性切应力项 $u\frac{\partial \bar{u}}{\partial x_j}$ 远小于雷诺应力项 $-\rho\overline{u'\nu'}$，可以忽略不计。对于自由射流，压力梯度近似为零，即$\frac{\partial \bar{p}}{\partial x}$为零。

3.4 旋转射流的基本理论

旋转射流是自由射流旋转的一种复合运动，与普通射流的区别在于有一切向速度（旋转速度）使喷嘴内的流体旋转起来以使从喷嘴射出的流体有一切向速度分量，除了在无旋转射流中存在的轴向、径向速度分量外，旋转速度（切向速度）的存在导致径向、轴向压力梯度。旋转射流的扩展比普通射流宽，其轴线速度的衰减比普通射流快。因此，旋动射流的卷吸和掺混作用比较强。旋动射流在许多工业、工程技术领域有着广泛的应用。当液体射流的速度较大或存在速度间断时会发生掺气现象，即把周围空气卷到射流中形成气液两相流，如自然界中乳白色的天然瀑布就是典型的射流掺气现象。

3.4.1 旋转射流的基础理论

旋转射流的形成一般都需要在喷口的上游采用一定的加旋措施，不同的加旋方式所得的射流出口轴向速度和旋动速度的分布各不相同，紊动特性也有差异。常用的加旋方式有四种，分别是切向注入法、固定导叶加旋法、管内导流法、机械旋转法。

3.4.2 旋转射流的旋度和卷吸能力

1. 旋度

旋转射流的旋度，也叫旋动数，常见的定义有两种：

1）旋度的第一个定义

旋度定义为切向动量通量与轴向动量通量之比，即

$$S=\frac{G_{\phi}}{G_{x}\cdot R} \tag{3-15}$$

式中 G_x、G_ϕ——线动量和角动量的轴向通量；

R——喷嘴半径，mm。

角动量和线动量的轴向通量沿射流轴向守恒，因此可由速度剖面和压力剖面的积分或直接测量作用于喷嘴上的转矩和推力来确定。

设喷嘴处的旋转速度与轴向速度的最大值之比为 G，即

$$G=\frac{\omega_{m0}}{\mu_{m0}} \tag{3-16}$$

式中 ω_{m0}、μ_{m0}——喷嘴处旋转速度和轴向速度的最大值，m/s。

上式隐含 G 与旋度 S 密切相关。

对于在喷嘴处具有均匀分布的实体旋转情形，有

$$\omega=\omega_{m0}\cdot\frac{r}{R}\qquad\mu=\mu_{m0} \tag{3-17}$$

式中 ω、μ——旋转速度，rad/s 和轴向速度，m/s。

$$G_{\phi}=2\pi\rho\int_{0}^{R}r^{2}\mu\omega dr=\frac{1}{2}\pi\rho\mu_{m0}\omega_{m0}R^{3} \tag{3-18}$$

$$G_{x}=2\pi\rho\int_{0}^{R}r\left(\mu^{2}-\frac{1}{2}\omega^{2}\right)dr=\pi\rho\mu_{m0}^{2}R^{2}\left(1-\frac{G^{2}}{4}\right) \tag{3-19}$$

故

$$S = \frac{\frac{1}{2}G}{1 - \left(\frac{G}{2}\right)^2} \tag{3-20}$$

该式适用于 $G \leqslant 0.4$，即低旋的情况，出口处的轴向速度分布偏离均匀分布，并且大部分流体在外援附近离开喷嘴。当 $G > 0.4$ 时，即 $S > 0.21$ 时，可用下式确定旋度：

$$S = \frac{\frac{1}{2}G}{1 - \frac{G}{2}} \tag{3-21}$$

此外，类似于式（2－21）有

$$S = \frac{T_t}{G_t d} \tag{3-22}$$

式中　T_t——转矩，N·m；

G_t——推力，N；

d——喷嘴直径，mm。

2）旋度的第二个定义

定义旋动数为螺旋角 θ 正切值的函数：

$$S = \frac{2}{3}\left[\frac{1 - \left(\frac{r_1}{r_2}\right)^3}{1 - \left(\frac{r_1}{r_2}\right)^2}\right]\tan\theta \tag{3-23}$$

式中　r_1、r_2——旋流喷嘴中置入件的内径和外径，m。

2. 卷吸能力

作为普通射流的推广，在喷嘴内假定流动没有径向速度分量，切向速度分量引起角动量通量，并可用喷嘴的转矩来表征。角动量轴向通量在自由射流区应当保持常数。射流的卷吸能力 $\frac{dm}{dx}$ 取决于射流的推力 G_t、密度 ρ、转矩 T_t 和喷嘴特征直径 d。其数学表达式为

$$\frac{dm}{dx}=f(G_t,\rho,T_t,d) \tag{3-24}$$

式中 m——质量流量。

由量纲分析，得

$$\frac{dm}{dx}=f[(\rho G_t)^{1/2}S^q] \tag{3-25}$$

式中 S——旋动数。

由前人试验研究知，式（3－22）为线性并可表示为

$$\frac{m}{m_0}=(k_2+k_3S)\frac{x}{d} \tag{3-26}$$

式中 m_0——喷嘴出口处的质量流量。

Chigier 和 Chevinsky 给出 $k_2=0.32$，$k_3=0.8$。另外，通过积分 u 剖面亦可得到质量流量，即

$$\frac{m}{m_0}=k_e\frac{x}{d} \tag{3-27}$$

式中 k_e——卷吸系数。

即

$$k_e=0.32+0.8S \tag{3-28}$$

由上式可知，$k_e\sim S$ 的变化是线性的，但这只适用于低旋度和中等旋度，而对于较高旋度，则不满足这一规律。

3.4.3 旋动射流速度、静压轴向衰减规律理论分析

假定旋动射流具有对称紊流边界层的特性，则由紊流运动的基本方程可得

$$\frac{\partial}{\partial x}(ru)+\frac{\partial}{\partial r}(r\nu)=0 \tag{3-29}$$

$$u\frac{\partial u}{\partial x}+\nu\frac{\partial u}{\partial r}=-\frac{1}{\rho}\frac{\partial p}{\partial x}-\frac{\partial\overline{u'\nu'}}{\partial r}-\frac{\partial\overline{u'^2}}{\partial x}-\frac{\overline{u'\nu'}}{r}-\frac{\omega^2}{r}$$

$$=-\frac{1}{\rho}\frac{\partial p}{\partial r}-\frac{\partial\overline{\nu'^2}}{\partial r}-\frac{\overline{\nu'^2}}{r}+\frac{\overline{\omega'^2}}{r}$$

$$u\frac{\partial\omega}{\partial x}+\nu\frac{\partial\omega}{\partial r}+\frac{\nu\omega}{r}=-\frac{\partial\overline{\nu'\omega'}}{\partial r}-\frac{2\overline{\nu'\omega'}}{r} \qquad (3-30)$$

式中，μ、ν 和 ω 分别为旋动射流的轴向、径向及切向（旋转）流速。考虑到旋动射流的对称性，并假定周围环境流体处于静止状态，则控制方程式（3－28）、式（3－29）、式（3－30）的边界条件，在 $r=0$ 处，存在有

$$\nu=\omega=\frac{\partial\mu}{\partial r}=\frac{\partial\overline{\mu'\nu'}}{\partial r}=\frac{\partial\overline{\nu'\omega'}}{\partial r}=0 \qquad (3-31)$$

在 $r=\infty$ 处，存在有

$$\mu=\omega=\overline{\mu'\nu'}=\overline{\nu'\omega'}=\frac{\partial\mu}{\partial r}=\frac{\partial\omega}{\partial r}=\frac{\partial\overline{\mu'\nu'}}{\partial r}=\frac{\partial\overline{\nu'\omega'}}{\partial r}=0 \qquad (3-32)$$

式（3－31）乘以 r，式（3－32）乘以 r^2，从 $r=0$ 到 $r=\infty$ 积分，可得下列积分方程：

$$\frac{d}{dx}\int_0^\infty r[(p-p_\infty)+\rho(\mu^2+\overline{\mu}'^2)]dr=0 \qquad (3-33)$$

$$\int_0^\infty r(p-p_\infty)dr=-\frac{\rho}{2}\int_0^\infty(\omega^2+\overline{\omega}'^2+\overline{\nu}'^2)rdr \qquad (3-34)$$

把式（3－32）代入式（3－33），并假定 $\frac{\overline{\mu}'^2-(\overline{\omega}'^2+\overline{\nu}'^2)}{2}$ 为极小值时，有

$$\frac{d}{dx}\int_0^\infty r\left(\mu^2-\frac{\omega^2}{2}\right)dr=0 \qquad (3-35)$$

式（3－35）乘以 r^2 并积分，得

$$\frac{d}{dx}\int_0^\infty r^2\mu\omega dr=0 \qquad (3-36)$$

式（3－34）、式（3－35）分别为轴向动量通量 G_x 和角动量通量 G_ϕ 的守恒表达式。

假定在旋动射流的主体段，速度剖面存在相似性。那么，可以选择下面的分离变量：

$$\begin{cases}\mu(x,r)=\mu_m(x)\mu(\xi)\\ \omega(x,r)=\omega_m(x)\omega(\xi)\end{cases} \qquad (3-37)$$

式中，$\xi=\frac{r}{x+a}$，$\mu_m(x)$ 和 $\omega_{m(x)}$ 为 μ 和 ω 在轴线处的最大值，a 为射流原点距喷嘴出口的距离。

将式（3－37）代入式（3－35）、式（3－36），可得下面一阶微分方程：

$$\frac{d}{dx}[(x+a)^2(\mu_m^2-H^2\omega_m^2)]=0 \tag{3-38}$$

及

$$\frac{d}{dx}[(x+a)^3\mu_m\omega_m]=0 \tag{3-39}$$

其中，$H^2=\frac{\int_0^\infty \xi\omega^2(\xi)d\xi}{2\int_0^\infty \xi\mu^2(\xi)d\xi}$。

积分式（3－37）、式（3－38），可得未知量 $\mu_m(x)$ 和 $\omega_m(x)$ 的代数方程：

$$\frac{\mu_m}{\mu_0}=K_1\frac{d}{x+d}f_1^{1/2} \tag{3-40}$$

$$\frac{\omega_m}{\omega_0}=K_2\left(\frac{d}{x+a}\right)^2 f_2^{-1/2} \tag{3-41}$$

式中　μ_0、ω_0——旋动射流出射处的轴向速度和切向速度，m/s；

K_1——旋度的函数，可近似取 $K_1=\frac{6.8}{(1+6.8S^2)}$；

K_2——与旋度无关，$K_2=\left(\frac{a}{2}\right)^2$。

f_1 和 f_2 是旋度、流程的函数，即

$$f_1=\frac{1-N^2+\sqrt{(1-N^2)+\left(\frac{2NK_1d}{x+a}\right)^2}}{2} \tag{3-42}$$

$$f_2=\frac{1-N^2+\sqrt{(1-N^2)+\left(\frac{2Na}{x+a}\right)^2}}{2} \tag{3-43}$$

$$N=\frac{\omega_0}{\mu_0}H=GH \tag{3-44}$$

轴线上压力的衰减可由式（3－44）简化后得到

$$\frac{\partial p}{\partial r}=\frac{\rho\omega^2}{r} \tag{3-45}$$

积分后得

$$\frac{p_\infty - p_m}{\rho\mu_0^2}=K_3\left(\frac{d}{x+a}\right)^4 f_2^{-1} \tag{3-46}$$

式中 p_∞——周围大气压，MPa；

p_m——轴线压力，MPa；

K_3——衰减常数，$K_3=\left(\frac{a}{d}\right)^4\int_0^\infty \frac{\omega^2(\xi)}{\xi}d\xi$。

三个衰减常数 K_1、K_2 和 K_3 对应于不同旋度的值列于表 3－1。从表 3－1 可以看出，K_2 与旋度无关。f_1 是旋度 S 和距离 x 的函数，对于弱旋动、中等旋动射流，f_1 接近于 1。然而，在强旋动情形时就必须考虑函数 f_1 的影响。

表 3－1 旋度取值

经验常数	旋度 S					
	0.066	0.134	0.234	0.416	0.600	0.640
H	1.25	1.19	1.08	1.05	0.74	0.68
N	0.146	0.316	0.435	0.560	0.505	0.495
K_1	6.5	5.5	4.1	3.0	2.0	1.75
K_2	5.3	5.3	5.3	5.3	5.3	5.3
K_3	59.0	35.2	53.5	108.0	—	—
f_1	1.00	0.975	0.852	0.780	0.780	0.785
f_2	0.981	0.911	0.800	0.742	0.790	1.800

经过理论分析可知，切向速度以 x^{-2} 衰减，轴向速度和径向速度以 x^{-1} 衰减，压力则以 x^{-4} 快速衰减；除切向速度外，旋度越大，衰减越快。

关于旋动射流的扩展角 θ，若旋动是在喷嘴处产生，则扩展 θ 随旋度连续增加；若旋动是在喷嘴上游产生，则扩展角只能增至一个有限值，通常，扩展角可近似用下式估算：

$$\theta = 4.8 + 14S \tag{3-47}$$

3.5 湍流射流

射流是指从孔口或管嘴或缝隙中连续射出的一股具有一定尺寸的流体运动。湍流指速度、压强等流动要素随时间和空间作随机变化，发生脉动，质点轨迹曲折杂乱、互相混掺的流体运动。较层流而言，湍流流体质点的运动极不规则，流场中各种流动参数的值具有脉动现象。由于脉动的急剧混掺，流体动量、能量、温度以及含有物浓度的扩散速率较层流大。湍流是有涡流动，并且具有三维特征。

按射流周围固体边界的情况，可分为自由射流和非自由射流。若射流进入一个无限空间，完全不受固体边界限制，称为自由射流或无限空间射流；若进入一个有限空间，射流多少要受固体边界限制，称为非自由射流或有限空间射流。研究射流所要解决的主要问题：确定射流扩展的范围，射流中流速分布及流量沿程变化；对于变密度、非等温和含有污染物质的射流，还要确定射流的密度分布、温度分布和污染物质的浓度分布。

以自由淹没湍流圆射流为例，如图 3－1 所示，射流进入无限大空间的静止流体中，由于湍流的脉动，卷吸周围静止流体进入射流，两者掺混向前运动。卷吸和掺混的结果，使射流的断面不断扩大，流速不断降低，流量则沿程增加。由于射流边界处的流动是一种间隙性的复杂运动，所以射流边界实际上是交错组成的不规则面。实际分析时，可按照统计平均意义将其视为直线。

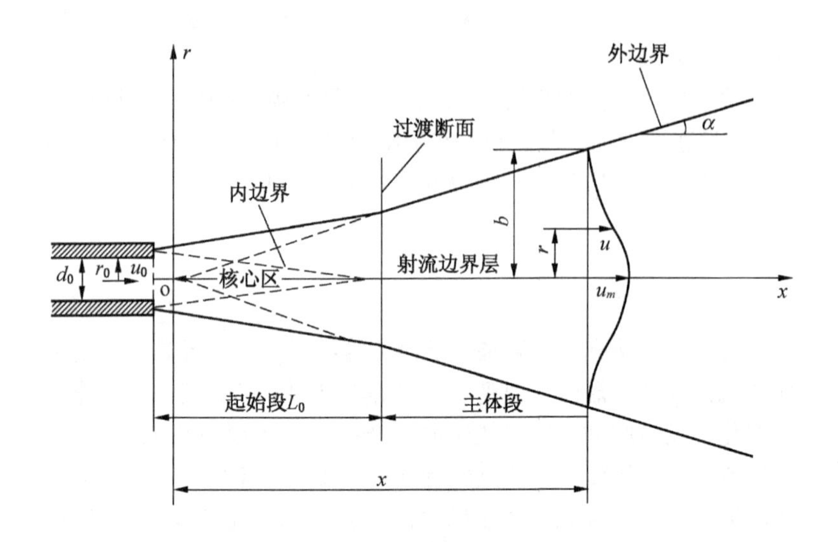

图 3－1　自由淹没湍流圆射流图

射流在形成稳定的流动形态后，整个射流可分为以下几个区域：由管嘴出口开始，向内、外扩展的掺混区域，称为射流边界层；它的外边界与静止流体相接触，内边界与射流的核心区相接触。射流的中心部分，未受掺混的影响，仍保持为原出口速度的区域，称为射流核心区。从管嘴出口到核心区末端断面（称为过渡断面）之间的射流段，称为射流的起始段 L_0。起始段后的射流段，称为主体段。在主体段中，轴向流速沿流向逐渐减小，直至为零。

在湍流射流的外边界上，由于射流与周围介质相互作用，产生尺度不一的极不稳定的旋涡，其中大尺度的旋涡运输能量，小尺度的旋涡耗散能量；旋涡的运动方向不一，可以沿横向，也可以沿纵向。

3.5.1 湍流射流的自模性

在沿流程发展的流动中，流动将紊动向下游运输，任一断面的流动状态在一定程度上取决于这部分流体在某一时刻以前。基于上述分析，一些学者提出了“自模性”的假设：湍流在沿流程的发展过程中，各参数在射流断面上的分布具有保持某种特征的能力，沿流程只有长度比尺和该参数时均比尺的变化。

TrÜpel 和 FÖrthmann 通过试验分别测定了轴对称自由射流和二元淹没射流在射流基本段内不同截面上的速度分布。试验证明，射流基本段上的各断面的时均速度具有相似性，即自模性是湍流淹没射流的固有特性。

TrÜpel 对其试验结果进行归纳后得到射流边界层内部的速度分布经验公式：

$$\frac{\nu}{\nu_m}=(1-\eta^{1.5})^2 \tag{3-48}$$

$$\eta=\frac{Y}{R} \tag{3-49}$$

式中 Y——径向距离，mm；

R——射流半径，mm。

在射流初始段时，上式同样成立，只需将 Y 和 R 均从内边界算起即可。

3.5.2 湍流射流的扩散性

由湍流知识可知，在湍流淹没射流的边界层内任一点的瞬时速度可表示为时均速度和脉动速度之和：

$$\nu_x=\overline{\nu}_x+\nu'_x \qquad \nu_y=\overline{\nu}_y+\nu'_y \qquad \nu_z=\overline{\nu}_z+\nu'_z$$

而脉动速度的时均值等于零，即

$$\overline{\nu}'_x=\overline{\nu}'_y=\overline{\nu}'_z=0$$

为简单起见，以二元湍流淹没射流为例来讨论其扩散性。则

有

$$\begin{cases} \nu_x = \bar{\nu}_x(y) + \nu'_x \\ \nu_y = \nu'_y \end{cases}$$

即

$$\begin{cases} \bar{\nu}_x = \bar{\nu}_x(y) \\ \bar{\nu}_y = 0 \end{cases}$$

设在射流边界层中取两层流体，层间的距离为 l，两层的时均速度：

$$\bar{\nu}_x(y) \qquad \bar{\nu}_x(y+l)$$

则

$$\Delta \bar{\nu}_x = \bar{\nu}_x(y+l) - \bar{\nu}_x(y) \tag{3-50}$$

当两层流体之间距离很小时，$\Delta \bar{\nu}_x = l\dfrac{\partial \bar{\nu}_x}{\partial y}$。

此式表明两层之间时均速度差与时均速度的梯度有关。时均速度差 $\Delta \bar{\nu}_x$ 是由脉动速度引起的，故脉动速度应与 $l\dfrac{\partial \bar{\nu}_x}{\partial y}$成比例关系：

$$\nu'_x \propto l\frac{\partial \bar{\nu}_x}{\partial y} \tag{3-51}$$

根据 Prandtl 的假设，x 向与 y 向的脉动速度为同一数量级：$\nu'_x \backsim \nu'_y$。

则有

$$-\nu'_y \backsim l\frac{\partial \bar{\nu}_x}{\partial y} \tag{3-52}$$

在自由剪切湍流中，没有固壁存在，因此对脉动速度无影响，Prandtl 假设沿射流的横截面 y 方向混合长度为常数，即 $l_m = l_m(y) =$ 常数。

湍流淹没射流各断面上时均速度的分布具有相似性，所以，必定存在几何相似，即各断面上的无因次混合长度$\dfrac{l_m}{R}$应相等，即

$$\frac{l_{m1}}{R_1}=\frac{l_{m2}}{R_2}=\cdots=\text{常数} \tag{3-53}$$

式中 l_{m1}、R_1——淹没射流 1－1 断面处的混合长度和边界层半宽度，mm；

l_{m2}、R_2——淹没射流 2－2 断面处的混合长度和边界层半宽度，mm。

淹没射流边界层半宽度 R 沿射流方向 x 增加，其变化率为 $\frac{dR}{dt}$。因横向脉动速度 ν_y' 引起半宽度 R 的增加，所以比例关系为

$$\frac{dR}{dt}\propto\nu_y'\propto -l\frac{\partial\overline{\nu}_x}{\partial y} \tag{3-54}$$

式（3－54）表明：$\frac{dR}{dt}$和$-l\frac{\partial\overline{\nu}_x}{\partial y}$成比例关系。

由于射流的自模性，有如下比例关系：

$$\frac{\partial\overline{\nu}_x}{\partial y}\propto\frac{\nu_m}{R} \tag{3-55}$$

$$\frac{dR}{dt}\propto l\frac{\nu_m}{R}\propto\frac{l}{R}\nu_m \tag{3-56}$$

即

$$\frac{dR}{dt}\propto\nu_m \tag{3-57}$$

式（3－57）表明，射流半宽度 R 的变化率只与射流轴心线上的速度 ν_m 成比例关系。

3.5.3 湍流射流的轴线速度变化规律

在湍流淹没射流当中，理论与试验均证实：由于射流没有受到外力作用且周围环境压力不变，因此，射流各断面上的压力均相等，等于环境压力。在射流的不同断面上，满足动量守恒：

$$\int_m\overline{\nu}dm=\int_0^A\rho\,\overline{\nu}^2dA=\pi R_0^2\rho\nu_0^2=\text{常数} \tag{3-58}$$

式中 dA——微元的面积，m^2；

v_0——喷嘴出口速度，m/s；

dm——单位时间内流经 dA 的质量，kg/s；

R_0——喷嘴出口的半径，m。

式（3-58）又可写为如下形式：

$$v_m^2 x^2 \int_0^{\frac{R}{x}} \left(\frac{\bar{v}}{v_m}\right)^2 \frac{y}{x} \frac{dy}{x} = \text{常数} \tag{3-59}$$

式中 v_m——射流轴心线上的速度，m/s；

x——指定断面到极点间的距离，m；

y——所研究断面上流体质点到轴心线的距离（半径），m；

R——所研究断面上边界层外边界的半径，m。

射流各断面上，无量纲时均速度$\frac{\bar{v}}{v_m}$具有相似性，其值与无量纲坐标$\frac{y}{x}$有关，即

$$\frac{\bar{v}}{v_m} = \varphi\left(\frac{y}{x}\right)$$

则有

$$\int_0^{\frac{R}{x}} \left(\frac{\bar{v}}{v_m}\right)^2 \frac{y}{x} \frac{dy}{x} = \text{常数} \tag{3-60}$$

v_m 与 x（从极点起的轴向距离）成反比，则有

$$v_m = \frac{\text{常数}}{x} \tag{3-61}$$

3.6 雾化过程

射流雾化是将液体通过喷嘴喷射到空气中，连续的液流在其内部压力、表面张力以及外部空气扰动的作用下分散并碎裂成离散小液滴的过程。水力雾化的过程基本相似，分为初次破碎和二次破碎两个阶段。初次破碎过程是指液体刚开始破碎时，高速射

流与周围空气的相互干扰，从而不断卷吸周围空气，进行质量和动量交换，导致射流表面不稳定性波动，随着不稳定波动的速度增加，波表面的长度变短，在空气中形成液柱或液膜，液体在外界空气动力的作用下气液交界面产生波动、褶皱，然后随着喷射距离的增长，液体表面的形变不断加剧并且液流整体会发生振动，最后连续相液体表面会出现滴状、丝状和膜状等小的液体单元与液体脱离，液流本身发生断裂。若喷嘴中有旋流、导流等结构，还能使离开喷嘴的液流中不同位置的微元体具有不同的速度方向，除了空气动力外，还能利用惯性力促进液体的分裂、破碎。初次雾化通常产生尺寸为毫米级的液滴，若有更进一步的碎裂发生，即液体线、带或环再度碎裂成细小液滴，才会形成大量的细小液滴，雾化形成的最终液滴尺寸将取决于初级雾化所形成的大颗粒液滴尺寸和二级雾化的碎裂作用。

经过初次破碎，产生的液滴依然与气体之间保持着较高的速度差，在气动力的作用下，液滴在减速的同时不断发生变形，当内力无法抵抗外力引起的变形时，液滴会不断发生二次破碎，直到气动力无法提供足够的能量继续降低雾滴粒径。经过二次破碎后雾滴粒径一般为数十至数百微米。

对高速气流中的液滴进行受力分析，此时的液滴与气体之间存在较大的速度差，这一速度差产生的影响是：高速气体绕过液体的运动，在球形液滴迎着气流的方向的正面受到较大的阻力作用，在背面则不断有漩涡产生和脱落。液滴的前后产生压差，导致球形液滴与气流方向垂直的方向上的压强增大，液滴中心变薄，这是液滴发生二次破碎的原因之一。在高速湍动气流的作用下，液滴后部的涡流通常是不对称也不稳定的，液滴表面产生持续的压力脉动，导致液滴的振动，这种振动在气流作用下不断增强，成为液滴继续破碎的又一主要作用力。

此外气动作用引起的表面破坏也是二次雾化的主要作用。液滴表面形成黏性边界层，较高的速度梯度引起的摩擦力致使液滴表面产生表面褶皱，随着气动力的不断作用，表面褶皱不断发展，进而产生更小的雾滴。

液体雾化机理可分为三种类型：圆柱液体破碎、环状液膜破碎和平面液膜破碎。

液膜的碎裂和雾化与喷嘴的结构有关。液膜从喷嘴中喷出时，在液体流动特性、气液体物理性质和流动条件的影响下，受外界气体的扰动作用，其表面会形成一定模式的三维振动波，液体线、带或环再度碎裂成大量细小液滴，称为液膜的二级雾化，如图 3－2 所示。

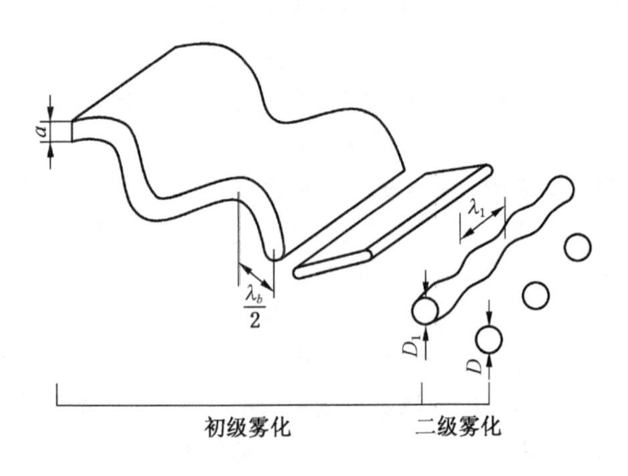

图 3－2　液膜的二级雾化

环状液膜的液束为一个空心锥形环状液膜，如预膜喷气喷嘴和柴油机轴针式喷嘴的喷雾。环状液膜受气体扰动作用，在顶端碎裂形成环形断裂带，Rayleigh 认为其厚度等于液膜破碎时顶端的厚度，宽度等于一个波长。

当圆射流从喷嘴以连续液体喷出时，表面会形成振动波，随着时间推移，振幅将逐渐扩大，发生分裂，产生不规则的液片和大粒径的液滴。

3.6.1　雾化的基本形式

雾化最基本的形式是静态悬浮液滴的碎裂。以滴管滴下的液滴为例，当液体的重力超过了吸附在管口上液体表面张力时，液滴就会形成小液滴，设滴管直径为 d_0，从中流下的液滴质量为

$$m_0 = \frac{\pi d_0 \sigma_l}{g} \tag{3-62}$$

与此对应的球形液滴直径为

$$d_l = \left(\frac{6 d_0 \sigma_l}{\rho_l g}\right)^{\frac{1}{3}} \tag{3-63}$$

式中　σ_l——液滴的表面张力系数，N/m；

ρ_l——液滴的密度，kg/m^3。

再以湿润的光滑平板上滴下的液滴为例，液滴在重力作用下，由液膜逐渐形成的液滴直径根据 Tamada 和 Shiback 推导的公式为

$$d_{lP} = 3.3\sqrt{\frac{\sigma_l}{\rho_l g}} \tag{3-64}$$

常温下，水的表面张力系数是 0.073 N/m，经计算，若滴管直径为 1 mm，则从中滴下的水滴直径约为 3.6 mm，由平板滴下的液滴直径约为 9 mm，可见在重力作用下，缓慢流动的流体中分裂出的液滴直径都比较大。通常情况下，压力喷嘴正常雾化的液滴直径在 1 ~ 300 μm 之间。

3.6.2　圆柱液体破碎

受喷嘴形状的影响，液体从喷嘴喷出时产生的是圆柱形湍流，Rayleigh 首先于 1878 年提出了圆射流的不稳定性分析，认为射流液体要受到周围气体的扰动并提出了最大表面波长率的概念，认为大颗粒液滴的粒径尺寸均匀一致，间隔大致相等，后人在试验中验证了这一点。Rayleigh 得到了低速圆柱液体碎裂的大

颗粒直径 d_l 与未经扰动的圆柱液体直径 d_j 的关系：

$$d_l = 1.89 d_j \tag{3-65}$$

Weber 将该理论扩展到黏性流体，研究低速黏性和非黏性圆柱液体受气液交界面空气动力学作用形成的不稳定模型，提出了正对称扰动圆柱液体和反对称扰动圆柱液体的基本模式。

Lee 和 Spencer 等对液体射流所做的研究表明，液体射流中的湍流是断裂的基本起源，断裂初始，射流中的湍流结构产生射入气相中的流层带，随后断裂成雾滴。Wu 认为湍流中非常小的结构不具有克服表面张力限制的能量。不过，与大湍流结构相比，小湍流结构能够更快地扭曲表面，因此最早出现的裂断和雾滴是由能够克服表面张力的小尺度结构引起的。因此，越往下游，越来越大的结构就会形成更大的流层带和雾滴，由此在大小分布的高端形成雾滴，直到射流完全衰微。最终，射流分解的最后阶段就是出现与射流直径和宽度大致相当的最大湍流结构。

基于对雾化成形和射流断裂的理解，Wu、Miranda 和 Faeth 认为临界大小湍流涡的动能与形成该临界大小雾滴所需要的表面能量相等就是雾滴开始形成的临界条件，即射流基本断裂条件，并据此建立了换算定律，用 Λ 表征湍流的径向积分长度尺度，对于射流直径为 d_j 的圆射流 $\Lambda = \frac{d_j}{8}$，初始雾滴索特平均直径：

$$\frac{D_{sl}}{\Lambda} \propto We^{-\frac{3}{5}} \tag{3-66}$$

距离喷嘴下游 x 处形成液滴的索特平均直径表达式为

$$\frac{D_{sli}}{\Lambda} \propto \left(\frac{x}{\Lambda We^{\frac{1}{2}}}\right)^{-\frac{2}{3}} \tag{3-67}$$

这种理论可以应用到其他自由射流结构中，不过该理论假定气相的作用在动力学上可以忽略，Wu 和 Faeth 证明了只有满足 $\frac{\rho_l}{\rho_g} > 500$ 时才是这种情况。

3.6.3 雾化的影响因素

在喷嘴的喷雾过程中，液体和气体的物理性质如密度、黏度和表面张力等对液体的雾化程度和雾化特性有着极大的影响。

1. 流体的密度

通常情况下液体的可压缩性很小，液体的密度很难改变，故液体密度对雾化的影响很小，然而气体的可压缩性较大，气液的密度比是有一定的变化空间的，对喷雾锥角和雾化的液滴直径都有很大的影响。

流体的压缩性是指气体和液体在受到压力时，体积会随着压力的增大而变小。其中，液体的可压缩性差，在计算中，通常认为在温度不变的情况下，液体的体积和密度不变；对于速度较低的气体也可以看作不可压缩气体。流体的压缩性可用压缩性系数 β 表示：

$$\beta = \frac{1}{\rho} \times \frac{d\rho_f}{dp_f} \tag{3-68}$$

式中 ρ_f——流体的密度，kg/m^3；

p_f——流体所受的压强，Pa。

由式（3－68）可得，当压缩性系数 β 越大，则流体可压缩性越好。负压除尘器中的含煤尘空气和水射流可看作不可压缩流体。

2. 液体黏度

当气体或者液体发生相对运动时，相邻的两层流体有抵抗这种相对运动的力，这就是黏性力。流体的黏度是在流体内部抵抗发生相对运动的性质。大多数情况下，黏度是最重要的流体性质，它对液体雾化的影响主要有两方面，一是雾化液滴的尺寸分布，二是液体在流动状态时的流动速率和射出喷嘴后的雾化模式。液体黏度系数的增大使得雷诺数减小，使压力旋转喷嘴的喷雾锥角变窄，对喷雾圆柱液体和液膜的破裂有一定的阻碍作用，雾化液滴的尺寸增大。黏度与流体的性质、温度和相对速度相关。温度升高时，气体的黏度升高，黏性增大，而液体相反，黏度降低，黏性减小；相对速度变大时，黏性力也会增加。相邻两层液体的切向应力为

$$\tau = \mu \frac{dV}{dy} \tag{3-69}$$

式中 τ——切向应力，N；

μ——动力黏度，$N \cdot s/m^2$；

$\frac{dV}{dy}$——与两层流体垂直的速度梯度。

在流体中，满足公式（3-69）的称为牛顿流体，否则就为非牛顿流体。本课题中的含尘空气、水射流可以看作牛顿流体。

3. 表面张力

喷雾使连续的液体破裂成为细小的液滴，而表面张力会抵抗液流的分裂，使液滴保持稳定，液滴的稳定主要取决于韦伯数（Weber number），用公式表示：

$$W_e = \frac{(u_l - u_g)^2 d_l \rho_g}{\sigma_l} \tag{3-70}$$

当空气动力和表面张力共同作用于液滴表面时，液体开始破碎成为雾滴，发生液滴破碎的临界条件为

$$\frac{C}{8}\rho_g (u_l - u_g)^2 = \frac{\sigma_l}{d_l} \tag{3-71}$$

式中 C——由破裂条件决定的常数。

由式（3-71）推出液滴破碎的临界韦伯数，并用 $(W_e)_c$ 表示：

$$(W_e)_c = \left[\frac{\rho_g (u_l - u_g)^2 d_l}{\sigma_l}\right]_c = \frac{8}{C} \tag{3-72}$$

由临界韦伯数可以估算出液滴的最大稳定直径，公式为

$$d_{l\max} = \frac{8\sigma_l}{C\rho_g (u_l - u_g)^2} \tag{3-73}$$

通常水的表面张力系数为0.073 N/m，经计算可得非黏度液滴处于稳定气流中时，其韦伯数在12左右，由临界韦伯数的下限可知，稳定水滴尺寸是不大于27.4 μm，否则还有被破碎为更小的水滴的可能。

4. 入射压力

喷水压力影响雾流的有效射程及外形，低压喷雾时，其初期喷出的雾流由于空气阻力分散成具有很高喷射速度的雾滴，水雾密集，重力影响较小，距离喷嘴口一段距离时，由于空气阻力作用，速度减慢，开始沉降，此时的雾滴已经没有足够的能量捕集粉尘，降尘效率极低。根据雾滴降尘能力将靠近喷嘴口处的区域称为有效作用区，远离一段距离的区域称为衰减作用区，如图3－3a所示。

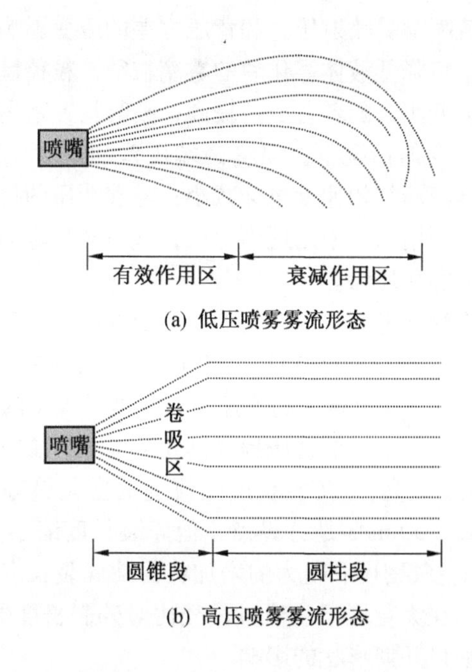

图3－3　不同喷雾压力下的雾流状态

高压喷雾时，从喷嘴射出的高速雾流经过很短的距离便形成雾滴，并产生一股具有卷吸作用的气流，能够把含尘气流卷吸进入雾滴区内，并将其沉降。雾流在高压作用下快速前进，其速度远大于沉降速度，不会出现明显的衰减区，且高流速带走了周围大量的含尘气流，雾流附近空气缺失，边界负压值增高，进而产生较为强烈的卷吸作用，尤其是压力在 10 MPa 以上。如图 3 – 3b 所示，圆锥段雾流缩短，后面由圆柱段雾流取代，喷雾压力的增大提高雾化程度，增加了圆柱段的长度，延长了粉尘与雾流的相互作用距离，有利于喷雾的降尘效果。

5. 气体环境的背压

背压是指在喷嘴出口处产生的和液体流动方向相反的压力。

压力旋流喷嘴受喷射压力和背压之差的改变影响较大，随着背压的增加，将降低液体雾化后的雾滴粒径，粒径呈开口向下的抛物线的趋势变小。随着背压的提高，喷雾贯穿距离减小。在喷液压力保持不变的情况下，喷嘴两端压差随着背压的提高而减小，从而喷雾液滴初始速度也会减小；随着背压的提高，喷嘴处的气流卷吸作用增强。采用适当背压，气体对喷雾的卷吸将有助于提高液体的雾化质量。

在以往水喷射进入常压空气的实验研究中，发现湍流速度在 50 m/s 以下时，碎裂长度在 20 ~ 60 mm 的范围内随流速的增加而增大，而在 50 ~ 200 m/s 的流速下，碎裂长度则随流速的增加而减小。如果环境空气的背压提高到 3 MPa（柴油机缸内的背压为 3 MPa，甚至更高），碎裂长度随流速的变化趋势与背压为常压时基本一致，50 m/s 是分界点，但碎裂长度缩小，约为 20 ~ 30 mm，说明空气密度和阻力的增加将促使碎裂长度变短，雾化效果改善。但在大背压下，喷口长径比对碎裂长度的影响变小，几乎看不到喷口几何形状的影响。

3.6.4 液滴的粒径表达

雾化方式对液滴的尺寸有很大影响。液体从喷嘴喷出后，经初级和二级雾化形成的大量液滴。采用液滴平均直径或液滴尺寸分布函数来评价雾化质量及表示雾化特性，应用最为广泛的是索特平均直径和双 R 分布。

1. 索特平均直径（SMD）

Simmons 对很大范围的喷嘴所形成的雾化进行了可视化研究，得到尺寸分布具有相同的形式，可以用索特平均直径来描述：

$$V = \frac{N}{6}\pi(d_{\mathrm{SMD}})^3 = \frac{\pi}{6}\sum N_i d_{li}^3$$

$$S = N\pi(d_{\mathrm{SMD}})^2 = \pi\sum N_i d_{li}^2$$

$$d_{\mathrm{SMD}} = \frac{\pi\sum N_i d_{li}^3}{\pi\sum N_i d_{li}^2} = \frac{6V}{S} \tag{3-74}$$

其中 N_i——直径为 d_{li} 的液滴数；

N——平均直径为 d_{SMD} 的液滴数。

从式（3－74）可以看出，索特平均直径能反映真实的液滴蒸发条件：索特平均直径越小，则单位体积液体的蒸发表面积越大，液体的蒸发速度越快。

2. 液滴粒径经验分布函数

描述水雾液滴尺寸均匀度的函数表达式是在实际喷雾测量中拟合的经验公式，以累计体积分布来表达，粒径分布为 Rosin－Rammler 分布（R－R 分布），因为待定常数较少，以该分布为研究对象更为便利，其表达式如下：

$$V_c = 1 - \exp\left[-\left(\frac{D}{c}\right)^n\right] \tag{3-75}$$

式中 V_c——粒径在 D 以下的所有颗粒的体积与总体积之比，%；

c、n——常数。

Rosin－Rammler 分布中指数 n 越大，颗粒的尺寸分布越均匀，当 $n\to\infty$ 时，所有颗粒雾化后的直径趋于一致，因此 n 称为均匀度指数，大多数喷雾的均匀度指数在 1.5～4 之间。

将方程两边取对数，变为式（3－76）：

$$\ln(1-V_c)=\left(\frac{D}{c}\right)^n \tag{3-76}$$

若以 $\left(\frac{D}{c}\right)^n$ 为变量，$\ln(1-V_c)$ 为函数，则方程为一条 45°直线。

Rizk 和 Lefebvre 研究了压力旋转喷嘴的喷雾，发现 Rosin－Rammler 分布在大颗粒范围内差别较大，所以对双 R 分布进行了修正：

$$V_c=1-\exp\left[-\left(\frac{\ln D}{\ln c}\right)^n\right] \tag{3-77}$$

并提出修正的 Rosin－Rammler 累计体积分布表达式：

$$\frac{dV_c}{dD}=n\frac{(\ln D)^{n-1}}{D(\ln c)^n}\exp\left[-\left(\frac{\ln D}{\ln c}\right)^n\right] \tag{3-78}$$

4 引射除尘基础理论和应用

4.1 煤尘润湿过程

润湿是指在固体表面上一种液体取代另一种与之不相混溶的流体的过程。常见的润湿现象是固体表面上的气体被液体取代的过程。水对煤尘表面的润湿实质上是水溶液取代煤尘固体表面气相的过程，因此，为了较深入地研究水对煤尘的润湿机理，就必须分析煤尘的润湿过程。煤尘润湿过程可以分为三类：沾湿、浸湿和铺展。

4.1.1 沾湿过程

煤尘沾湿是指液体与煤尘从不接触到接触，变液气界面和固气界面为固液界面的过程，如图 4－1 所示，设形成的接触面积为单位值，此过程中体系自由能降低值（$-\Delta G$）应为

$$-\Delta G=\gamma_{sg}+\gamma_{lg}-\gamma_{sl}=W_a \tag{4-1}$$

式中 γ_{sg}——气固界面自由能，J/m^2；

γ_{lg}——液体表面自由能，J/m^2；

γ_{sl}——固液界面自由能，J/m^2。

W_a 称为黏附功，是沾湿过程体系对外所能做得最大功，也是将接触的固体和液体自交界处拉开，外界所需做的最小功。W_a 越大，固液结合越牢，越易湿润。

4.1.2 浸湿过程

浸湿是指固体浸入液体的过程。此过程的实质是固气界面为

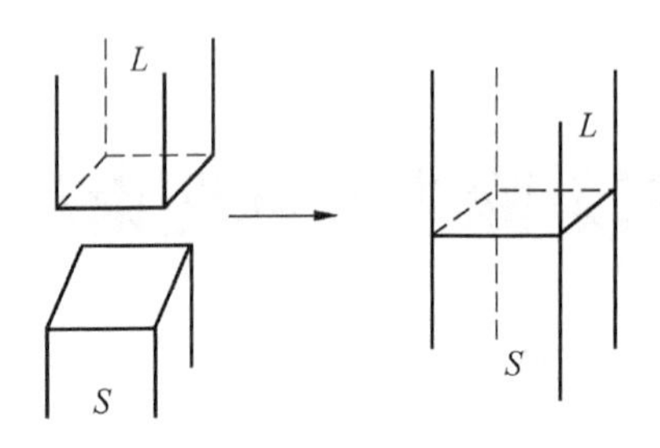

图4－1 沾湿过程

固液界面所代替，而液体表面在过程中并无变化，如图4－2所示。在浸湿面积为单位值时，此过程的自由能降低值为

$$-\Delta G = \gamma_{sg} - \gamma_{sl} = W_i \tag{4-2}$$

W_i 为浸润功，它反映液体在固体表面上取代气体的能力，W_i 是浸润过程能否自动进行的判据。

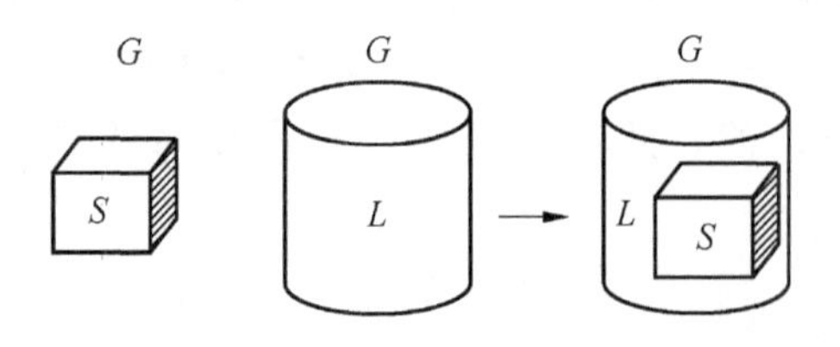

图4－2 浸湿过程

4.1.3 铺展过程

铺展过程的实质是以固液界面代替气固界面的同时还扩展了气液界面，如图4－3所示。当铺展面积为单位值时，体系自由能降低为

$$-\Delta G = \gamma_{sg} - \gamma_{sl} - \gamma_{lg} = S \tag{4-3}$$

其中，S 称为铺展系数。在恒温恒压下，$S>0$ 时液体可以在固体表面上自动展开，连续地从固体表面上取代气体。只要用量足够，液体将会自行铺满固体表面。

由式（4－1）与式（4－2）可得 $S=W_i-\gamma_{lg}$，此式说明若要铺展系数 S 大于0，则 W_i 必须大于 γ_{lg}。W_i 体现了固体与液体间黏附的能力。又称黏附张力，用符号 A 表示：

$$A=\gamma_{sg}-\gamma_{sl} \tag{4-4}$$

因上述各式中的 γ_{sg} 和 γ_{sl} 尚难直接测算，所以前人根据液尘润湿固体时力的平衡关系（图4－4），得到了如下表达式：

$$\gamma_{sg}=\gamma_{sl}+\gamma_{lg}\cdot\cos\theta \tag{4-5}$$

此式即为著名的 Young 方程。

式中 θ 称作液体对固体的接触角，是气、固、液三相交界点沿液滴表面引出的切线与固体表面的夹角。

将 Young 方程代入式（4－1）、式（4－2）及式（4－3）得如下简化式：

$$W_a=\gamma_{lg}(\cos\theta+1) \tag{4-6}$$

$$A=W_i=\gamma_{lg}\cos\theta \tag{4-7}$$

$$S=\gamma_{lg}(\cos\theta-1) \tag{4-8}$$

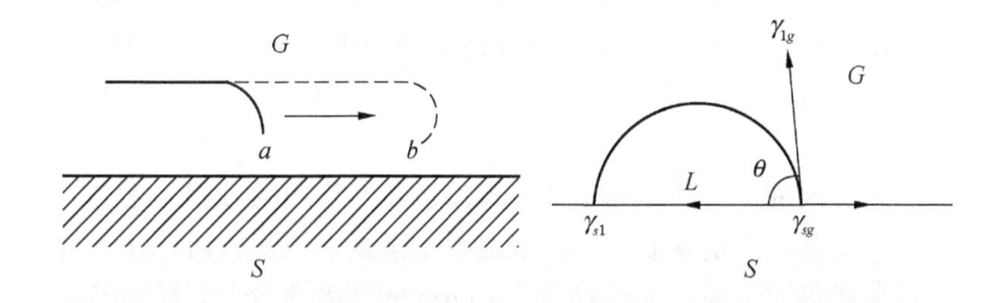

图4－3　铺展过程　　　　图4－4　接触角示意图

根据以上讨论，自发进行的润湿过程的润湿功必须为正数，因此判别各种润湿过程的依据如下：

① 沾湿润湿，$W_a \geqslant 0$，即 $\theta \leqslant 180°$；

② 浸湿润湿，$A \geqslant 0$，即 $\theta \leqslant 90°$；

③ 铺展润湿，$S \geqslant 0$，即 $\theta = 0°$。

综上所述，液体对固体的润湿效果的好坏，可通过其润湿类型确定，而润湿类型又可通过润湿能力的大小测定。水对煤尘的润湿过程是这三种润湿过程综合作用的结果。煤（岩）表面性质对润湿性质的影响。

4.2 高压喷雾降尘机理

喷雾降尘过程是喷嘴喷出的液压雾粒与固态尘粒的惰性凝结过程。尘粒湿润后，由于自重增加被沉降，叫凝聚作用。当风流携带尘粒向水雾粒运动并离开雾粒不远时就要开始绕水雾运动。风流中质量较大、颗粒较粗的尘粒因惯性作用会脱离流线而保持向雾滴方向运行。如不考虑尘粒质量，则尘粒将和风流同步。因尘粒有体积，粉尘粒质心所在流线与水雾粒的距离小于尘粒半径时，尘粒便会与水雾滴接触被拦截下来，使尘粒附着于水雾上，这就是拦截捕尘作用。对细微粉尘，特别是直径小于0.5 μm 的粉尘，由于布朗扩散作用，而可能被水雾粒捕集，这叫扩散捕集。水雾粒与尘粒的凝结效率决定了喷雾洒水的降尘效果，当水雾粒不荷电且运动速度一定时，水雾粒通过惯性碰撞机理、拦截捕尘机理、布朗扩散机理的综合作用来降尘。

喷雾的捕尘过程是粉尘云与雾滴场相互作用的过程，现有的矿井内喷雾产生的雾滴粒径一般在数十至数百微米，而矿井下对人体危害最大的粉尘为粒径低于10 μm 的呼吸性粉尘，雾滴的粒径通常是粉尘粒径的数十倍，因此在捕尘过程可简化成含尘气流相对于静止液滴的绕流运动，在惯性、拦截、布朗扩散等机制的作用下，大部分粉尘颗粒会被液滴捕集，单个液滴捕尘机理如图4－5所示。

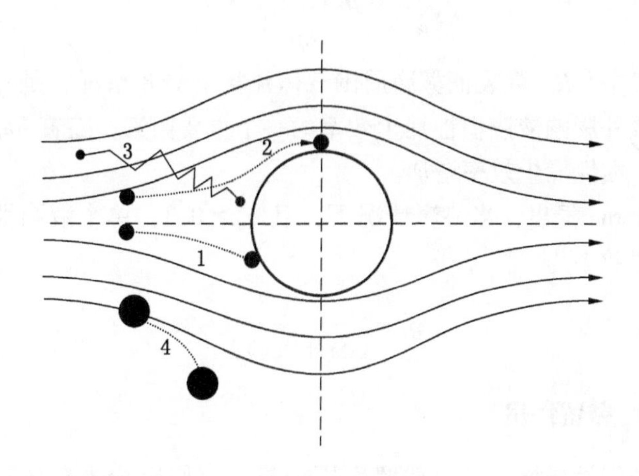

1—惯性碰撞；2—截留作用；3—扩散作用；4—重力沉降

图4-5 单个液滴捕尘机理

4.2.1 惯性碰撞

含尘空气在运动过程中遇到雾滴，会改变原有运动方向而绕过雾滴向前运动。微细尘粒的惯性较小，随气流一起绕流，而质量大的尘粒惯性较大，仍保持其原来运动方向而撞击到液滴表面，从而被雾滴捕集。运动轨迹的流线形状受到流体的速度大小影响。流体速度高时，流线紧贴物体前端时才突然扩展然后绕流；流体速度低时，扩散较早。

惯性碰撞捕尘效率受到尘粒直径、水雾粒直径及固—液相对速度的影响。对于惯性碰撞机理而言，尘粒的质量是决定性因素。在分析流场时，假定矿尘有质量无体积。斯托克斯数 S_{tk} 是表征了颗粒对流体跟随能力的一个无量纲参数，是颗粒的弛豫时间与流体的特征时间之比，其定义公式为

$$S_{tk}=\frac{C_u\rho_p d_p^2(u_P-u_l)}{18\mu_g d_l} \tag{4-9}$$

式中，Re_l 数表征雾滴周围气体流场的分布情况，是除斯托克斯数外影响液滴惯性捕尘效率的一个重要因素，随着 Re_l 数的增大，惯性捕尘效率增加。

Herne 提出，当势流情况下，且 $S_{tk}>0.3$，单个液滴惯性碰撞捕集效率为

$$\eta_I=\frac{S_{tk}^2}{(S_{tk}+0.25)^2} \tag{4-10}$$

4.2.2 截留作用

与惯性碰撞相反，截留作用分析时，假定粉尘有体积无质量，粉尘质心所在流线与雾滴边缘的距离小于粉尘半径时，粉尘就会与雾滴接触，从而被拦截下来，并附着于雾滴上，这就是截留作用。截留捕尘起作用的影响因素主要是粉尘粒径的大小，故截留作用的捕尘效率随着尘粒与雾滴的粒径比增大而增大。截留作用与惯性碰撞通常同时发挥作用。

在分析截留作用时，假定粉尘有体积无质量，即假定 $S_{tk}=0$。反映截留作用的无量纲参数是截留参数 K_R：

$$K_R=\frac{d_p}{d_f} \tag{4-11}$$

粉尘粒径很小时，截留捕集效率增高，Ranz 给出球形液滴的捕集效率公式：

$$\eta_R=(1+K_R)^2-\frac{1}{1+K_R}\approx 3K_R \quad (K_R<0.1) \tag{4-12}$$

黏性流体的球形液滴的捕集效率表示为

$$\eta_R=(1+K_R)^2-\frac{3}{2}(1+K_R)+\frac{1}{2(1+K_R)} \quad (K_R<0.1) \tag{4-13}$$

4.2.3 扩散效应

由于微细粉尘的布朗扩散作用，当含尘气流围绕液滴运动时，粉尘颗粒的运动轨迹与气流流线出现分歧，雾滴附近的粉尘浓度梯度会导致微细尘粒向雾滴运动，沉积在液滴上，进而与雾滴发生碰撞随后被捕集，这种现象为扩散效应。当粉尘颗粒减小、气流速度减慢、温度升高时，粉尘热运动加快，产生显著的扩散效应，粉尘与雾滴的碰撞概率也会随之增大。对于直径小于 0.6 μm 的粉尘，扩散效应则为雾滴捕尘的主导机理。

布朗扩散与气流的运动和粉尘的扩散特性（如扩散系数）有关。皮克莱数 Pe 是描述布朗扩散的主要物理参数，其表示为

$$Pe = \frac{d_P(u_P - u_g)}{D} \tag{4-14}$$

式中　D——扩散系数。

因布朗扩散引起的降尘效率主要影响参数是皮克莱数 Pe 和液滴的雷诺数 Re_P。对于单个液滴的扩散沉降效率，Johnstone 和 Roberts 提出了捕尘效率公式：

$$\eta_D = \frac{8}{Pe} + 2.23 Re_P^{\frac{1}{8}} \cdot Pe^{-\frac{5}{8}} \tag{4-15}$$

4.2.4 重力沉降

粉尘具有一定的大小和密度，在重力作用下进行沉降，进而被液滴捕集。在通常情况下，液滴最终沉降速度也远大于颗粒本身的重力沉降速度，此时两者间的相对速度以液滴的沉降速度计算。在重力作用下粉尘的沉降取决于粉尘的粒径大小、密度和流场速度。只有当尘粒比较大、密度大，同时气体流速小时，重力沉降的捕集效率才明显。

对于水平横向圆柱捕集体，Ranz 和 Wong 提出的重力沉降捕集率 η_G 为

$$\eta_G = \frac{C_u d_p^2 g}{18\mu_g(u_g - u_P)} \qquad (4-16)$$

低压喷雾时，最初水流紧密，之后由于空气的阻力就分散成雾粒，这些雾粒沿平行于雾流轴的方向运行。当雾粒距喷嘴一定距离而处于衰减区时，运动速度减慢并开始沉降。而高压喷雾的雾流与之不同，从高压喷嘴喷出的高速水流，在很短的距离上就分散成雾粒，并在雾粒后形成一种气流，没有低压喷雾明显的雾流衰减区。水流变成雾流的长度由喷雾压力决定。压力在 2.5 ~ 3 MPa 时，雾流的形式为实心圆锥形，随着压力的增加，可以明显地看到雾流圆锥形部分的长度缩短，雾流变成圆柱形，并有强烈的涡流运动，压力越高，圆柱长度越大，降尘效果越好。高压喷雾较低压喷雾降尘效果好的原因是：水在整个雾流长度上都平均分布。低压雾喷时，实心圆锥形雾流能满足要求，但这种雾流不能保证水的均匀分布，雾流中心水量大，向外依次减小。而高压喷雾在水压力和气流扰动力的共同作用下，水分分布均匀。试验表明，压力从 2.5 MPa 加大到 12.5 MPa，在距喷嘴 6 m 的雾流水量从 0.5g/m^3 加大到 4.5g/m^3 是逐步增加的。

高压喷雾对降低呼吸性粉尘具有显著效果。资料表明不荷电水雾粒对直径为 10 μm 以下粉尘捕捉效率较低，而对直径 10 μm 以上的粉尘具有较高的降尘效率。非呼吸性粉尘是指粒径大于 7.07 μm 的粉尘，高压喷雾之所以对呼吸性粉尘具有较高的捕集效率主要是因为其雾粒速度高、雾粒粒径小及可有效增加水雾电荷值造成的。试验表明，随着水压的提高，高压喷雾（10 ~ 15 MPa）的雾粒速度显著提高，以离喷嘴 3 m 处的雾粒运动速度为例，雾粒速度由低压喷嘴的 1 m/s 左右上升到 12 ~ 20 m/s，提高幅度达 12 ~ 20 倍。同时雾粒粒径随着水压力的提高而减小。当水雾粒荷电后，由于水雾粒对尘粒的静电引力作用，使水雾粒捕尘效率提高。试验表明，水雾电荷值在水压力为 7.5 ~ 12.5 MPa 范围内，随着压力的提高而显著上升。因此，提高水压力是提高水雾电荷值，即提高水雾荷质比的重要途径，这就是高压喷雾对降低呼吸性粉尘具有显著效果的原因所在。

4.3 引射除尘作用机理

4.3.1 水雾捕尘技术机理

1976年，美国学者布朗和斯考温格德提出了微细水雾捕尘理论，他们认为在微细水雾中，不仅存在着各种动力学现象，而且还有蒸发、凝结以及水蒸气浓度差异造成的扩散现象等，这都对呼吸性粉尘的捕集起重要作用。所以，对于微细水雾存在着多种捕尘机理：①动力学机理。在喷雾中，大粒径液滴仍是利用空气动力学机理来捕尘的，即通过粉尘粒子与液滴的惯性碰撞、拦截以及凝聚、扩散等作用实现液滴对粉尘的捕集；②云物理学机理。微细水雾喷向含尘空间，在很短时间内蒸发时，使喷雾区水汽迅速饱和，过饱和水汽凝结在粉尘粒子上，产生凝聚和并合的微物理过程—冷凝核化，使携带着粉尘粒子的云滴和其他水雾粒相互碰撞、凝并进而增重下沉，形成“雨”降落下来；③斯蒂芬流的输运机理。在喷雾区内液滴迅速蒸发时，在液滴附近区域内会造成蒸汽组分的浓度梯度形成由液滴向外流动扩散的斯蒂芬流。另外，当蒸汽在某一核上凝结时，也会造成核周围蒸汽浓度的不断降低，形成由周围向凝结核运动的斯蒂芬流。因此，悬浮于喷雾区中的粉尘粒子，必然会在斯蒂芬流的输运作用下迁移运动，最后接触并黏附在凝结液滴上被润湿捕集。

4.3.2 引射除尘作用机理

引射除尘器主要部件包括引射筒和安装于引射筒内的喷嘴。由于引射除尘器喷嘴喷雾压力较高，产生的雾气流速很快，动能较大，形成高压射流，加之高速雾气流的扩散直径大于引射筒直径，把引射筒全密闭充满，高速雾流在引射筒内呈紊流状态高速推进，形成水雾活塞。引射筒前方的空气被源源不断的水雾推出去，引射筒的后部及整个降尘装置周围产生了很强的负压空间场，因而可以把采煤机滚筒及附近含尘浓度高的空气吸入到降尘装置内，粉尘与水雾在引射筒里不断地结合、反复碰撞、重新组合，大部分粉尘与雾粒结合在引射筒中沉降下来，部分粉尘连同水雾撞击在折流板上，失去了在空气中的悬浮能力，很快降落下来，从而起到负压降尘的作用。

负压除尘是尘粒从气流中转移到另外一种流体中的过程，这种转移过程主要取决于三个因素：①气体和尘粒之间接触面积的大小；②气体和液体这两种流体状态之间的相对运动；③粉尘颗粒与流体之间的相对运动。

引射筒内粉尘的捕集可以分为以下四种方式：①重力捕集。大尘粒依靠自身重力进入水滴；②惯性碰撞捕集。较大尘粒在运动过程中遇到液滴时，其自身的惯性作用使得它们不能沿流线绕过液滴仍保持其原来方向运动而碰撞到液滴，从而被液滴捕集；③截留捕集。当尘粒随气流直接向液滴运动时，若尘粒与液滴的距离在一定范围以内，该尘粒将被液滴吸引并捕集；④布朗扩散捕集。微细尘粒随气流运动时，由于布朗扩散作用，而沉积在液滴上。不同捕集方式的捕集效率与粒径的变化有如下的关系：对大颗粒粉尘的捕集（粒径＞1 μm），可忽略扩散效应，而惯性碰撞起主导作用；对小颗粒粉尘（粒径＜0.1 μm），扩散运动作用明显，惯性碰撞作用可忽略不计。在0.1～1 μm 粒径范围内，上述几种降尘机理的作用都不明显，因此总捕集效率较低，而对于水射流引射除尘器来说，发生在引射筒中粉尘的捕集以“惯性碰撞”为主；另外，当含尘空气从集气罩进入引射筒时，集气罩起到了一个一级降尘的作用，其结合了重力降尘和惯性降尘的原理，使大颗粒粉尘依靠自身的重力或惯性沉降在集气罩上。引射除尘器的除尘方式具体分析如下：

1. 重力捕集

静止空气中，主要是重力、浮力以及阻力作用影响粉尘沉降，而在风流作用下，尘粒的重力沉降如图 4－6 所示，含尘气体中的尘粒除受重力作用外，尘粒还受到气体介质对它所施加的阻力。在忽略浮力，而只考虑尘粒重力和气体阻力的情况下，可以推导出重力沉降作用下的除尘效率计算公式。

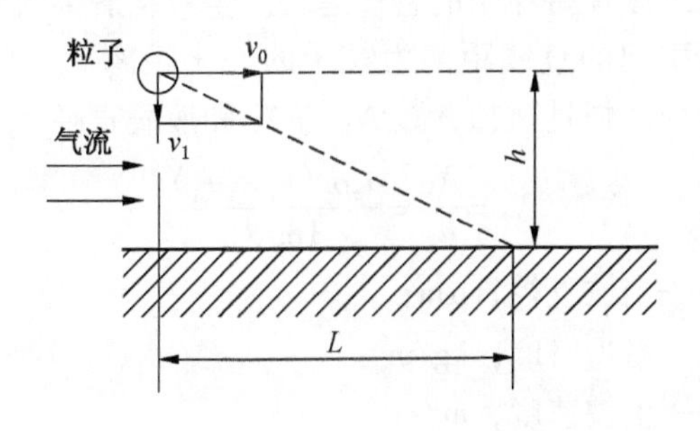

图 4－6　重力捕集示意图

尘粒在气流中的速度分为与气流同向的水平速度 ν_0，还有垂直于气流方向的沉降速度 ν_1，只要粒子到达底部的时间比其通过水平方向上极限长度 L（集气罩的深度 L）的时间短，便可沉降下来，即

$$\frac{L}{\nu_0} \geqslant \frac{h}{\nu_1} \tag{4-17}$$

从而其理论除尘效率为

$$\eta_G = \frac{L\nu_1}{h\nu_0} = \frac{\rho_p d_p^2 gL}{18\mu\nu_0 h} \tag{4-18}$$

式中　ρ_p——粉尘密度，g/cm³；

　　d_p——尘粒直径，μm；

　　μ——气体动力黏度，N · s/m²。

从以上公式可以知道，影响除尘器重力沉降的因素有：①尘粒的粒径。尘粒粒径越大就越容易沉降下来；②粉尘的密度。粉尘密度越大越容易沉降；③介质黏度。气体黏度大时不容易沉降；④集气罩的结构尺寸的影响等。

2. 惯性碰撞捕集

除尘效率与惯性碰撞参数有关，惯性沉降如图 4－7 所示，含尘气体与液滴相遇，在液滴前 X_d 处开始绕过液滴流动，惯性较大的尘粒继续保持原来的直线运动。尘粒从脱离流线到惯性运动结束时所引起的直线距离为粒子的停止距离 X_s，X_s 大于 X_d，二者即会碰撞。惯性碰撞参数 N_1 与 X_s 和液滴直径 d_a 比值有关：

$$N_1=\frac{X_s}{d_a}=\frac{d_p^2\rho_p(u_p-u_a)}{18\mu d_a} \tag{4-19}$$

式中 d_p——尘粒直径，μm；

ρ_p——粉尘密度，kg/m³；

u_p——尘粒速度，m/s；

u_a——液滴速度，m/s；

μ——气体动力黏度，N·s/m²；

d_a——液滴直径，μm。

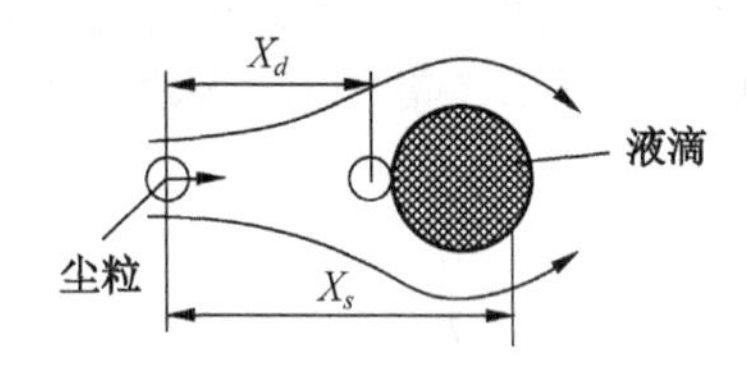

图 4－7 惯性沉降示意图

惯性碰撞参数 N_1 越大，粒子的惯性越大，则除尘效率 η_p 就越大。根据 Johnnstone 等人研究结果有

$$\eta_p=1-\exp(-KL\sqrt{N_1}) \tag{4-20}$$

式中 L——关联系数，其值与设备的结构和操作条件有关；

K——液气比。

由以上公式可知，影响除尘器惯性碰撞的因素有：①尘粒的粒径、尘粒的密度。尘粒粒径和密度越大越容易沉降；②尘粒的速度相对于液滴的速度。该相对速度值越大越容易沉降，而该相对速度也取决于水射流的速度大小；③介质黏度，气体黏度大时不容易沉降；④液滴的粒径。液滴粒径越小惯性碰撞的概率就越大，越容易沉降；⑤设备的结构、操作条件和液气比等。

粉尘和水滴之间的惯性碰撞是湿式除尘的最基本的除尘作用，如图4－8所示。直径为D的水滴与含尘气流具有相对速度ν，气流在运动过程中如果遇到水滴会改变气流的方向，绕过物体运动，运动轨迹由直线变为曲线，其中细小的尘粒随气流一起绕流，粒径较大和质量较大的尘粒具有较大的惯性，使脱离气流的流线保持直线运动，从而与水滴相撞。由于尘粒的密度较大，因惯性作用而保持其运动方向，在一定的尘粒范围的尘粒与水滴碰撞并黏附于水滴上。相对速度ν越大，所能捕获的尘粒粒径范围越大，1 μm以上的尘粒，主要是靠惯性碰撞作用捕获。

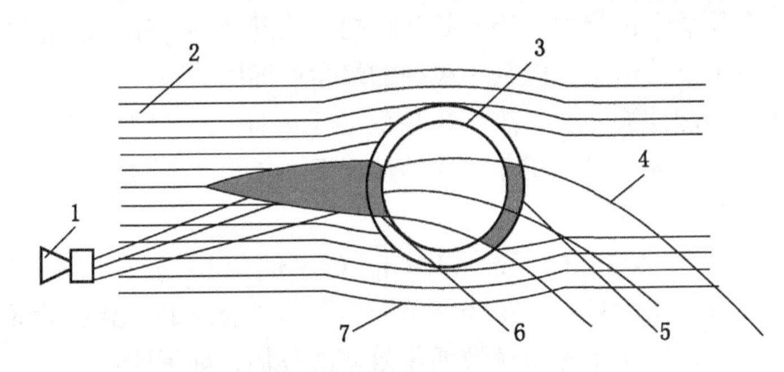

1—喷头；2—风流流线；3—水滴直径；4—水射流；5、6—黏附的粉尘；7—尘粒轨迹

图4－8　惯性碰撞原理图

3. 截留捕集

如不考虑尘粒的质量，则尘粒将和风流同步，因尘粒有体

积，粉尘粒质心所在流线与水雾粒的距离小于尘粒半径时，尘粒便会与水雾滴接触并被捕集拦截下来，使尘粒附着于水雾上，这就是拦截捕集作用。对拦截捕集起作用的是尘粒大小，而不是尘粒的惯性，并且与气流速度无关。

4. 布朗扩散捕集

通常尘粒粒径 0.3 μm 以下的粉尘，由于质量很小，随风流而运动，在气体分子的撞击下，微粒像气体分子一样，做复杂的布朗运动。由于其扩散运动能力较强，在扩散运动过程中，可与水滴相接触而被捕获。凝聚作用有两种情况，一种是以微小尘粒为凝结核，由于水蒸气的凝结使微小尘粒凝聚增大，增大后的尘粒通过惯性的作用加以捕集。另外水滴与尘粒的荷电性也促进了尘粒的凝聚。

4.4 捕尘效率及其影响因素分析

4.4.1 捕尘效率

实际捕尘过程中，经常是几种捕尘机理共同作用，总捕尘效率要高于单独作用，但某一粒径的煤尘可能因为不同的机理而被捕集，只能计算一次，故不简单的等于各捕尘效率的简单相加，在上述各种降尘机理相互独立的情况下，单颗水雾粒子的总捕尘效率可以表示为

$$\eta_i = 1 - (1 - \eta_I)(1 - \eta_R)(1 - \eta_D)(1 - \eta_G) \qquad (4-21)$$

喷雾是由大量不同直径的单个雾滴粒子组成的，其总的降尘效率也是所有单个雾滴颗粒捕集效率的叠加，如下所示：

$$\eta = \left[1 - \prod_{i=2}^{n}(1 - \eta_i)\right] \times 100\% \qquad (4-22)$$

通过对水雾粒子的捕尘机理进行分析，雾滴粒径是影响捕尘效率的重要因素，雾滴粒径越小，捕尘效果越好，但实际喷雾时，需要考虑温度和蒸发的影响，雾滴粒径过小，其蒸发和破裂

的速度过快，小液滴数目增加，造成效率降低。

4.4.2 捕尘效率的影响因素

捕尘效率的影响因素主要有：

1. 水滴的粒径与分布密度

水滴粒径大小与分布密度是影响捕尘效率的重要因素，对于不同粒径的粉尘，有一捕获的最宜水滴直径范围。相关研究表明尘粒粒径越小，最宜水滴直径也越小，而对于5 μm以下的微细粉尘最适宜水滴直径为40～50 μm，最大适宜水滴直径不超过100～150 μm。在同样情况下，水滴越细，总表面积越大，在空气中的分布密度越大，则与粉尘的碰撞机会越多。

2. 水滴与粉尘的相对速度

水滴与粉尘的相对速度越高，冲击能量越大，越有利于克服水的表面张力，从而湿润捕获粉尘。但因风流速度高而使尘粒与水滴的接触时间缩短，也降低捕尘效率。

3. 喷雾水量与水质

单位体积的空气的喷雾洒水量越多，捕尘效率就越高，但所用动力就增加。使用循环水时，需要采取净化措施，如水中的微细粒子增加，将使水的黏性增加，且使分散水滴力度加大，降低效率。

4. 粉尘的性质

粉尘的湿润性对湿式捕尘有重要的影响，不易湿润的粉尘（疏水性粉尘）与水滴碰撞时，会产生反弹现象，虽然碰撞但也难被水湿润。密度大的粉尘易于被水捕获。空气中的粉尘浓度越高，喷雾降尘的效率也越高。

同质流动表示相对运动可以忽略的流动，很多雾态流动都接近这一极限，水射流从喷嘴喷出后经过初级雾化和二级雾化，理论上与空气可以充分混合，离散相的粒子尺寸可以小到足以消除任何明显的相对运动。喷嘴由气流引射装置的喷管内向外喷雾时，形成速度不连续的间断面，当雾流直径大于等于引射筒直径时，将会形成水雾活塞，前方的空气被雾流不断地向前推出，在喷嘴后方形成真空，即在喷嘴处形成负压，使含尘气流经集尘筒进入引射筒；在引射筒内，吸入的粉尘受到雾流中液滴的碰撞，强迫与雾滴凝结，喷出引射筒后，由于重力作用很快沉降。

喷嘴处卷吸作用所形成的负压大小，对降尘装置降尘总效率起着极其重要的作用。为了有效地降低整个工作面的粉尘浓度，必须尽可能地增强射流喷嘴处的卷吸干扰作用，可通过以下两个途径达到卷吸干扰作用：

（1）增大喷管喷射端出口的雾气射流的出口速率。

（2）控制合理的气液比，在一定程度上增加液气量；增加水的雾化率，提高雾气混合物的密度，增大出口处的动压。

4.5 引射除尘的工程应用

4.5.1 采煤机负压降尘装置

某综采工作面应用采煤机负压降尘装置，其工作原理图如图 4 -9 所示。由综采工作面风巷（机巷）内的清水泵 4 通过高压胶管 5 向机身引射降尘器供高压水。高压水通过固定在引射除尘器内的特制喷头 2 形成旋转雾化射流，高速雾粒与空气的动量交换和高压水射流的卷吸作用带动气流前进，形成风流。设计的降尘装置由机身负压引射降尘器和内喷雾引射增压器两部分组成。机身负压引射降尘器主要由中部风筒、引射除尘器、支撑架、支撑短节和端部风筒等组成。旋转雾化射流喷射组件用流线型支撑固定于引射除尘器中央，射流缓慢扩散至端部时到达风筒边缘，以尽可能多的将射流能量传给风流。引射风筒采用 5 mm 厚钢板焊接而成，每节长 1000 mm，相邻两节风筒间用法兰螺栓连接，矩形断面 260 mm × 500 mm；引射除尘器由两个喷嘴组成，喷嘴口径 ϕ1. 5 mm。考虑到截煤滚筒电动机抬高对引射风筒结构的要求，引射风筒中点设计成软连接，连接点固定于采煤机中部，两端引射风筒可绕中点作适当摆动。该装置除尘作用体现在两个方面：一是装置进风端由于引射作用形成负压场，将其周围空气连同滚筒割煤时所产生的粉尘吸入风筒内，煤尘与水雾碰撞、结合；二是装置的出风端由于水雾、空气、粉尘所形成的混合气体以很高的速度从风筒内射出，亦形成很强的负压场，将另一滚筒割煤时产生的粉尘吸入，使煤尘与水雾碰撞、结合、沉降。

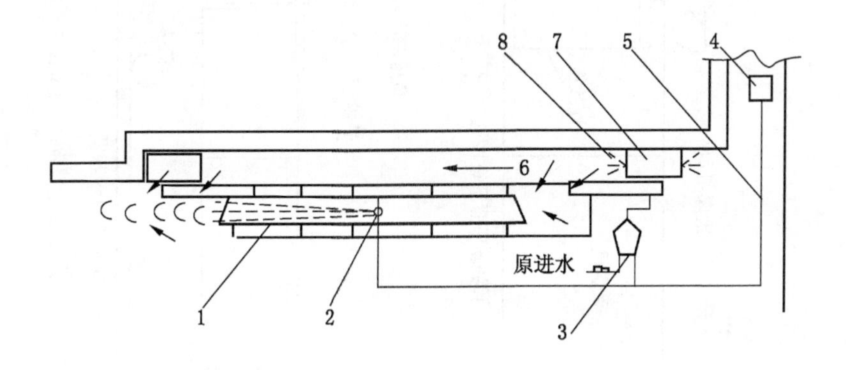

1—引射风筒；2—引射喷嘴；3—引射泵；4—清水泵站；5—高压胶管；6—风流方向；7—采煤机；8—内喷雾

图4-9　采煤机负压降尘装置原理示意图

某煤矿引进的采煤机负压二次降尘装置，其安装示意图如图4-10所示。该装置安装在工作面运输顺槽变电列车后部，由高压水泵、供水自动控制水箱组成高压泵站，高压泵站将静压水（低压）转化为高压水并通过沿顺槽至工作面敷设的高压管路输送到布置在采煤机两端头上的负压二次除尘装置；负压二次除尘装置将供给的高压水，转化成控制采煤机滚筒割煤产尘源向外扩散的汽雾流屏障和局部含尘风流净化除尘系统。高压汽雾流屏障阻止和减少粉尘向外扩散并且进行净化；局部含尘风流净化除尘

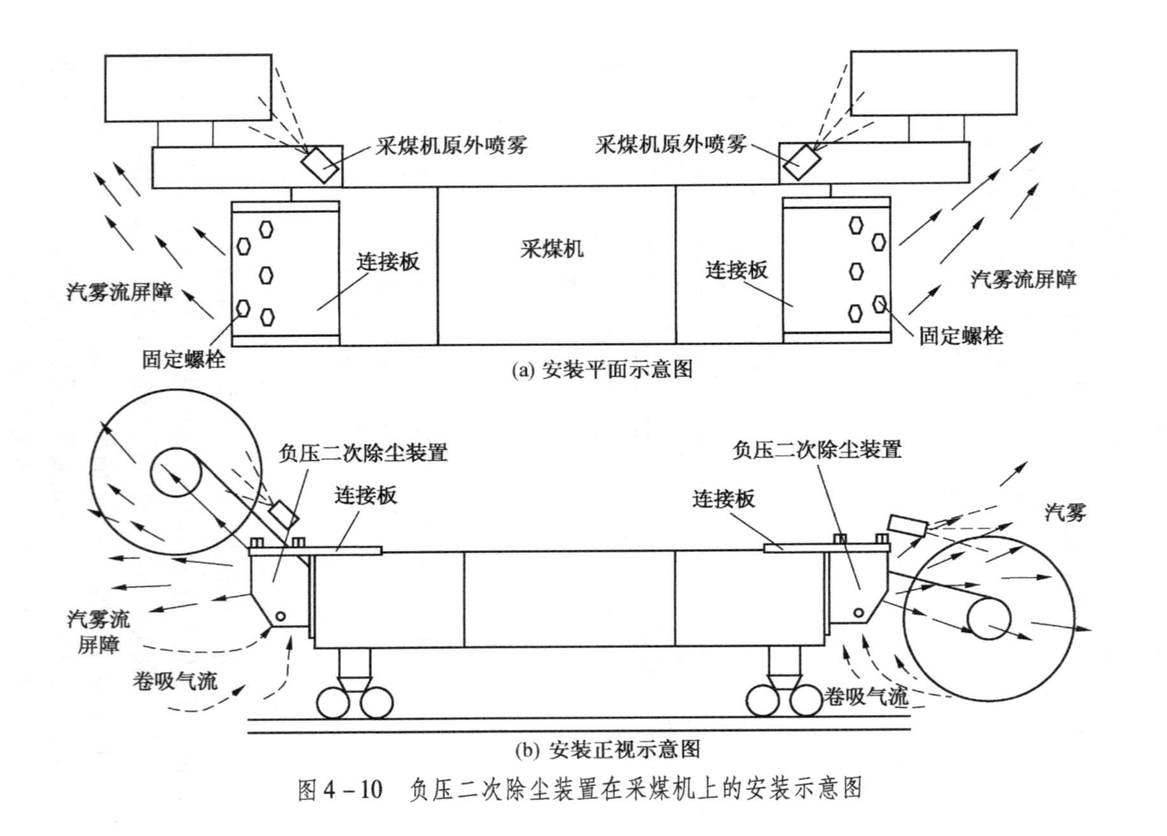

图 4－10　负压二次除尘装置在采煤机上的安装示意图

系统是指采煤机两端头的除尘装置喷出高压水的同时产生负压，将煤尘吸到装置附近就地净化，从而实现了对采煤机滚筒割煤产尘的负压二次降尘的目的。

4.5.2 液压支架负压降尘装置

某煤矿在放顶煤液压支架上安装负压捕尘装置，如图4－11所示，该装置主要由负压产生器、射流定位器、负压感应器、流场加速器、混合效应管、混合发散器、煤尘收集器接口、煤尘收集器组成。其工作过程为：利用压力水为动力，通过负压产生器射流水质点的横向紊动作用，将负压感应器4内的空气带走，形成负压区，在装置内外压差作用下，含尘空气不断从煤尘收集器11流入负压感应器4，并随负压产生器喷出的水流在混合效应管混合，此时两股流体速度逐渐趋向一致，在混合发散器中，煤尘被水雾充分包围湿润，最后被排出。该装置结构简单、除尘效率

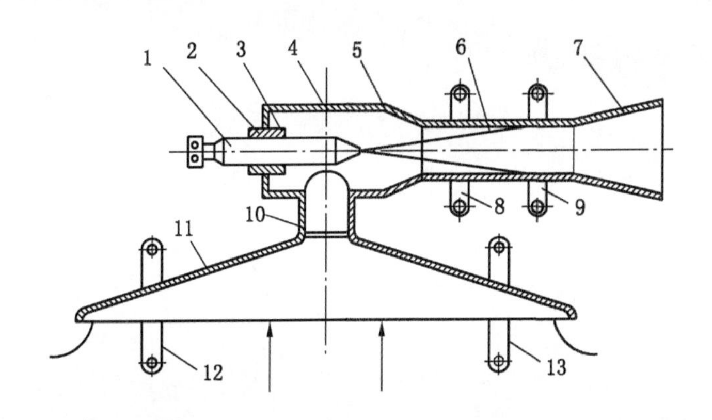

1—负压产生器；2—定位保护螺钉；3—射流定位器；4—负压感应器；
5—流场加速器；6—混合效应管；7—混合发散器；8、9—定位连接板；
10—煤尘收集器接口；11—煤尘收集器；12、13—定位连接板

图4－11 放煤口防尘、捕尘装置

高，加工容易、安装方便。该负压捕尘装置的负压喷雾液气比控制在10% ~12%以下；喷嘴出口雾流速度30 ~40 m/s；水压在12 MPa以上时雾流速度可达40 m/s以上；放煤口的粉尘浓度可降低80% ~85%；在不高的水压（≤8 MPa）条件下，降尘率可达70%以上，若条件许可，再提高水压，降尘率可达80%以上的要求。

5 引射除尘器设计

5.1 综放工作面引射除尘器空间尺寸的计算

针对放顶煤液压支架放煤时产生的大量煤尘问题，设计了安装于液压支架掩护梁上的引射除尘器，目的是将综放面放煤口放煤时产生的煤尘控制在捕尘系统低压分布区，一部分粉尘被捕尘装置捕捉并被湿润沉降排除，未被捕捉的粉尘控制在支架后部低压区域，不扩散到人行道，实现综放面放煤口放煤时的粉尘治理。结合放顶煤液压支架的空间结构和功能特性，充分考虑综放工作面具体应用条件，计算出安装引射除尘器的最大空间，为引射除尘器的详细设计提供空间要求。

5.1.1 放顶煤液压支架的选型

引射除尘器是安装在放顶煤液压支架放煤口附近的除尘装置，由于放顶煤液压支架的型号较多，应根据不同型号放顶煤液压支架的具体结构和综放工作面的具体情况，进行安装方案设计。

我国自 1982 年引进综采放顶煤技术以来，先后研制了几十种形式的放顶煤液压支架。放顶煤液压支架有别于其他类型液压支架，它具有放煤机构。放煤机构的具体类型分为：摆动式的放煤机构、插板式放煤机构和折页式放煤机构。摆动式的放煤机构的主体是放煤摆动板。摆动板内部设有轨道，用以安装插板上端铰接掩护梁放煤口上沿，在中下部由两个一段固定在底座上的放煤千斤顶推拉，使放煤摆动板上下摆动，与掩护梁形成一定的角度，用于破碎顶煤和打开整个放煤窗口。放煤摆动板内装有可伸缩的插板，在插板千斤顶作用下，插板伸出或收回，用于启闭局部窗口，它在关闭状态时，插板伸出搭在放煤口前沿；放煤时，由液压系统先收回插板以免损坏插板，然后摆动放煤机构。插板式放煤机构的插板安装在滑道内，操纵插板千斤顶可使插板在滑道上滑动，以实现伸缩、关闭或打开放煤口，操纵尾梁千斤顶可使尾梁上下摆动，以松动煤或放煤，插板的底端没有用于插煤的齿条，它关闭时，插板伸出，挡住矸石以避免矸石流入后部输送机，放煤时，收回插板，利用尾梁千斤顶和插板千斤顶的伸缩调整放煤口进行放煤。折页式放煤机构通过开启两扇折页门来控制放煤。

引射除尘器作为一种降尘除尘装置，在设计和安装时应充分的考虑各类液压支架的空间结构和放煤方式。根据放煤口位置、输送机个数、放煤形式可将放顶煤液压支架分为：高位单输送机开天窗式放顶煤液压支架、中位双输送机开天窗式放顶煤液压支架和低位双输送机插板式放顶煤液压支架。

1. 高位单输送机开天窗式放顶煤液压支架

高位放顶煤液压支架一般在前部有一个刮板输送机，在掩护梁上开放煤口，如图 5 -1 所示。由图 5 -1 可知，高位放顶煤液压支架通过位于掩护梁下放煤千斤顶 3 的运动来控制放煤簸箕 2 的摆动，破碎的煤体经放煤簸箕 2 流入位于液压支架前部的刮板输送机 4。

高位放顶煤液压支架结构简单，比较稳定，但是因为只有一部输送机，割煤和放煤不能平行作业。放煤簸箕放煤时与底板呈 35°夹角，难以达到更大的夹角，在一些以仰采为主的煤矿中，由于夹角的问题放煤不畅，严重影响生产效率。更为重要的是由于是高位放煤，落差较大，由此产生的煤尘较多，但通风截面较小，除尘工作任务重，难度大。另一方面其结构紧凑，放煤口方向朝前，各类阀体管路多位于此处，可利用的空间较少。由于高位放顶煤支架的适应性差、结构问题多，目前已很少使用，属于

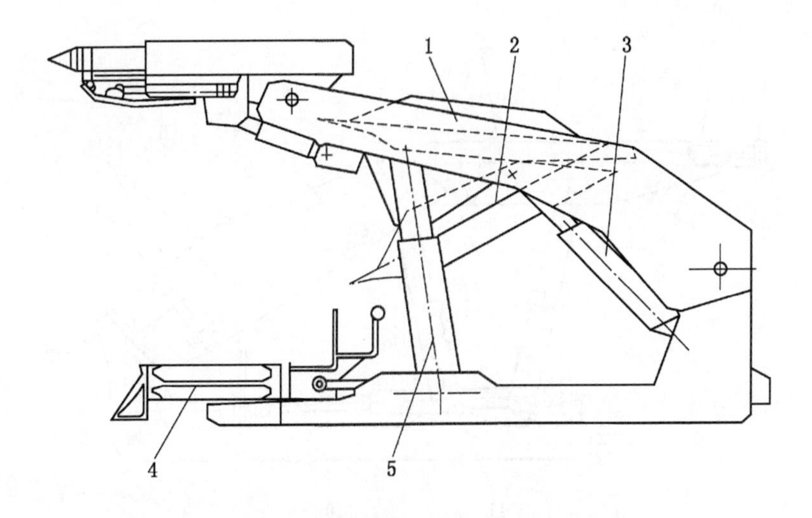

1—放煤口；2—放煤簸箕；3—放煤千斤顶；4—刮板输送机；5—立柱

图 5-1 YFY3000-16/26 型高位单输送机开天窗式放顶煤液压支架

已被淘汰的架型，故引射除尘器不适合安装于此类液压支架上。

2. 中位双输送机开天窗式放顶煤液压支架

中位放顶煤液压支架的放煤口位于支架中部，一般在掩护梁上，相对于高位放顶煤液压支架，中位放顶煤液压支架多了一个位于底座上的刮板输送机，同时放煤落差减小，如图 5-2 所示。由图 5-2 可知，中位放顶煤液压支架通过位于掩护梁 7 下部放煤千斤顶 8 的运动来控制放煤板 13 的运动，同时摆动杆 6 的摆动可以增大顶煤的破碎程度，破碎的煤体流入位于掩护梁 7 之下底座 9 之上的刮板输送机而被运输出工作面。

中位放顶煤液压支架较稳定、结构封闭，相对于高位放顶煤液压支架其顶梁加长，底座加长，支撑顶板和底板力量大且均匀，有利于顶煤的破坏和支架的稳定。采煤机割煤和液压支架放煤各采用一个刮板输送机，可以平行作业，煤炭产出率高。

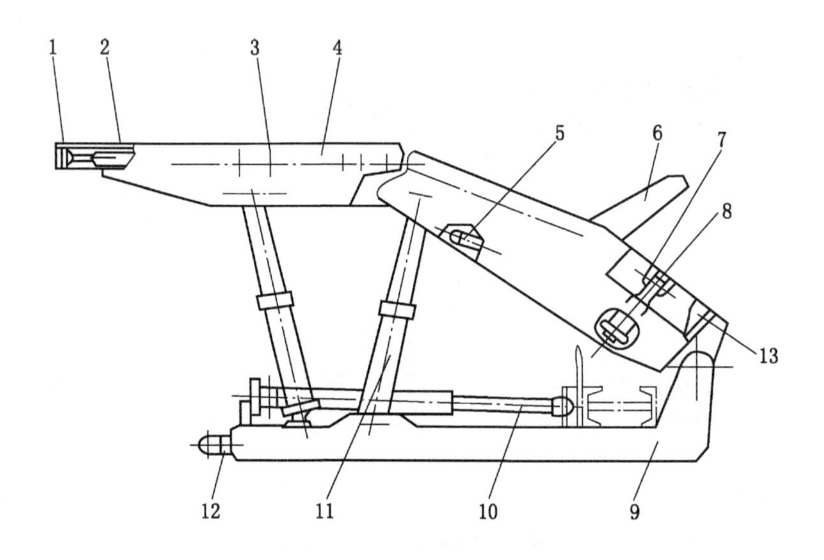

1—伸缩梁；2—伸缩梁千斤顶；3—侧推千斤顶；4—顶梁；5—摆杆千斤顶；6—摆动杆；
7—掩护梁；8—放煤口千斤顶；9—底座；10—后输送机千斤顶；
11—立柱；12—推移千斤顶；13—放煤板

图5-2　FYS3000-19/28型中位双输送机开天窗式放顶煤液压支架

虽然中位放顶煤液压支架比高位放顶煤液压支架增加了一个刮板输送机，降低了放煤落差，实现了平行作业，提高了生产效率，但是放煤口位置仍然较高，散落在输送机外部的煤较多，煤尘浓度较大，而且后刮板输送机在底座上，缩小了后部空间，放煤口尺寸受影响，对于较大的煤块难以顺利通过，没有足够的空间安装具有一定尺寸的除尘装置，因此此类液压支架同样不适合安装引射除尘器。另一方面，由于中位放顶煤液压支架的放煤效果不佳，经过几十年的实践和发展，在工程实践中已逐渐被低位放顶煤液压支架所取代。

3. 低位双输送机插板式放顶煤液压支架

低位双输送机插板式放顶煤液压支架在后部设计了可以上下

摆动的尾梁，尾梁上装有能够伸缩的插板。刮板输送机布置在尾梁下部，可以及时将放落下来的煤从综放工作面运走。低位双输送机插板式放顶煤液压支架结构简图如图 5－3 所示。由图 5－3 可知，以掩护梁 4 的背部平面为参照，低位放顶煤液压支架的尾梁 5 可以绕铰接点向上摆动 20°左右和向下摆动 40°左右，以便使顶煤松动并放落。插板通过伸缩来控制放煤进程。

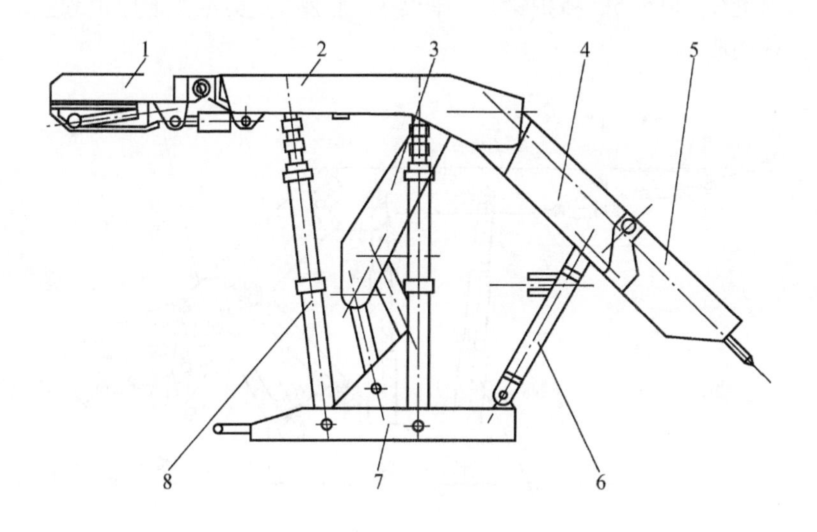

1—前梁；2—顶梁；3—连杆；4—掩护梁；5—尾梁；
6—支撑板；7—底座；8—立柱

图 5－3　FZ3000－15/30 型低位双输送机插板式放顶煤液压支架

低位放顶煤液压支架尾梁的摆动对放煤极为有利，且后输送机在尾梁下方的底板上，放落的煤运输方便，移架阻力小。低位液压支架的放煤口距离刮板输送机较近，落差小，放落产生的煤尘相对于高位液压支架和中位液压支架减少，更为重要的是掩护梁下方有足够的空间，管线少，无控制阀，十分适合安装引射除尘器，且我国放煤工作面主导的液压支架也是低位放煤液压支架，所以将引射除尘器应用于低位放顶煤液压支架具有典型的代表性。

5.1.2 安装引射除尘器的最大空间计算

ZF13000/21/40 型低位放顶煤液压支架是四柱支撑掩护式低位放顶煤液压支架，其结构如图 5－4 所示。主要由护帮板 1、前梁 3、顶梁 5、掩护梁 6、尾梁 8、底座 11 及各类千斤顶和立柱构成。

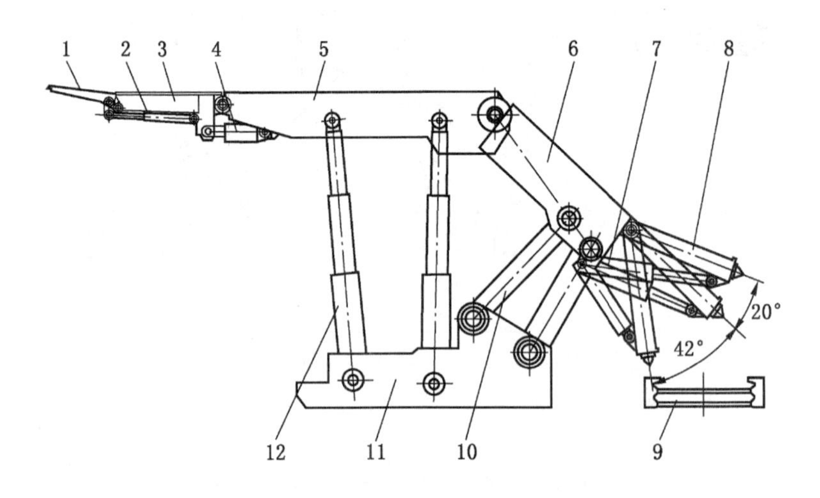

1—护帮板；2—护帮板千斤顶；3—前梁；4—前梁千斤顶；5—顶梁；6—掩护梁；7—尾梁千斤顶；8—尾梁；9—刮板输送机；10—连杆；11—底座；12—立柱

图 5－4 ZF13000/21/40 型低位放顶煤液压支架

综合机械化放顶煤工作面的尘源主要有：采煤机割煤、装煤；液压支架降架、移架；后部放煤；前后部运输机机头转载；破碎机破煤；转载机机头转载；胶带运输机机头落煤；顺槽支架拉移；风流扬尘。由于放煤产生尘所占比例高，设计的引射除尘器安装于放顶煤液压支架掩护梁上。由于液压支架立柱之间有许多管线，还有控制阀，不宜安装除尘器。而放煤口位于掩护梁上，并且掩护梁下方空间较大，不是人员的主要通道，加之管线少，无控制阀，且距离放煤口近，所以在掩护梁上安装引射除尘器是非常有利于降尘除尘的。引射除尘器具体安装在掩护梁上，后输送机的上方。为了使除尘器不能挡住放煤口，应安装在天窗外侧。制约除尘器总长度的主要因素为输送机上的堆煤高度、吸尘口位置和输送机位置。引射除尘器长度的具体数值，还要根据具体的放煤支架来确定。

ZF13000/21/40 型低位放顶煤液压支架通过尾梁的摆动与插板的运动实现放煤，放煤位置低，采出率高，有广泛的应用前景。ZF13000/21/40 型低位放顶煤液压支架高度范围是 2100 ~ 4000 mm，宽度范围是 1660 ~ 1860 mm，初撑力是 10095 ~ 10166 MPa。其主要参数见表 5 – 1。

表 5 – 1　ZF13000/21/40 型低位放顶煤液压支架主要参数

参　数	数　值	单　位
高度	2100/4000	mm
宽度	1660/1860	mm
中心距	1750	mm
初撑力	10095 ~ 10166	KN
工作阻力	13000	KN
底板前端比压	2. 52 ~ 1. 82	MPa
支护强度	1. 27 ~ 1. 28	MPa
泵站压力	31. 4	MPa

综放工作面的后输送机位于尾梁下，负责输送放落的顶煤。相比于其他位置，掩护梁下方有足够的空间，管线少，无控制阀，且离放煤位置最近，基于以上原因，将引射除尘器安装于掩

护梁下，后输送机的上方。除尘器不能挡住放煤口，应安装在天窗外侧。制约除尘器总长度的主要因素为输送机上的堆煤高度、吸尘口位置和输送机位置。安装位置如图 5-5 所示。

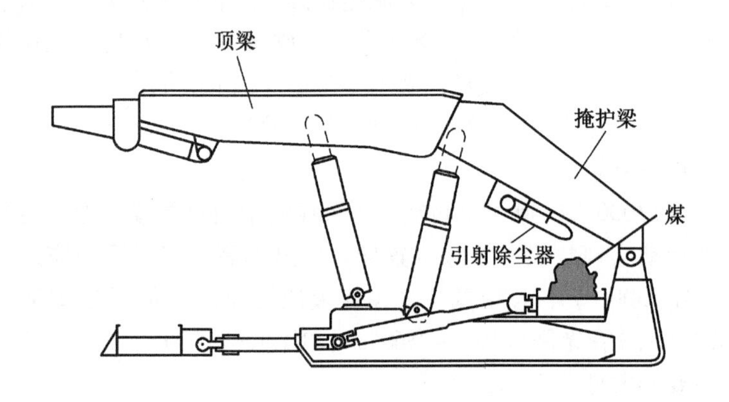

图 5-5　引射除尘器的安装位置图

引射除尘器的集气罩入口为正方形，其边长与折流板组件截面边长相等，即作一个垂直与引射筒轴线的截面，最大面为集气罩入口截面。将引射除尘器通过吊耳与液压支架的尾梁焊接，此时引射筒的中心轴与放煤工作面平行，图 5-6 为引射除尘器安装位置截面示意图。

在图 5-6 中，掩护梁 1 与尾梁千斤顶 5 的铰接点为 A，掩护梁 1 与尾梁 2 的铰接点为 B，尾梁 2 与尾梁千斤顶 5 的铰接点为 C，尾梁 2 中心线与引射除尘器 4 的中心线交点为 D，吊耳与引射除尘器 4 边的交点为 E，引射除尘器 4 边与千斤顶 5 中心线交点为 F，G 点为刮板输送机 3 的顶点，H 为引射除尘器 4 的顶点。BC 长度 $a=1273.6$ mm，AC 长度 b 为变量，AB 长度 $c=974.8$ mm，CD 长度 $e=192.1$ mm，BD 长度 $f=1259.1$ mm，点 B 至点 G 的距离 $BG=1813.9$ mm。图中 $\angle BAC=\alpha$，$\angle ABC=\beta$，

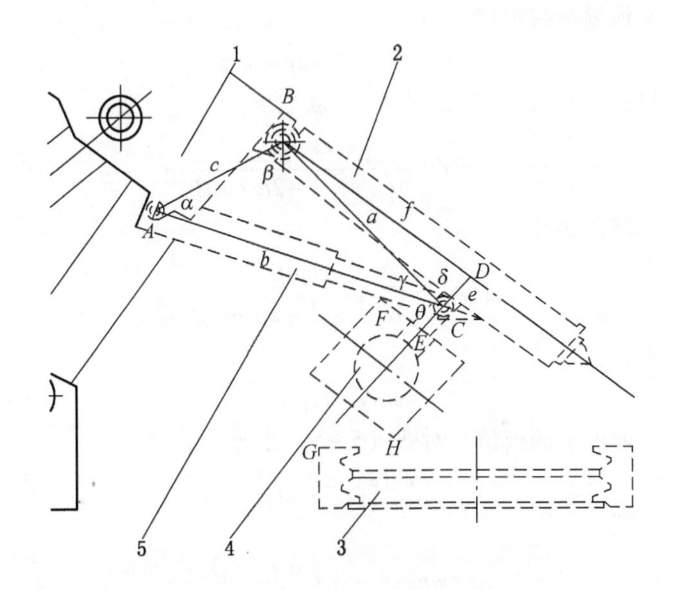

1—掩护梁；2—尾梁；3—刮板输送机；4—引射除尘器；5—尾梁千斤顶

图5-6 引射除尘器安装位置截面示意图

$\angle ACB=\gamma$，$\angle BCD=\delta=81.3°$，$\angle ACE=\theta$。

制约除尘器总体尺寸的因素为尾梁宽度、角 γ 以及尾梁摆动时除尘器 H 点与输送机 G 点的相对位置。由图5-6可知，尾梁工作时，向上摆动最大角为20°，向下摆动最大角为42°，角 γ 处于变化中。当角 γ 最大时，尾梁千斤顶5对除尘器4的干涉最大，取极限值，令除尘器此时正好和尾梁千斤顶接触在 F 点。

由表5-1知尾梁最小宽度为1660 mm，预留一定的空间，取引射除尘器总体长度为1450 mm。为了求出引射除尘器截面的最大边长，需求出角 γ，计算过程如下：

在△ABC 中，根据正弦定理：

$$\frac{b}{\sin\beta}=\frac{c}{\sin\gamma} \tag{5-1}$$

又根据余弦定理，即

$$b^2=a^2+c^2-2ac\cos\beta \tag{5-2}$$

将式（5-1）与式（5-2）联立求得

$$\sin\gamma=\frac{c\sin\beta}{\sqrt{a^2+c^2-2ac\cos\beta}} \tag{5-3}$$

设存在函数：

$$f(\beta)=\frac{c\sin\beta}{\sqrt{a^2+c^2-2ac\cos\beta}} \tag{5-4}$$

则有

$$\sin\gamma=f(\beta) \tag{5-5}$$

为求出 γ 的极值，对式（5-5）求导，故

$$(\sin\gamma)'=f'(\beta) \tag{5-6}$$

得到

$$\cos\gamma=\frac{a\cos\beta-\dfrac{a^2c\sin^2\beta}{a^2+c^2-2ac\cos\beta}}{\sqrt{a^2+c^2-2ac\cos\beta}} \tag{5-7}$$

令 $f'(\beta)>0$，求得

$$ac\cos^2\beta-(a^2+c^2)\cos\beta+1<0 \tag{5-8}$$

解得

$$\frac{(a^2+c^2)-\sqrt{(a^2+c^2)^2-4ac}}{2ac}<\cos\beta<\frac{(a^2+c^2)+\sqrt{(a^2+c^2)^2-4ac}}{2ac} \tag{5-9}$$

将具体结构参数代入得

$$0.0023<\cos\beta<2.0719 \tag{5-10}$$

又因为

$$-1\leqslant\cos\beta\leqslant 1 \tag{5-11}$$

故

$$0.023<\cos\beta\leqslant 1 \tag{5-12}$$

解得

$$0° \leqslant \beta < 89.9° \tag{5-13}$$

即

$$0° \leqslant \beta < 90° \tag{5-14}$$

即 $0° \leqslant \beta < 90°$时，$\sin\gamma$ 递增。其中当 $\beta = 90°$时，$\sin\gamma$ 达到最大值，此时 γ 也为最大值。在$\triangle ABC$ 中，当 $\beta = 90°$时，则有

$$\gamma = \arctan\frac{c}{a} = 37.4° \tag{5-15}$$

又有

$$\theta = 180° - \delta - \gamma = 61.3° \tag{5-16}$$

设 $CE = x$，集气罩边长为 y，则 $EF = \frac{y}{2}$，在$\triangle CEF$ 中有

$$\tan\theta = \frac{EF}{CE} = \frac{y}{2x} = 1.8 \tag{5-17}$$

得到

$$y = 3.6x \tag{5-18}$$

由于引射除尘器的顶点 H 随尾梁摆动过程中，需保证点 H 能顺利通过刮板输送机的顶点 G，故有

$$BG \geqslant BH \tag{5-19}$$

在图 5-6 中有

$$BH^2 = \left(f + \frac{y}{2}\right)^2 + \left(e + x + \frac{y}{2}\right)^2 \tag{5-20}$$

已知 $BG = 1813.9$ mm，联立式(5-19)和式(5-20)，解得

$$y = 578 \text{ mm} \tag{5-21}$$

根据实际情况，y 值最小取 160 mm，故取

$$y = \frac{578 + 160}{2} = 369 \text{ mm} \tag{5-22}$$

为方便计算取

$$y = 360 \text{ mm} \tag{5-23}$$

即引射除尘器截面是边长为 360 mm 的正方形。由此得出引射除尘器应在尺寸为 1450 mm × 360 mm × 360 mm 的空间内设计。

5.2 引射除尘器的工作原理

引射除尘器由集气罩、喷水组件、引射筒部件和折流板组件四部分组成，其工作原理如图 5－7 所示。经过井下泵站加压的水通过管道输送到喷水设备时，特制的喷嘴将水的压力能转化为速度能，喷出充分雾化的高速水射流。由伯努利定律可知流速的增大伴随压力的降低，在喷嘴出口处，高速流动的水射流附近会产生低压，在压差作用下形成吸附作用。同时由于喷嘴水射流存在雾化角，水流呈伞雾状布满整个引射筒并高速前进，形成活塞效应，在引射筒入口处形成负压。含有煤尘的空气在负压的作用下从集气罩处被吸入，由于集气罩呈收缩状，由文丘里效应知，含有煤尘的空气经过缩小的截面时，流速增大。含尘水雾在引射筒内前进的过程中，粗大的煤尘颗粒在重力和惯性碰撞的作用下沉降，而微细的煤尘与水雾混合被捕集，向引射筒出口高速推进。在引射筒出口处，高速前进的含尘水雾撞击到折流板组件并向下流入刮板输送机上，由刮板输送机运出工作面，从而完成工作面降尘除尘的任务。

引射除尘器的总体性能指标包括吸尘量、粉尘捕集能力和液气比等。吸尘量是单位时间内吸入的含尘气体的体积，可以用吸风量的大小来衡量。除尘器的除尘效率与吸尘量的大小有关，一般提高除尘效率要求吸尘量加大。由除尘器的工作原理可知，影响吸尘量的因素有供水压力、喷嘴性能、引射除尘器结构等。粉尘捕集能力指进入除尘器的粉尘被水滴捕集的程度。影响粉尘捕集能力的主要因素有雾滴速度的高低、雾滴粒径的大小以及粉尘的特性等。一般认为雾滴直径应控制在 20～50 μm 范围内，最大不超过 200 μm；雾滴速度以 20～30 m/s 以上为宜。液气比是指除尘器消耗水量与吸入的含尘气体量的比值。一般情况下，湿式除尘器中最大气流速度在 40～150 m/s 之间，液气比在 1：666.7～1：3333.3 之间，以选用 1：1000～1：1428.6 为多。由于除尘器消耗的水量几乎全部排入运出的煤中，水量过大会影响出煤质量，因此设计中应尽量降低耗水量。

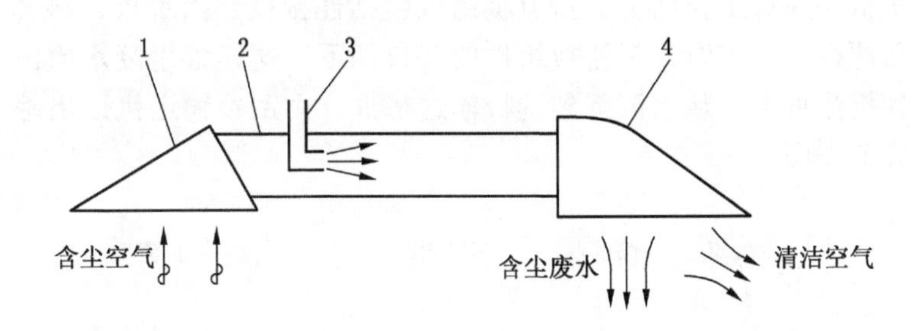

1—集气罩；2—引射筒；3—喷水设备；4—折流板

图5-7 引射除尘器工作原理示意图

5.3 引射除尘器总体结构设计

根据计算得出的引射除尘器空间尺寸要求，设计了引射除尘器的总体结构，如图5-8所示。该引射除尘器分为4个部分，即集气罩、喷水组件、引射筒和折流板组件。引射筒是引射除尘器的主体部分，其中集气罩以焊接的方式与引射筒相连，喷水组件和折流板组件均通过螺栓与引射筒相连。集气罩用来收集含尘空气。在工作时，其轴线成水平方向，其开口朝向迎着巷道风流，在引射除尘器负压和巷道风流的作用下收集更多的含尘空气。喷水组件用来实现高压水管与喷嘴的连接并将引射筒内的喷嘴固定在引射筒上。在工作时，高压水通过喷水组件进入喷嘴，喷嘴喷射出的水雾流方向与引射筒的中心轴线平行。引射筒是引射除尘器的主要组成部分，除了支撑和连接集气罩、喷水组件和折流板组件外，喷嘴喷出的水雾在引射筒内高速前进，形成活塞效应，从而在集气罩处形成负压。在负压的作用下，含尘空气通过集气罩进入引射筒，在引射筒内，粉尘、水雾、空气发生碰撞、凝结、沉降等作用并高速向前推进。折流板组件主要作用是使含尘废水改变方向，引导废水流入输送机，以免废水积留在采煤工作面上。折流板组件包括连接板、挡水板、斜套和螺杆。工作时，折流板组件的开口朝下，这样含尘废水撞击到折流板上，从而沉降到刮板输送机上，由刮板输送机运出综放工作面。

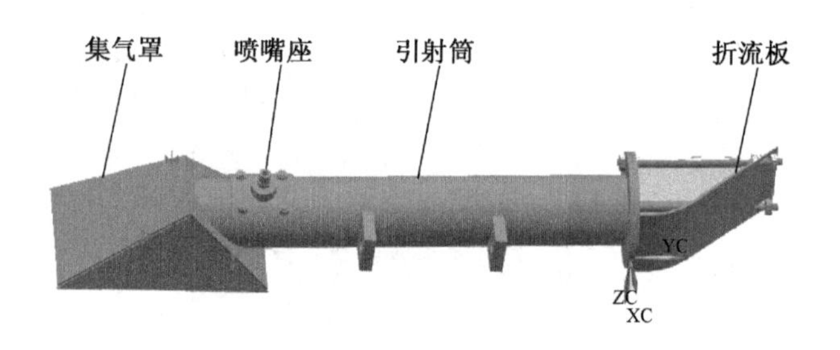

图5-8　引射除尘器总体结构图

5.4　引射除尘器零部件设计

5.4.1　集气罩设计

集气罩主要用来收集含尘空气，其收集含尘空气的能力影响除尘器的除尘效率。集气罩结构形式和尺寸大小受到引射除尘器总体结构尺寸的限制。为了产生文丘里效应，集气罩呈逐渐缩小的漏斗状，如图5-9所示。为了加工制造方便，采用4块铁板焊接呈“漏斗形”矩形集气罩。为保证集气罩罩口吸气速度均匀，集气罩板1平面与引射筒轴线的夹角不应大于60°，本设计中取45°。集气罩板3与引射筒焊接，板3中间开口是引射筒的进气端口。工作中，集气罩罩口正面对着煤尘尘流的方向，这样集气罩充分利用含尘气流的动能，以提高捕集效果。

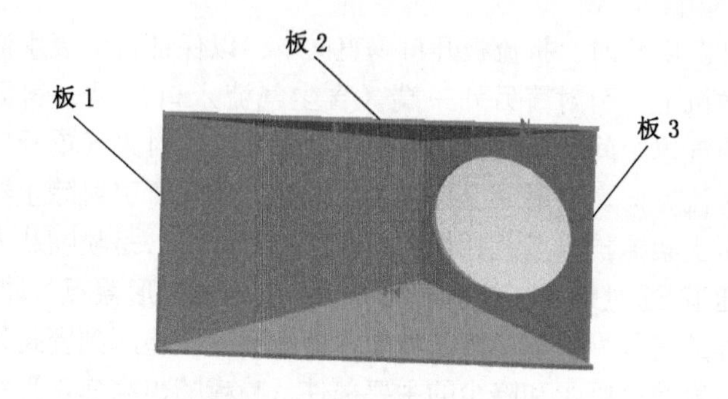

图 5-9　集气罩结构示意图

5.4.2　引射筒组件设计

引射筒组件是引射除尘器的主要组成部分，是引射除尘器喷雾和降尘的主要工作场所。高速水射流在喷嘴处呈实心伞锥形运动，在引射筒中成活塞效应向前运动。引射筒组件主要包括引射筒、连接耳和连接板组成的，如图 5-10 所示。引射筒一端（即水流出口）焊接了连接板，用来通过螺栓连接引射筒和折流

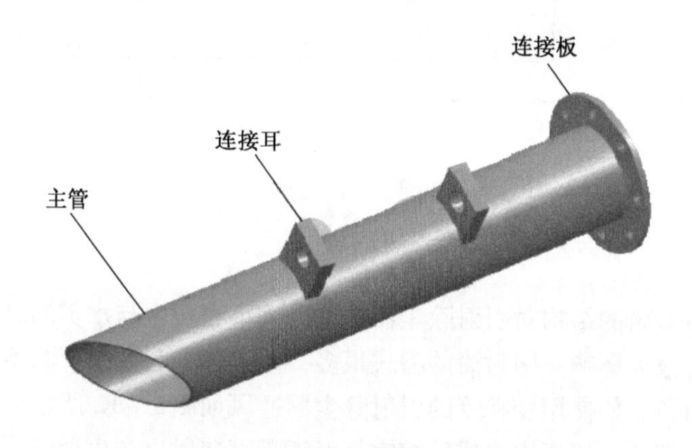

图 5-10　引射筒组件结构示意图

板组件。安装时，折流板开口垂直向下，以保证含尘废水流入刮板输送机上。引射筒另外一端（含尘气流入口）呈一斜面，用于和集气罩中间开口的板3焊接，以保证工作时集气罩开口迎着巷道风流方向。引射筒上焊接了连接耳，用来将引射除尘器安装在液压支架掩护梁上;引射筒上开有一方形开口,是喷嘴装入引射筒的通道,通过螺栓连接引射筒与喷水组件的弧形盖板,以实现喷水组件的安装。引射筒筒壁与弧形盖板间的胶垫起到密封作用。

引射筒是吸尘和降尘的主要部件，喷嘴喷出高速水雾在引射筒内产生负压，含尘空气在负压作用下被吸入引射筒，并在引射筒中与水雾混合、凝并。引射筒中流场的分布直接影响到除尘效果。引射筒形状和尺寸以及喷嘴在引射筒上的安装位置均由试验确定，如引射筒直径和长度的确定，开口位置及功能等。引射筒基本尺寸如图5－11所示。

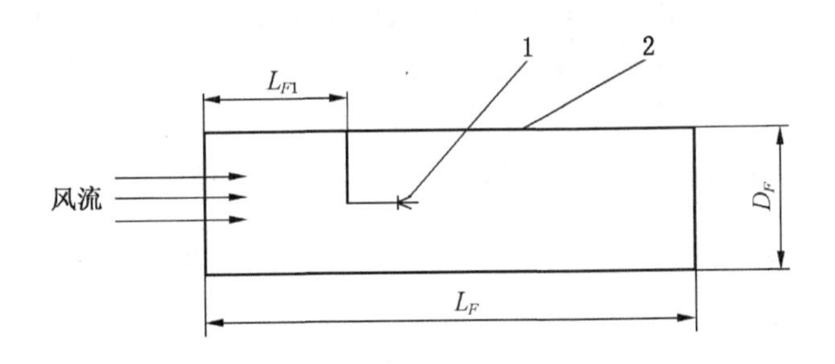

1—喷嘴；2—引射筒

图5－11　引射筒基本尺寸图

引射筒的结构对引射除尘器的负压大小和粉尘与水雾的融合状况有很大影响。引射筒的型式很多，但大致分为变径管和不变径管两类。如使用变径管的引射除尘器通风如图5－12所示，其通风原理是利用压力水或压缩空气经喷嘴高速射出产生射流，在喷出射流周围形成负压区，从而吸入空气，同时给空气以动能，使风筒内风流流动。引射除尘器分为压气引射流器、高压水引射除尘器两种。

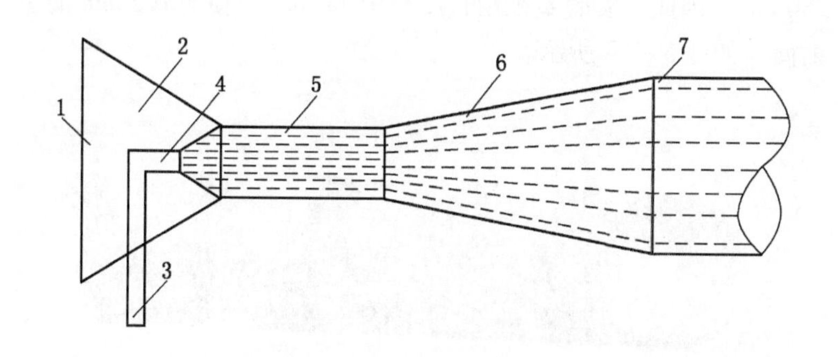

1—粉尘入口；2—吸尘罩；3—动力管；4—喷嘴；5—混合管；6—扩散管；7—风筒

图5－12 变径管通风原理

本设计利用实验室风速测试系统分别对两个不同尺寸的文丘利管做负压试验，效果不明显。考虑到变径管的加工工艺复杂，成本较高，而综采工作面所用引射除尘器的数量很大，大大增加了煤矿的投入，因此，引射筒选用不变径管。为了确定合适的直径参数，在实验室风速测试系统中保持其他参数不变的条件下，只改变引射筒的直径 D_F（图5－10），观察直径对吸风量的影响情况，试验数据见表5－2。

表5－2 引射筒直径试验数据

直径/mm	35		50		80		102	
系统压力/MPa	8	12	8	12	8	12	8	12
风速/($m\cdot s^{-1}$)	1.08	1.21	1.5	2.25	2.21	3.08	3.09	3.85

试验表明：当引射筒直径较小时，引射筒的吸风量随直径的增大而增大；当引射筒直径达到某个值后，直径的增大反而使吸

风量下降。由于引射除尘器安装在液压支架上，考虑到井下操作工的安全，其空间极限尺寸为：长 1198 mm，宽 350 mm，高 250 mm。因此，实验室采用长度为950 mm，内径为102 mm 的引射筒，如图 5－13 所示。

图5－13 引射筒结构示意图

连接耳焊接在引射筒上，用于将除尘器安装到液压支架的掩护梁上，如图 5－14 所示。

连接板用于连接引射筒和折流板。如图 5－15 所示。

图5－14 连接耳结构示意图

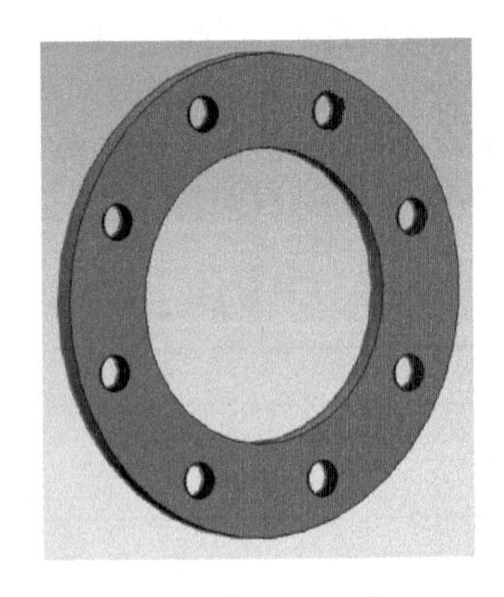

图5－15 连接板结构示意图

5.4.3　喷水装置设计

喷水装置是引射除尘器的核心部件。喷水装置安装在引射筒为其预留的开口处，其一端连接高压水管为喷嘴提供高压水，另外一端安装喷嘴。工作时，高压水自过渡接头、喷嘴座进入喷嘴，在引射筒内喷射出高压水雾并推动水雾在引射筒内高速前进而形成“活塞效应”，从而在引射除尘器入口产生负压。可以说喷水装置在引射除尘器中起到“发动机”的作用。喷水装置由喷嘴底座、过渡接头、弧形盖板、螺杆、胶垫等组成，其结构如图5－16所示。喷嘴底座用于安装内旋子式喷嘴，该喷嘴外壳和旋芯相互配合，可以将高压水的压力能转换成速度能，同时将水雾化，喷出实心伞锥形雾粒群。弧形盖板通过螺杆与引射筒连接，弧形盖板内壁的弧度应与引射筒外壁弧度一致，这样可以保证连接紧密，并且在弧形盖板与引射筒之间的胶垫也起到密封作用。过渡接头一端与高压水管连接，一端连接喷嘴座，过渡接头连接了两个管径不一致的高压水管与喷嘴座。喷水装置在引射筒上的轴向位置以及喷嘴的雾化效果均影响除尘效率，应通过试验来确定。喷水装置的密封性也影响除尘效率，如弧形盖板与引射筒间的密封性、过渡接头与高压水管连接的密封性、过渡接头与喷嘴底座连接的密封性、喷嘴与喷嘴底座的密封性等，需要采取措施提高这些连接处的密封性。另外，喷嘴工作时的喷嘴轴线与引射筒轴线的不重合性也影响引射除尘器的除尘效率。

其中过渡接头是高压供水系统和喷嘴底座的连接部件，如图5－17所示。过渡接头一端螺纹用于连接高压水管，另一端螺纹用于连接喷嘴底座，中间螺纹与弧形盖板的螺套配合，其左右旋动可以实现喷嘴底座沿引射筒径向移动，可以将喷嘴底座轴线调整为与引射筒轴线重合，保证喷嘴喷出的水雾中心与引射筒中心重合，而不是喷射中心线偏离引射筒的轴心线。

喷嘴底座是过渡接头与喷嘴的连接件，如图5－18所示。

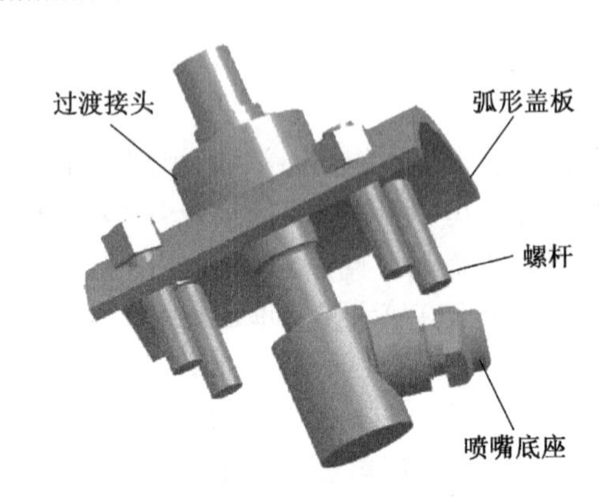

图 5－16　喷水装置部件图

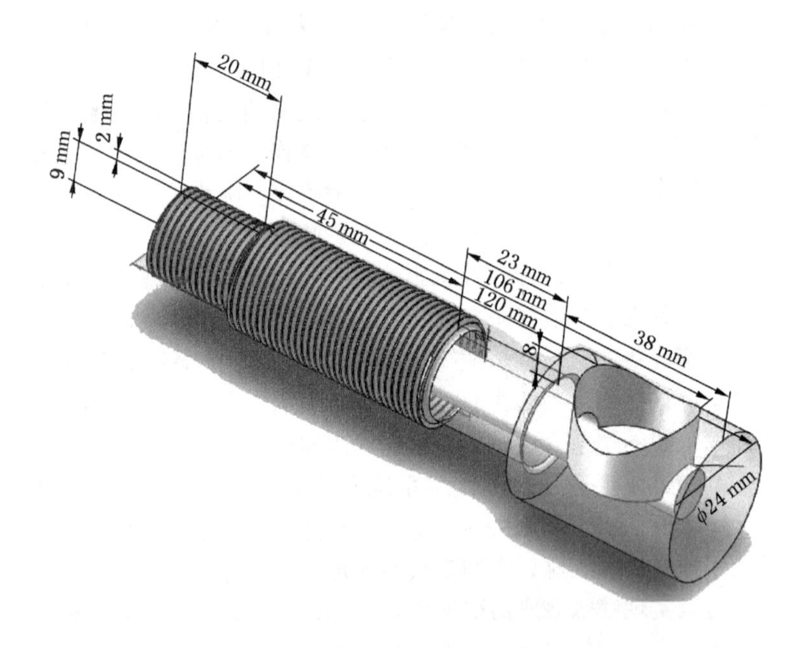

图 5－17　过渡接头

图 5 - 18 喷嘴底座

弧形盖板与引射筒之间由螺钉连接，其弧度与引射筒一致。为防止漏气，弧形盖板与引射筒间用胶垫密封，如图 5 - 19 所示。

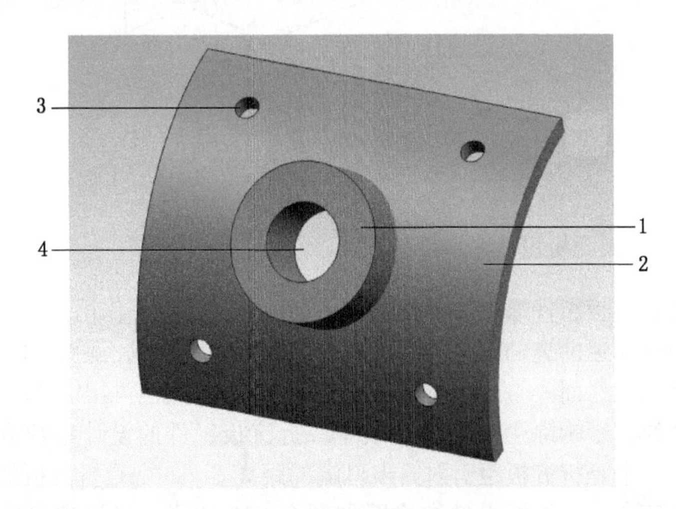

1—胶垫；2—弧形盖板；3—螺孔；4—水管连接孔

图 5 - 19 弧形盖板

胶垫放置在喷水装置的弧形盖板与引射筒的接触部位，起到密封和减少两者碰撞的作用，如图 5－20 所示。

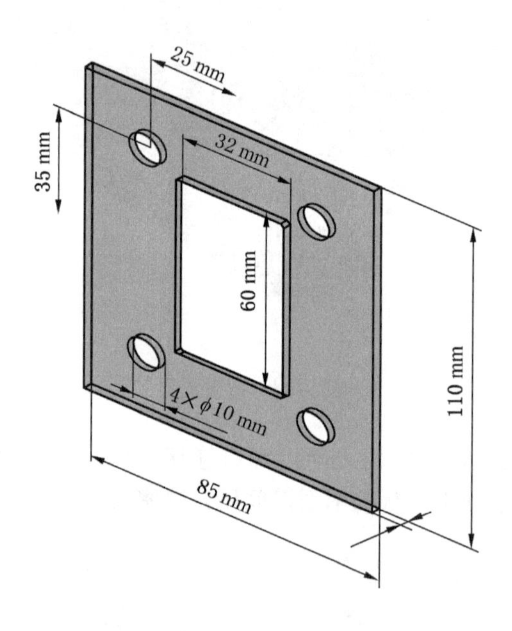

图 5－20　胶垫

5.4.4　折流板设计

折流板组件通过连接板与引射筒连接，其主要作用是使在引射筒内高速前进的含尘水雾改变方向而流入输送机，随输送机运出采煤工作面。与此同时，折流板组件也会在除尘器出水口处产生回风，影响除尘器的除尘效率。折流板组件的设计参数有两个，一个是折流板距引射筒出口端的距离 S，一个是折流板的倾斜角度 ψ，折流板组件结构图如图 5－21 所示。经过实验室试验，折流板的设计取 $S=150$ mm，$\psi=45°$。

折流板组件主要由连接板、挡水板、斜套和螺杆组成。连接

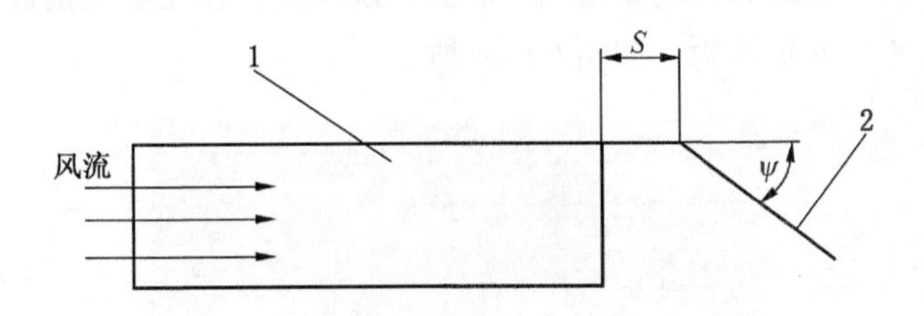

1—引射筒；2—折流板

图5-21 折流板组件结构示意图

板用于连接风筒和折流板。挡水板是折流板组件的主要组成部分，用于改变含尘气流的方向，使含尘废水流到刮板输送机上。斜套用来安装螺杆。螺杆用来加固挡水板。折流板组件的部件图如图5-22所示。

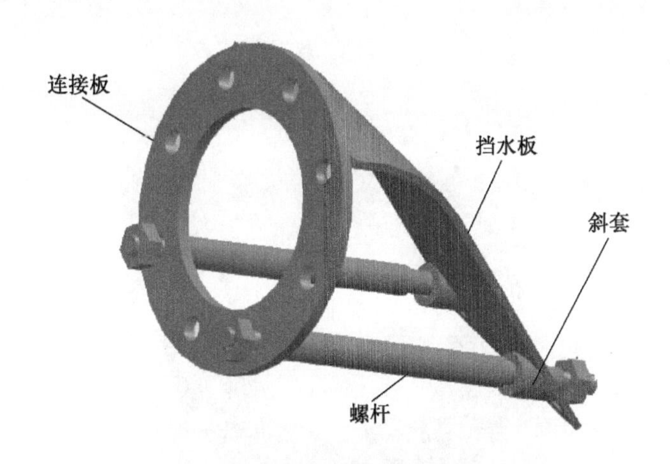

图5-22 折流板组件图

挡水板是折流板组件的主要组成部分，如图5-23所示。挡水板采用弧形板，减小了气、水、尘混合流的三相流阻力，并使其反射后向放煤口粉尘运动，起到二次降尘的作用。连接板用于连接风筒和折流板，如图 5－24 所示。

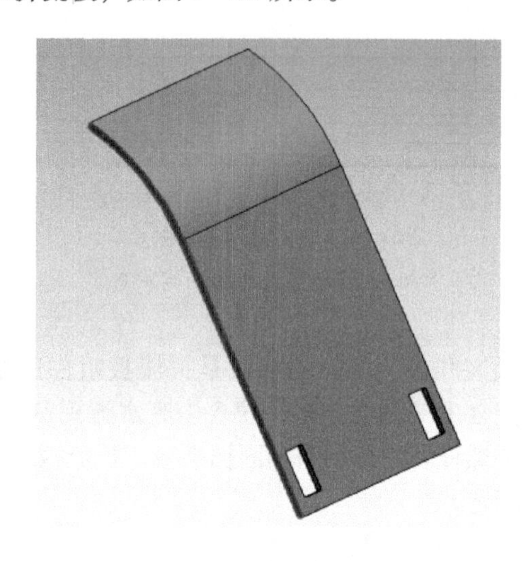

图 5－23　挡水板

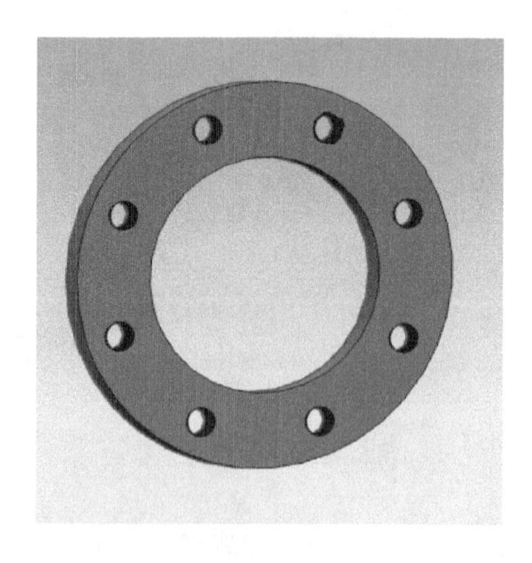

图 5－24　连接板

斜套用来安装螺杆，其斜面角度要与挡水板斜度一致，如图5－25所示。螺杆起支撑连接作用，如图5－26所示。

图5－25 斜套

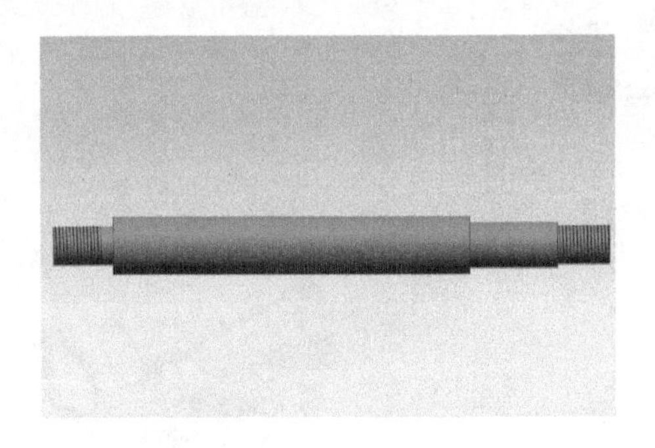

图5－26 螺杆

5.5 引射除尘器装配体三维视图

复杂的装配体由许多零部件所组成，有些零部件在装配后被其他的零件所遮盖，无法通过装配体体现其装配关系，这时需要爆炸视图来表达装配体内部的装配关系，也是一种分解装配体的视图表达形式。通过爆炸视图逐步添加分解步骤，按照设计意图确定移开零件的路径和距离，就可以轻松地生成爆炸视图。这样，装配关系、装拆过程一目了然。利用虚拟装配技术建立引射除尘器的数字化模型后，可以对其进行干涉检查、动态检验各零件设计是否正确、零件之间的间隙是否合理，以便及时发现设计中的错误，避免生产制造中由于设计装配不合理而造成的浪费。装配体的爆炸过程、爆炸视图及解除爆炸过程还可以录制成基于Windows 格式的动画文件模拟装拆过程。

5.5.1 引射除尘器各部件的爆炸视图

（1）引射筒组件爆炸视图，如图 5－27 所示。

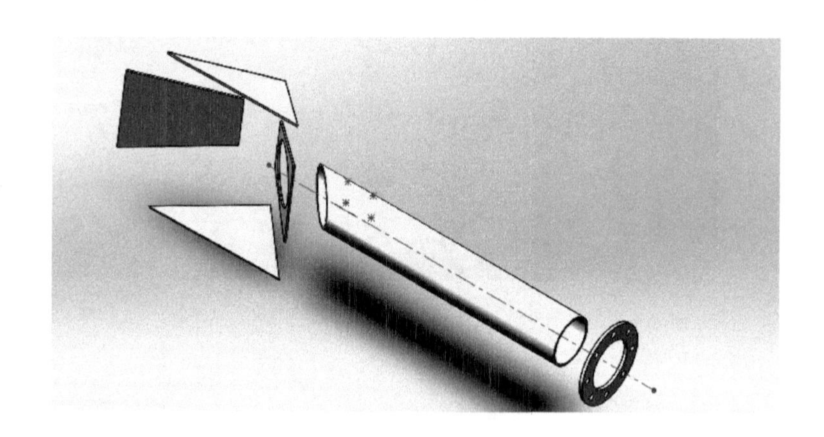

图 5－27 引射筒组件爆炸视图

（2）折流板组件爆炸视图，如图 5－28 所示。

（3）喷水装置爆炸视图，如图 5－29 所示。

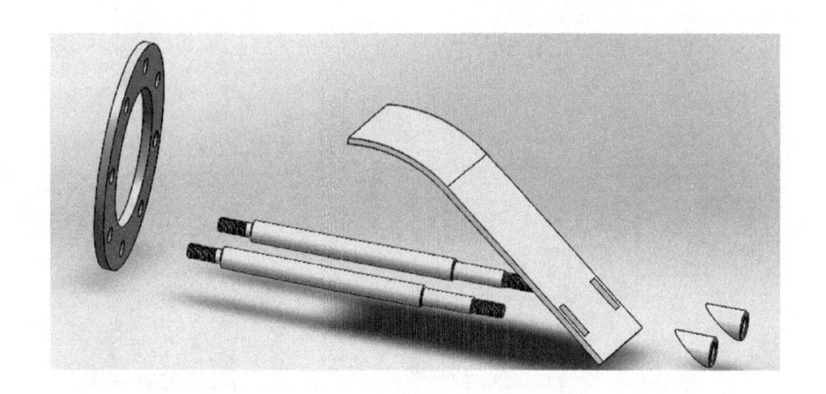

图 5-28 折流板组件爆炸视图

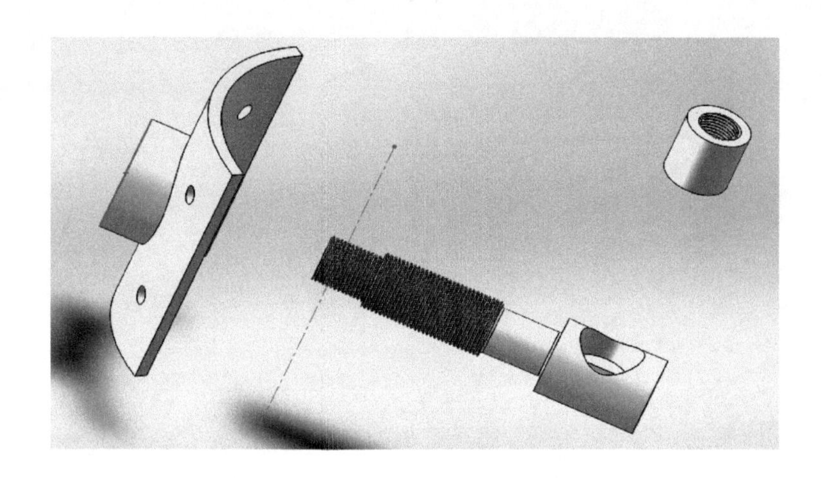

图 5-29 喷水装置爆炸视图

5.5.2 引射除尘器总装配图爆炸视图

引射除尘器总装配图的爆炸视图，如图 5-30 所示。

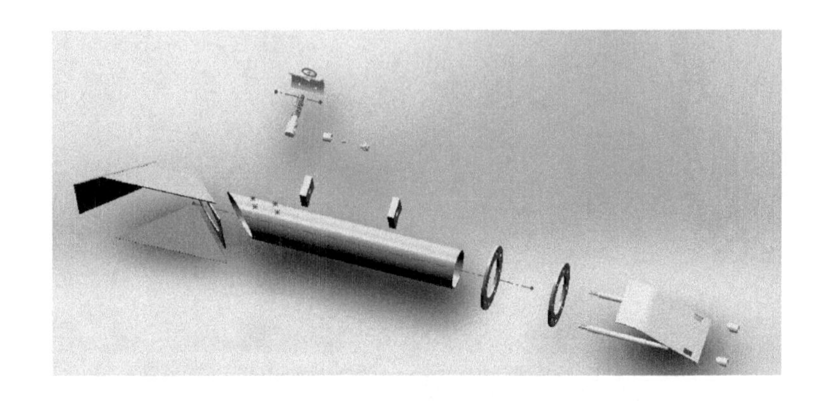

图 5-30　总装配图爆炸视图

6 引射除尘器喷嘴的设计

引射除尘器的除尘效率与吸尘量大小、粉尘捕集能力高低、液气比大小等多项指标有关。吸尘量是单位时间内吸入的含尘气体的体积，影响这一指标的因素有供水压力、喷嘴性能、引射除尘器结构等。影响粉尘捕集能力的主要因素有雾滴的速度和粒径的大小等。液气比是指除尘器消耗水量与吸入的含尘气体量的比值。喷嘴是引射除尘器中喷水装置的关键部件，其性能直接影响引射除尘器的除尘效率。喷嘴的性能包括喷出雾粒的大小、速度及水雾的雾化角等。

6.1 喷嘴的国内外研究现状

喷嘴的种类繁多，根据其用途可分为燃烧器式喷嘴，清洗式喷嘴，射流式喷嘴，雾化式喷嘴等。

燃烧式喷嘴主要用于燃油喷射系统中，高压油经过喷嘴后被雾化，从而与空气充分混合燃烧。如内燃机中的喷油嘴，特殊行业中的喷火嘴，利雅路燃烧器中的 GPH 喷嘴等。Christopher 等对一种内部带有旋流发生器的燃油喷嘴进行了实验研究，如图 6 -1 所示，有导向作用的切片被安装在喷嘴的旋流发生器上，叶片的旋转带动燃油的旋转，从而增加燃油的紊流度，增大雾化效果，以达到燃油的充分燃烧。Christopher 主要分析了切片的几何要素对旋转非预混火焰稳定性的影响。

清洗式喷嘴是利用喷嘴喷出的洗液对污垢表面引起机械的、热的和理化的作用而完成污垢表面的清洗。该类喷嘴通过喷嘴喷出的流体冲击力不能过大，同时要避免对冲洗件表面的损伤，为此通常会在喷嘴的出口处开设一个浅槽，即扇形喷嘴，从而增大

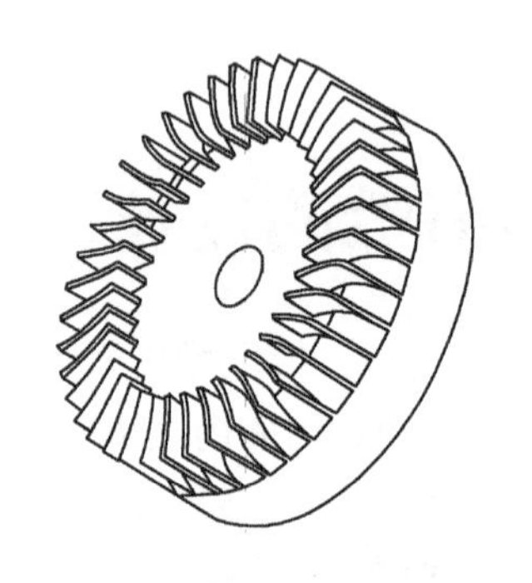

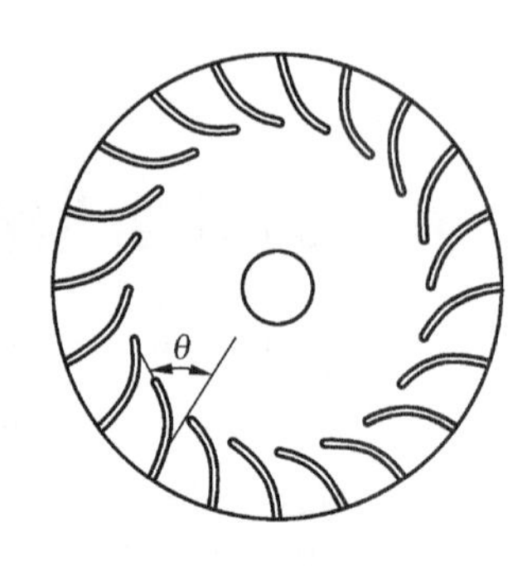

图 6－1 旋流切片结构

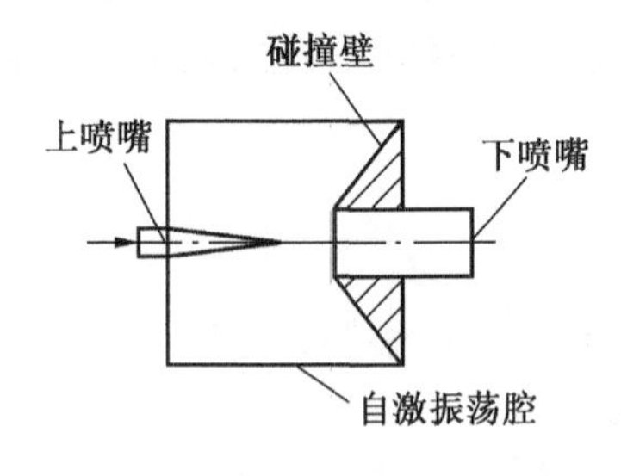

图 6－2 自激脉冲喷嘴

清洗的面积。清洗式喷嘴广泛应用于车用清洗喷枪，变电站绝缘子干冰清洗方形喷嘴、机床用高压自动清洗装置等。李春峰等针对清洗油罐表面污垢而设计了一种自激脉冲喷嘴，如图 6－2 所示，从上游喷嘴进入腔内的连续射流，由于不稳定剪切层的作用，在射流轴心四周形成同轴涡环，即在振荡腔内发生了周期性的气液相变，在这种射流调制作用下，喷嘴出口形成大小周期性变化的射流，即不受外力作用的自激脉冲。

射流式喷嘴注重于出口处的动压力，常用于切割。高压水经过喷嘴从高压低速转化为低压高速冲击物料表面，在水射流的动压力作用、冲击作用以及脉冲负荷引起的疲劳破坏作用下使物料破裂损坏，从而达到切割效果，如高压磨料水射流切割喷嘴、激光水下切割喷嘴等。20 世纪 60 年代末，密西根大学的 R. Franze 从热蒸汽透过小间隙泄漏后具有强大推动力的现象中得到启发，研究了高压水射流对木材的切割作用；1971 年，首台高压水射流切割机在美国问世，可以切割多种非金属软材料；1974 年，美国 Flow 公司研制出第一台水切机产品；1983 年，美国又发明了磨料水射流切割机，其切割能力大幅度提高，可切割各种金属及非金属材料。

雾化式喷嘴是一种能够将液体雾化喷出而均匀悬浮在空气中的装置。根据雾化原理的不同，雾化式喷嘴可分为气动喷嘴、直流喷嘴、旋转喷嘴以及撞击喷嘴等。目前应用比较广泛的雾化式喷嘴主要有三种：气动喷嘴、旋转喷嘴和直流喷嘴。气动喷嘴是靠外加气流（空气或蒸汽）使液体工质在液面上受到高速流动气体作用力的影响而雾化，其雾化质量不随油量而变化，雾化质量较高；直流喷嘴是靠液体工质在较高压差作用下通过喷嘴上的小孔射出而雾化，其结构简单，布置方便，但要求有较大的压差才能达到较细的雾化程度；旋转喷嘴是靠液体工质在压差作用下先不断地旋转，以增加其紊流度，再从喷口喷出雾化。旋转喷嘴根据旋转方式的不同可以分为两大类，一类是液体工质在喷嘴的特殊螺旋结构或能够旋转的结构作用下旋转，如螺旋槽式喷嘴，涡轮叶片式喷嘴等；另一种是设备不转，给液体一个与设备相切的初速度，从而达到旋转的效果，其结构简单，旋转效果好，如旋风式喷嘴、压力旋流喷嘴等。

周新建等对一种带有螺旋槽式的喷嘴进行了研究，如图 6－3 所示，该喷嘴由喷嘴外壳和螺旋导水芯组成，导水芯由两到三股螺旋槽组成，中间有一处直通孔，液体经过导水芯时一部分沿螺旋槽旋转前进，一部分通过中间的通孔而直射前进，几股水在喷嘴外壳出口的前段汇合，形成实心圆锥形水雾，完成液体的第一次雾化后由喷嘴外壳的小孔喷出，与周围的低压低速空气混合，形成复合涡流运动，从而达到液体的第二次雾化。

徐刚等对双进口的旋流喷嘴进行了分析研究，并对旋流式喷嘴的内部流场进行了数值模拟。采用 VOF 模型捕捉气液交界，

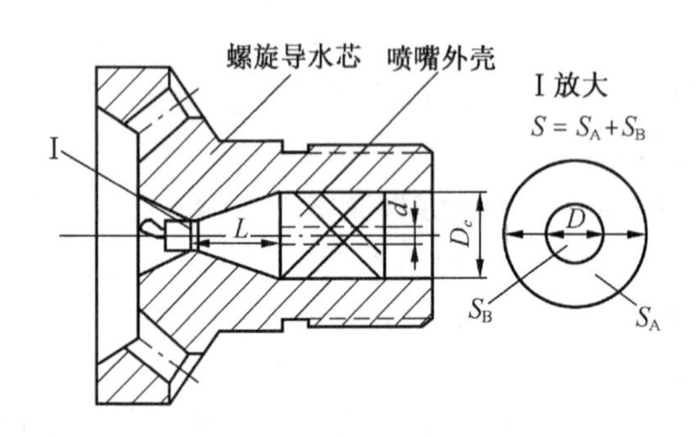

图 6-3　螺旋槽式喷嘴

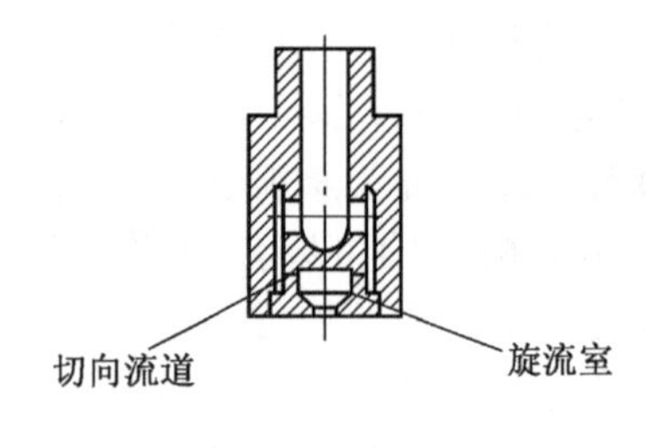

图 6-4　双进口旋流喷嘴

得到喷嘴流量、空气锥深度随喷嘴压力变化的关系曲线，同时分析了喷嘴内部的阻力特性及其影响因素。双进口的旋流喷嘴结构如图 6-4 所示。

Som 和 Datta 等对旋流压力式喷嘴进行了数值模拟，研究了喷嘴的雾化锥角、空气芯等特性参数，并分析喷嘴结构的几何参数对喷嘴流场的影响。该旋流喷嘴的基本结构如图 6-5 所示。

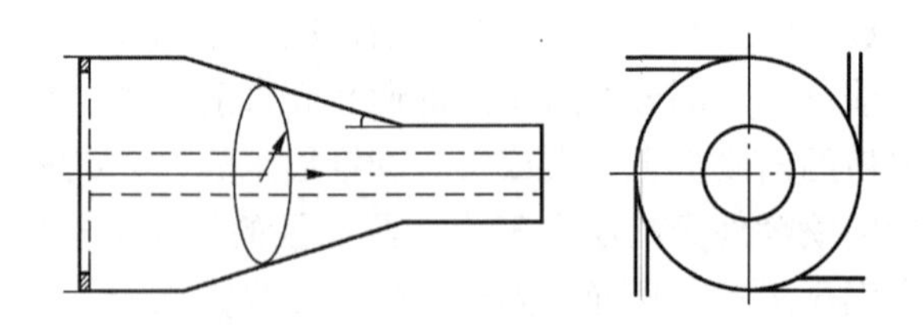

图 6-5　旋流压力式喷嘴

李兆东、王世和等研究的旋流喷嘴，结构简图如图 6－6 所示，其采用的是压力式雾化的原理，液体加压与旋转运动相结合，使高速喷出的液体形成锥形薄片，液膜伸长变薄最后碎裂成为粒径在 1300～3000 μm 范围内的雾滴。此旋流喷嘴已成功应用在湿法烟气脱硫装置中。

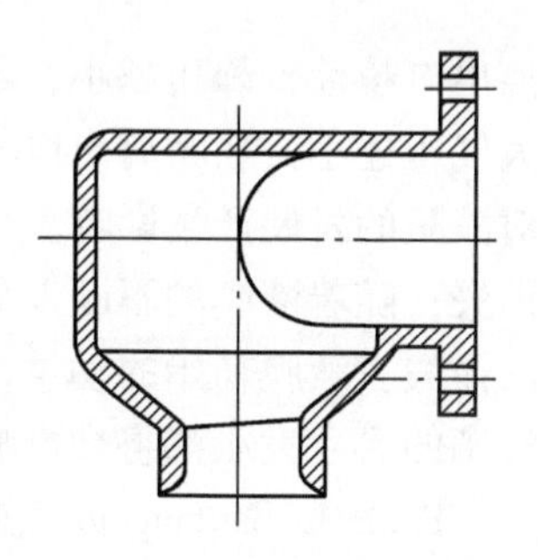

图 6－6　空心旋流喷嘴结构简图

Jeffery C. Thompson 研究了扇形锥和中空锥形喷嘴内部流体的流动和喷嘴的出口液膜，研究结果表明，当喷嘴的入口流量增加时，会使黏性流体的液膜增大，后续由于液膜发展的不稳定性的提高而使液体雾化成雾滴；当流体的黏度增大时，发展比较不稳定的是喷布液膜，发展比较稳定的是喷射液膜，这时，液膜的内部会出现局部的“洞”状结构，这种结构会使液膜的内部出现丝状的射流，当喷嘴的流量大于能够使液膜发生破碎时的临界流量时，如果使流体的弹性增加，就会改变液体的雾化动力，使“洞”的数量增加，而且能够降低液膜破碎所需要的时间，从而达到非常好的雾化效果。

B. Befrui 等完成了燃油喷嘴的破碎过程和喷嘴油膜的研究试验，分别对在同一工作环境和不同的工作环境下不同结构尺寸喷嘴的喷射情况进行了研究，喷嘴模型分别在 1 MPa、10 MPa 和 20 MPa 的工作环境下进行试验，针对喷嘴的内部和外部流场进行了仿真分析，利用 VOF 模型结合大涡流模拟，结果表明，在高压工作情况下，使液膜发生破碎的主要原因是锥形油膜的流体动力特性。

Seoksu Moon 研究了旋转压力式喷嘴对液膜的发展以及其喷射内部的静压和空气流动，研究表明循环涡和压降比较明显的地方是喷嘴的中心处；出口处的压力值远高于大气压，轴向位置距离出口越远，静压越小，导致在距离出口比较远的下游，静压比大气压还小，在距离出口外3 mm处，轴线位置处的气压值开始对液膜的发展产生影响。当气压值小于大气压时，这种影响才会消失；随着液膜的不断发展，不稳定性会增加，液膜发生破碎，从而失去液膜初始的动量，这时，液锥中被吸入的空气运动以及液滴的尺寸大小都将会影响液膜的发展。

Paolo E. Santangelo完成了高压喷嘴实心液锥的特性研究实验，主要研究了喷嘴喷出液滴的尺寸、喷出液体的初始速度、喷出液体的雾化角度以及喷嘴内流量的分布。将喷射液看作是实心喷射，可以得出液体的流量分布以及位于中心处的液体体积值最大的结论，同时，绘制了流量分布曲线图，通过观察可以发现，该曲线图只有一个峰值，当入口的压强增大时，相应的该峰值也会变大。当压强值的大小为60 bar时，能够测出喷嘴出口处的液锥半角大小为33°，如果压强增大，会导致液锥角的值减小。

Moussa Tembely基于一般原则和最大熵原则推导了一种喷嘴的模型公式，对喷嘴的液滴尺寸进行了研究，该模型利用多个参数的伽马分布和能量质量守恒定律，适用于多种环境下的喷嘴设计。

张弛对由双旋流杯式和直射式喷嘴共同组成的空气雾化组合式喷嘴进行了研究，其结构如图6－7所示，着重研究了该组合式喷嘴的雾化特性，研究结果表明：当ALR和$\Delta P/P$变大时，相应的SMD会减小，导致分布指数N变小，这时存在一个重要的影响因素，关键气液比——$ALRcr$，当关键气液比小于实际气液比时，SMD和N变化很小，这与Lefebvre总结的一个理论相符合，即当气液的比为某一数值以后，油膜发展的稳定性变小，气流会在短时间内使得油膜发生破碎及雾化，最后使油膜变化趋于稳定。

张建平主要研究了旋流雾化喷嘴在不同的供水压力的情况下，喷嘴的广角和流量数据，喷嘴结构如图6－8所示。首先运

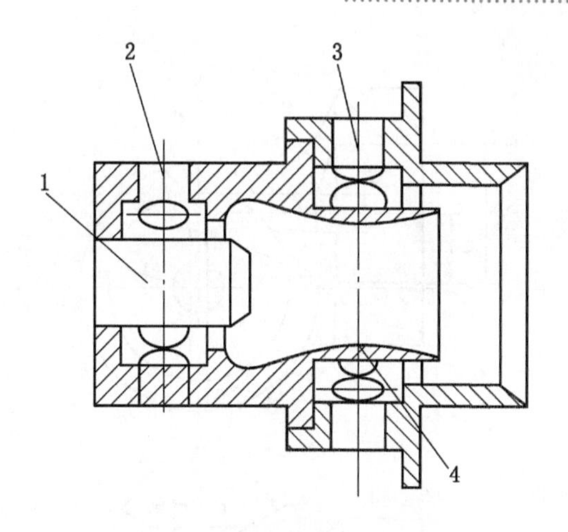

1—直射式喷嘴；2—内旋流器；3—外旋流器；4—文氏管

图6－7 双旋流式空气雾化喷嘴结构图

用 Matlab 软件，拟合出压力—流量及压力—广角曲线，然后为了更加深入的了解喷嘴内部的流体的特点及其工作情况，针对喷嘴的内部流场进行了数值模拟分析，得出喷嘴流量、广角及供水压力三者相互之间的联系，总结出了煤矿井下机载湿式除尘器的所用喷嘴选择标准，根据相应的实验数据，运用 Matlab 软件拟合出压力—流量及压力—广角曲线，为具有差异工况下喷嘴的选择提供了参考依据。

李明忠针对高压雾化喷嘴存在的喷嘴出水口的堵塞、寿命短以及耗水量大的问题，设计了一种新型喷嘴的结构方案，即利用导流孔达到螺旋水流混流，并总结出与喷嘴的雾化效果有着紧密联系的参数：喷嘴出口处的直径大小、喷嘴腔体的长径比以及喷嘴入口处水流的入射角度，利用仿真软件对雾化效果的影响进行了模拟仿真，得出喷嘴入口处水流的入射角度与喷嘴出口处水流的出射速度和出射角度的关系和喷嘴腔体的长径比与喷嘴的雾化效果的联系。

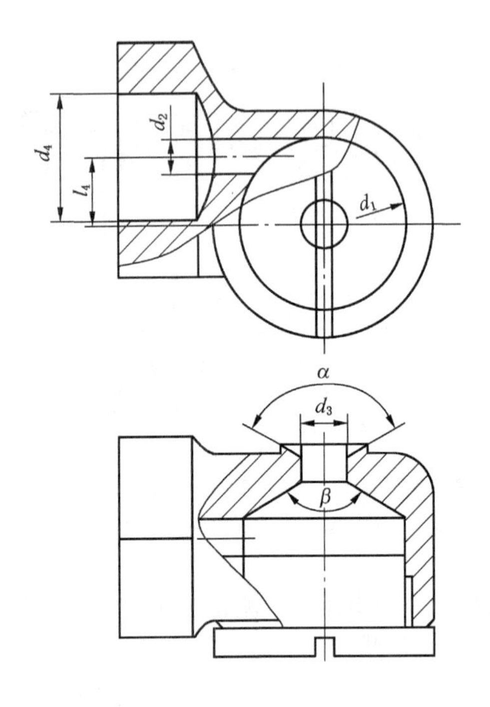

图 6－8　旋流式雾化喷嘴的示意图

郝磊为了建立液力式雾化喷嘴内部流场与结构尺寸的关系，运用 ANSYS 软件进行了仿真分析，其结构如图 6－9 所示，研究结果显示：锥形面作为喷嘴结构的重要特征，与喷嘴内部液体的速度有着非常紧密的联系，在一定的范围内，如果喷嘴内部锥形面的角度变大，则会导致喷嘴内部流体的轴向的速度变大，当流体的轴向的速度增加到最大数值时，此时锥形面锥角的度数为 45°，此后，若锥角的度数接着变大，流体的轴向速度几乎不变；当增加喷嘴的入口数量时，喷嘴内部流体的轴向速度以及喷嘴出口的流量将都会增加，所设计的六个入口的喷嘴二维结构如图 6－10 所示。

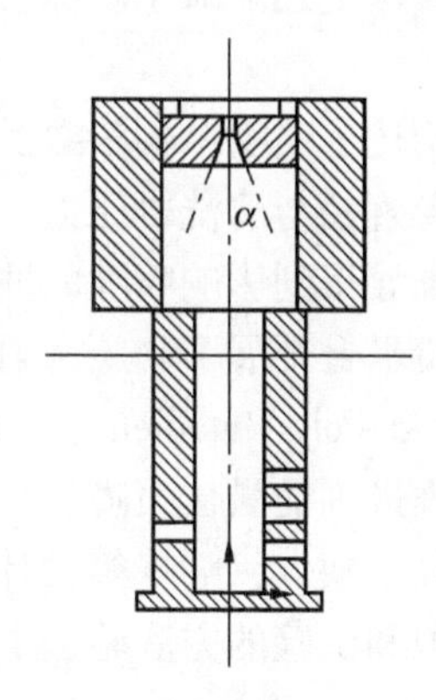

图6-9 液力式雾化喷嘴结构图

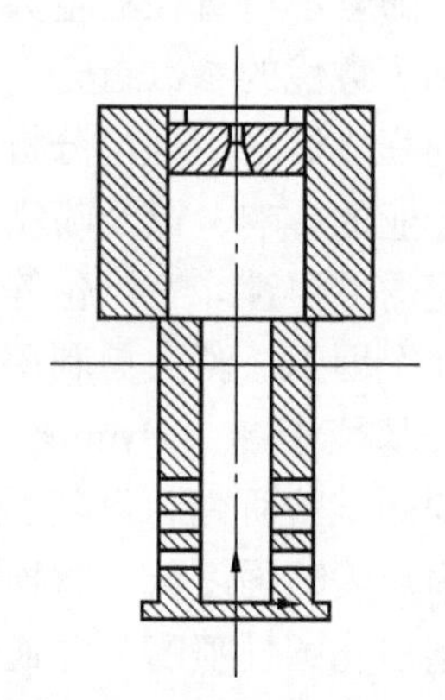

图6-10 六个入口喷嘴结构图

邹全乐研究了圆锥收缩型喷嘴，如图6-11所示，其主要几何参数包括：喷嘴的收缩角 α、入口直径 D、出口直径 d、喷嘴长度 L 及喷嘴出口圆柱段长度 S 等。利用ANSYS软件建立高压水射流喷嘴内部流场的三维数学模型。采用标准 $k-\varepsilon$ 模型模拟了喷嘴的内部流场，并分析了喷嘴参数对流场速度分布及出口速度的影响。结果表明：随着收缩角的增大，出口轴心速度先增加后减小。出口圆柱段的长度在一定范围内对轴心出口速度影响不

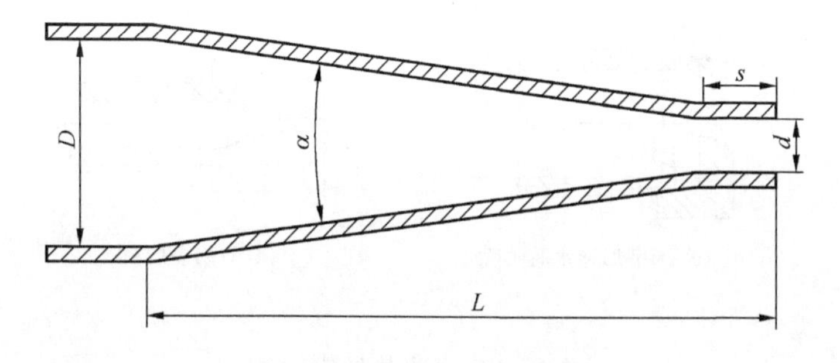

图6-11 圆锥收缩型喷嘴

显著。随着出口直径的增大，轴心出口速度逐渐减小。综合分析后得到了最优的参数组合。

刘庭成等采用理论分析方法定性论述了喷嘴结构参数及其对清洗作业的影响，以及喷嘴直径、胶管直径与清洗机压力、流量相匹配的重要性。王洪伦等通过公式推导得到影响喷嘴的冲击压力的几个因素。蒋大勇利用自研的试验平台开展了高压水射流切割端羟基聚丁烯（Hydroxyl－Terminated Poly Butadiene，HTPB）推进剂的试验研究，得到了适合切割推进剂的最佳喷嘴直径。为解决扇形喷嘴强度低、磨损快、能耗高的缺点，喻峰等设计了一种新型多孔圆柱喷嘴，并通过数值模拟和试验的方法验证了该喷嘴在钢材除鳞中良好的性能。

某煤矿应用的压力转化型雾化喷嘴的类型，如图 6－12 所示。其主要技术特征见表 6－1。

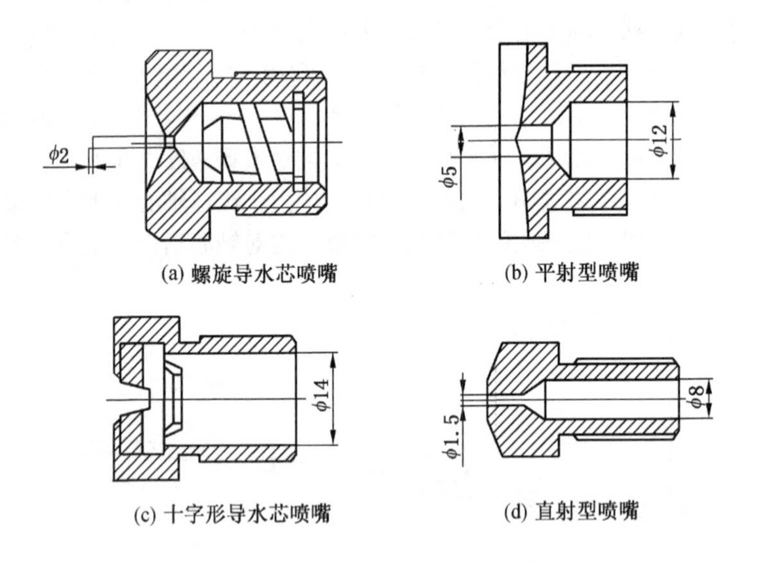

图 6－12　压力转化型喷嘴

表 6-1 压力转化型雾化喷嘴主要技术特征

	类 型	雾化原理	水雾形状	雾化质量
a	螺旋导水芯喷嘴	压力-离心	空心圆锥形	分布均匀，雾粒细
b	平射型喷嘴	压力-收缩	扁锥形	雾粒度与分布不均匀
c	十字形导水芯喷嘴	压力-冲击	扁锥形	雾粒度与分布不均匀
d	直射型喷嘴	压力-收缩	一束水	扩散和雾化都差

根据引射涡流原理，既能喷雾又能引风的喷嘴称为引射喷嘴。这类型喷嘴由带有引射罩的喷嘴外壳和双头（三头）螺旋导水芯组成。导水芯的中心有一个直通孔，当压力水通过导水芯时，形成三股（四股）水流，其中二股（三股）沿螺旋沟槽旋转前进，另一股沿中心孔直线前进，三股（四股）水在喷嘴出口处汇合，将水射流的压力能转化成高速水滴喷出实心圆锥形水雾。在水的一次雾化过程中，当水雾经过喷嘴壳引射罩 60°（90°）锥角时，形成密封区。水雾将喷嘴出口后的空气带走，形成负压，从引射的 6 个通孔中吸入喷嘴周围的含尘空气，造成引射风流（风量是喷嘴耗水量的 5～10 倍）。高速的水滴雾流与低速的引射风流混合形成复杂的涡流运动，从而完成对水雾的二次雾化过程，进一步提高了雾化质量。因此，这种喷嘴又称为二次雾化型喷嘴。在实际设计过程中，这种喷水流段各部位的尺寸和加工状况对雾化质量影响较大。图 6-13 所示为 PUN 型引射喷嘴结构图。

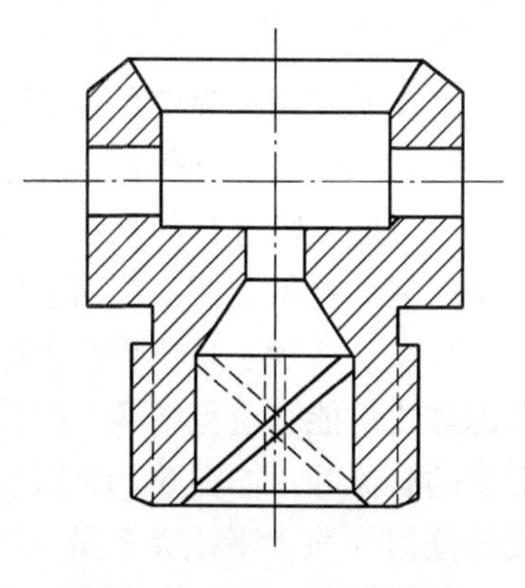

图 6-13 PUN 型引射喷嘴结构图

表 6-2 所示为 PUN 型引射喷嘴的主要技术参数。喷嘴的

主要几何参数包括喷嘴的收缩角 α，入口和出口过渡形状及圆角的曲率半径、出口直径。出口段有圆柱段的话，喷嘴的参数还包括圆柱段的长度与喷嘴出口直径的比值，以及喷嘴的长度及内表面粗糙度等。喷嘴出口直径主要与压力和流量有关。

表 6-2 PUN 引射喷嘴主要技术参数

	项目	单位	主要技术参数				
	水压	MPa	0.5	1.0	1.5	2.0	2.5
喷嘴直径 ϕ2.5 mm	耗水量扩散角	L/min	6.7	9.5	11.6	12.3	14.7
	扩散角	(°)	60°	60°	60°	60°	60°
	有效射程	M	2.5	3.0	4.0	5.0	5.5
喷嘴直径 ϕ3.5 mm	耗水量	L/min	10.6	16	19	22	24
	扩散角	(°)	60°	60°	60°	60°	60°
	有效射程	M	2.5	4.0	5.5	6.0	6.5
喷嘴直径 ϕ4.5 mm	耗水量	L/min	17	24	30	332	37
	扩散角	(°)	60°	60°	60°	60°	60°
	有效射程	M	4.0	5.5	6.0	7.0	7.5

某煤矿使用的喷嘴结构形状如图 6-14 所示。它由喷嘴体 1、喷嘴芯 2 和芯体压盖 3 组成，喷嘴芯与喷嘴体之间是间隙配合，一方面喷嘴芯容易从喷嘴体中取出，另一方面也为喷嘴发生堵塞时清理提供方便，从而能够延长喷嘴的使用寿命，适应恶劣工作环境。喷嘴芯是喷嘴优劣的关键部件，其形状结构设计主要考虑雾化性能和避免堵塞，故采用双头导流折返形状，类似于 X 形状的旋流叶片如图 6-15 所示。压力水进入喷嘴后沿喷嘴芯形成的倾斜（与水平线夹角呈 40°）流道流动，到边缘后旋转折返回来形成旋转流动。每个叶片上又开一个方形槽口，使两股水流相互作用，加大紊流程度，最后在喷口前汇合产生更大的紊动。

水流在被喷出前经过如此剧烈的脉动，横向速度能量剧增，因而喷射出后雾化均匀、分散度好、雾粒细微，对沉降粉尘十分有利。

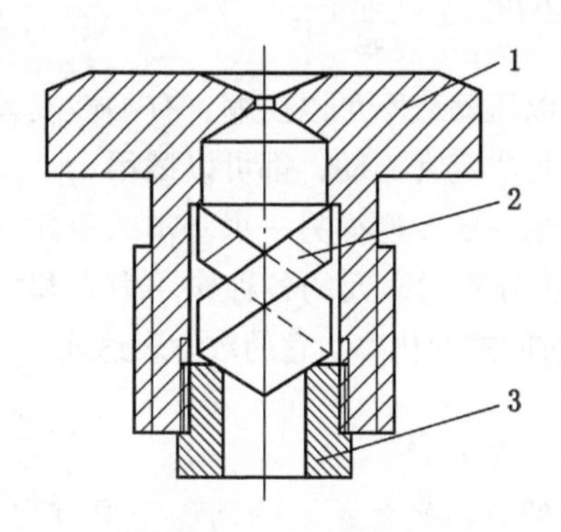

1—喷嘴体；2—喷嘴芯；3—芯体压盖

图 6-14 喷嘴结构图

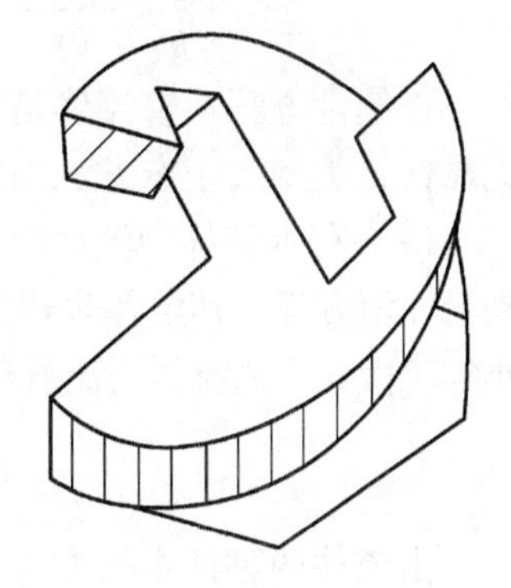

图 6-15 喷嘴芯图

6.2 喷嘴设计理论基础

对喷嘴的研究要满足基本方程：质量守恒方程、动量守恒方程和能量方程。

(1) 质量守恒方程，即连续性方程。在流场中任意的选取一个表面封闭的几何区域，把这个区域命名为控制体，它的表面即为控制面，由此可以得到单位时间内，控制体质量的增加等于单位的时间内由控制面流经控制体的流体的质量的差值，其积分形式为

$$\frac{\partial}{\partial t}\iiint_V \rho dxdydz + \iint_A \rho dA = 0 \tag{6-1}$$

式中 V——控制体；

A——控制面。

第一项表示控制体内部质量的增量，第二项表示通过控制面

的净通量。

上式在直角坐标系中的微分形式如下：

$$\frac{\partial \rho}{\partial t}+\frac{\partial(\rho u)}{\partial x}+\frac{\partial(\rho \nu)}{\partial x}+\frac{\partial(\rho w)}{\partial z}=0 \tag{6-2}$$

连续性方程不管流体是可以压缩或不可以压缩，有黏性或者无黏性，类型属于定常流动还是非定常流动，都可以试用。

（2）任何流体的流动问题也一定要遵循另一个基本的定律即动量守恒方程。其定律表述为：外界对微元的各种作用力之和大小等于微元中的流体的流量对时间的变化率，它的数学表达式：

$$\delta_F=\delta_m\frac{d\nu}{dt} \tag{6-3}$$

由流体的黏性本构方程得到直角坐标系下的动量守恒方程，即

$$\rho\frac{d\mu}{dt}=\rho F_x-\frac{\partial p}{\partial x}+\frac{\partial}{\partial x}\left(\mu\frac{\partial\mu}{\partial x}\right)+\frac{\partial}{\partial y}\left(\mu\frac{\partial\mu}{\partial y}\right)+\frac{\partial}{\partial z}\left(\mu\frac{\partial\mu}{\partial z}\right)+\frac{\partial}{\partial x}\left[\frac{\mu}{3}\left(\frac{\partial\mu}{\partial x}+\frac{\partial\nu}{\partial y}+\frac{\partial w}{\partial z}\right)\right] \tag{6-4}$$

$$\rho\frac{d\nu}{dt}=\rho F_y-\frac{\partial p}{\partial y}+\frac{\partial}{\partial x}\left(\mu\frac{\partial\mu}{\partial x}\right)+\frac{\partial}{\partial y}\left(\mu\frac{\partial\mu}{\partial y}\right)+\frac{\partial}{\partial z}\left(\mu\frac{\partial\mu}{\partial z}\right)+\frac{\partial}{\partial y}\left[\frac{\mu}{3}\left(\frac{\partial\mu}{\partial x}+\frac{\partial\nu}{\partial y}+\frac{\partial w}{\partial z}\right)\right] \tag{6-5}$$

$$\rho\frac{dw}{dt}=\rho F_z-\frac{\partial p}{\partial z}+\frac{\partial}{\partial x}\left(\mu\frac{\partial\mu}{\partial x}\right)+\frac{\partial}{\partial y}\left(\mu\frac{\partial\mu}{\partial y}\right)+\frac{\partial}{\partial z}\left(\mu\frac{\partial\mu}{\partial z}\right)+\frac{\partial}{\partial z}\left[\frac{\mu}{3}\left(\frac{\partial\mu}{\partial x}+\frac{\partial\nu}{\partial y}+\frac{\partial w}{\partial z}\right)\right] \tag{6-6}$$

N－S 方程比较准确地描述了实际的流动，黏性流体的流动分析可归结为对此方程的求解。N－S 方程有 3 个分式，加上连续性方程，共 4 个方程，有 4 个未知数 μ、ν、w、p，方程组是封闭的，加上适当的边界条件和初始条件原则上可以求解。但由于 N－S 方程存在非线性项，求解一般解析式非常困难，只有在边界条件比较简

单的情况下,才能求得解析解。

(3)描述固体内部温度分布的控制方程为导热方程,直角坐标系下三维非稳态导热微分方程的一般形式:

$$\rho c \frac{\partial t}{\partial \tau}=\frac{\partial}{\partial x}\left(\lambda \frac{\partial t}{\partial x}\right)+\frac{\partial}{\partial y}\left(\lambda \frac{\partial t}{\partial y}\right)+\frac{\partial}{\partial z}\left(\lambda \frac{\partial t}{\partial z}\right)+\Phi \qquad (6-7)$$

式中 τ——微元体的温度,℃;

ρ——密度, kg/m^3;

c——比热容, J/(kg · ℃);

Φ——单位时间单位体积的内热源生成热, W/m;

t——时间, s;

λ——导热系数, W/(m · K)。

如果将导热系数看作常数, 在无内热源且稳态的情况下, 上式可化简为拉普拉斯 (Laplace) 方程:

$$\frac{\partial^2 t}{\partial x^2}+\frac{\partial^2 t}{\partial y^2}+\frac{\partial^2 t}{\partial z^2}=0 \qquad (6-8)$$

在满足上述三个基本方程的情况下, 液体的雾化分为初次雾化和二次雾化两个过程: 液体从喷嘴的入口进入喷嘴以后, 由于喷嘴内部结构特征, 使得流入喷嘴的液体受到外部气体的扰动和内部湍流的作用, 同时, 液体表面还存在表面张力, 液体在这些作用下发展变得极其的不稳定, 减弱了射流的湍流程度。液体的连续射流在多种综合因素下发生破裂, 变成液线、液环或者较大的雾滴, 实现液体的初次雾化。液体与周围介质气体存在的速度差, 当其速度差很大时就导致了喷雾的二次雾化, 与雾化粒径相比, 液体初次雾化的雾滴的直径比较大, 因此初次雾化后液滴的直径不能满足要求, 还需要二次雾化, 获得直径更小的液滴。

6.3 液态工质的雾化机理

液体的雾化是指液体通过喷嘴或用高速气流使液体分散成微小液滴的操作, 它是液体自身内力与外界工质相互作用的结果。

液体的雾化主要经历变形、分裂、破碎的三个过程，但是要对雾化过程及其机理作出严格而准确的说明，在目前还是非常困难的，由于流体内部介质特性的不确定性，两相流体动力学特性的复杂性等，使得液体雾化的具体过程非常复杂，所以液体雾化的理论研究仍需要不断地深入和探索。

6.3.1 雾化机理学说

20 世纪 30 年代以来，各国研究学者提出了很多关于雾化机理的解释，下面列举几种雾化机理学说：

（1）空气动力干扰学说认为，由于射流与周围气体间的气动干扰作用，使射流表面产生不稳定波动。随着速度的增加，不稳定波所作用的表面长度越来越短，直至微米量级，射流即散布成雾状。

（2）压力振荡学说是观察到液体供给系统压力振荡对雾化过程有一定影响，由此认为一般喷射系统中普遍存在压力振荡，所以认为它对雾化起很重要的作用。

（3）湍流扰动学说认为射流雾化过程发生在喷嘴内部，而流体本身的湍流度很可能起着重要的作用。也有学者认为，喷嘴内作湍流运动的流体，其径向分速度会在喷嘴出口处立即引起扰动，从而产生雾化。

6.3.2 液态工质雾化过程

液体的雾化分为初次雾化和二次雾化两个过程：流入喷嘴的液体经过喷嘴内部结构的作用从喷嘴射出，受到内部湍流作用以及外部气体的扰动，加之液体表面的张力作用，液体表面在前者的作用下变得不稳定，而后者以及液体本身具有的黏度的作用则是促使其变得稳定，减弱射流的湍流程度。连续射流在多种因素综合作用的影响下，发生碎裂、变形为较大的液滴、液环或者液线的初次雾化现象。液体与周围介质气体存在的速度差，当其速度差很大时就导致了喷雾的二次雾化，液体初次雾化的液滴直径相对雾化粒径还是相当大的，所以液体通常在初次雾化之后还要发生二次雾化，即经过初次雾化后的液滴再碎裂、变形成为液滴直径更小的液滴。

6.3.3 液态工质雾化器原理

由于喷嘴的结构不同，其雾化过程也是有些差异的，下面介绍两种常见的液态工质雾化器原理。

1. 直射喷嘴雾化过程

图 6－16 给出了直射式喷嘴雾化过程。当液体压力升高，喷射速度增大，在液体表面张力、黏性及空气阻力相互作用下，液体由滴落、平滑流、波状流向喷雾流过渡，图中同时给出了喷射速度（即流量）增大时，在上述液流状态时液柱长度的变化状态。从迁移流到波状流过渡到转折点的雷诺数 $Re = 1800 \sim 2400$，与液流的层流和紊流的转折点是一致的。一般可用雷诺数的大小来判断液流的紊流度和雾化程度。

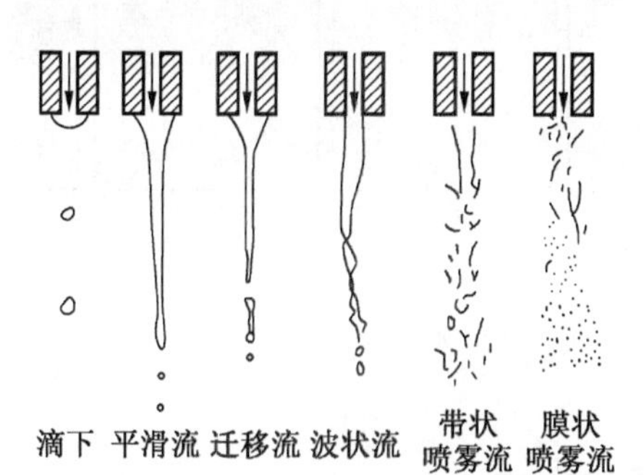

图 6－16　直射式压力雾化状况示意图

2. 离心喷嘴液膜射流雾化理论

图 6－17 给出的是旋流式压力雾化喷嘴（离心喷嘴）在不

同液体压力下的雾化过程。在低压喷射速度下，主要是表面张力和惯性力起作用。随着压力增大，喷射速度增加，液膜在惯性力作用下而失稳，破裂成丝或带状，与空气相对运动剧烈，表面张力及黏性力的作用减弱，液膜长度缩短并扭曲，在气动力作用下破碎成为小雾滴。在更高压力下，液体射流速度更大，液膜离开喷口即被雾化。液体的表面张力愈小，则液膜可以在较薄时破裂，形成细小丝、带以及聚缩成为细小液滴。而黏性则有阻碍破碎的作用，黏稠度越大，越不易雾化成滴，只能形成细丝，甚至是片或块状。且黏度低时，旋流室内切向速度和径向速度增大，雾化质量变好。在雾化中期，表面张力起主要作用，即影响液膜分裂。而在雾化后期，黏性力、表面张力、液滴惯性力和空气阻力相互作用，使液滴进一步分裂。

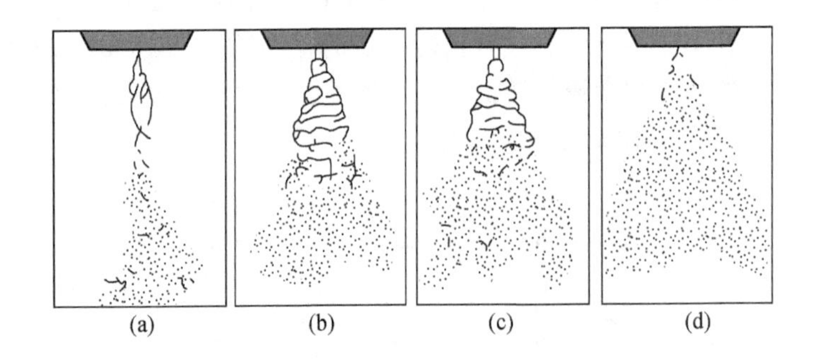

图 6-17　离心喷嘴在不同供油压力下的雾化状况

6.4　喷嘴雾化方式

6.4.1　压力雾化喷嘴

当液体在高压的作用下，以很高的速度喷射出喷嘴而进入到静止或低速气流中，由于喷嘴内部流道结构不同，其雾化过程也不同，下面介绍不同结构作用下的压力雾化喷嘴。

1. 直射喷头雾化过程

液体经过加压后获得较大的动能，经过小孔后液体将以很大的速度喷射出去，在液体表面张力、黏性及空气阻力相互作用下，液体由滴落、平滑流、波状流向喷雾流逐渐转变。

2. 离心喷头液膜射流雾化过程

在液体压力较低的情况下，液体所获得的速度很小，这时主要是液体表面张力和惯性力起作用，虽然液体的表面张力比惯性力大，液膜收缩成液泡，但在气动力作用下仍破碎成大液滴。随着压力增大，喷射速度增加，液膜在惯性力作用下而变得很不稳定，破碎成丝或带状，与空气相对运动产生强烈的振动，液体自身的表面张力及黏性力的作用逐渐减弱，液膜长度变短、形状发生扭曲，在气动力的作用下破碎为小液滴，在更高的压力作用下液体射流速度更大，液膜离开喷口即被雾化。

在研究离心式喷嘴雾化过程中，发现液体的表面张力越小，则液膜越容易发生破碎形成小丝、小带，最后形成更细小的液滴。液体的黏性对液滴破碎起到阻碍的作用。液体的黏稠度越高，液体越不容易雾化成小液滴，只能形成丝甚至是片状或块状，同时液体的黏性对液体在旋流室的旋流张度也会产生一定的影响。当黏度低时，旋流室的内部结构在切向和径向两个方向上给液体的作用力增大，使液滴的雾化质量变好，在雾化中期表面张力起主要作用，即影响液膜分裂，而在雾化后期，黏性力、表面张力、油滴惯性力和空气阻力相互作用，可以使液滴进一步分裂。

6.4.2 旋转式雾化喷头

旋转式喷头有高速旋转件。当液体供向高速旋转件中心时，液体向旋转件周边或孔中甩出，从而借助离心力和气动力将液体雾化。当液体流量很小，离心力大于液体表面张力时，转盘边缘抛出的少量大液滴，此时直接分裂成液滴。当流量和转速增大，液体被拉成数量较多的丝状射流，液状流极不稳定，液体离开盘缘一定距离后由于与周围的空气发生摩擦作用而分离成小液滴。这就是丝状割裂成液滴。当转速和流量再增大，液丝连成薄膜，随着液膜向外扩展成更薄的液膜，并以很高的速度与周围的空气发生摩擦而分离雾化，由薄膜状分裂成液滴。

6.4.3 介质雾化式喷头

介质雾化喷嘴根据不同的工作介质又可分为蒸汽雾化和空气雾化，根据雾化方式的不同又分为气动雾化和气泡雾化。借助空气或蒸汽等流体的高速同轴或垂直方向的高速射流，对液态工作介质的液柱或液膜进行雾化的喷嘴，统称为双流体雾化喷嘴也称为气动喷嘴。空气雾化喷嘴的雾化原理与压力雾化过程相似，只是加强了周围气流的流动对液体的作用。这种喷嘴主要是利用很高的速度，一般以每秒数十米甚至超声速的空气或蒸汽，与低速液体的液柱或液膜相互接触产生振动、摩擦，使液体破碎为细小液滴，即空气对液体的摩擦作用力大于液体的内力使液体破碎形成液膜。

6.5 喷嘴的基本结构

水射流喷嘴按用途大致分为 3 类：

（1）用于切割的喷嘴。它的结构简图如图 6－18 所示。影响这种喷嘴性能的参数主要是喷嘴出口处的锥角和喷嘴出口段的长度。

（2）用于清洗的喷嘴。其结构与切割用喷嘴基本相同，只是要求冲击力不能过大，以保证清洗对象不受损伤。有时为增大清洗面积，还在普通喷嘴出口处开个浅槽，这就是所谓的扇形喷嘴，结构简图如图 6－19 所示。水流出时，沿槽的方向展开为扇形，以增大清洗面积。

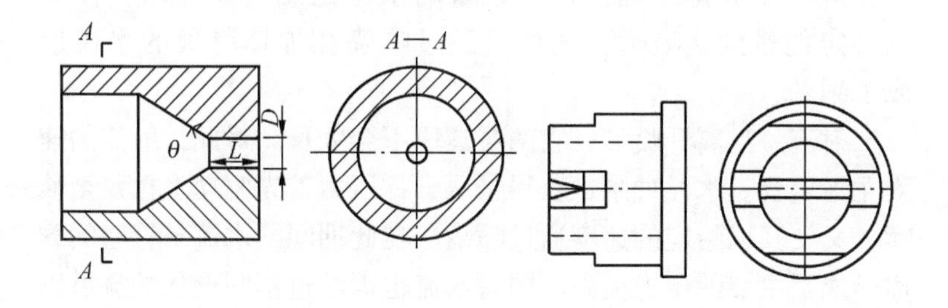

图6－18 切割用喷嘴结构简图　　图6－19 清洗用喷嘴结构简图

（3）着重雾化效果的喷嘴。这种喷嘴多用于喷涂、降尘等。例如：螺旋流体雾化喷嘴，其结构图如图6－20所示，旋流室导流沟的轴线与平面成一定角度，目的是增加旋流体的紊流度，经喷嘴喷射后水雾呈实心锥伞状。

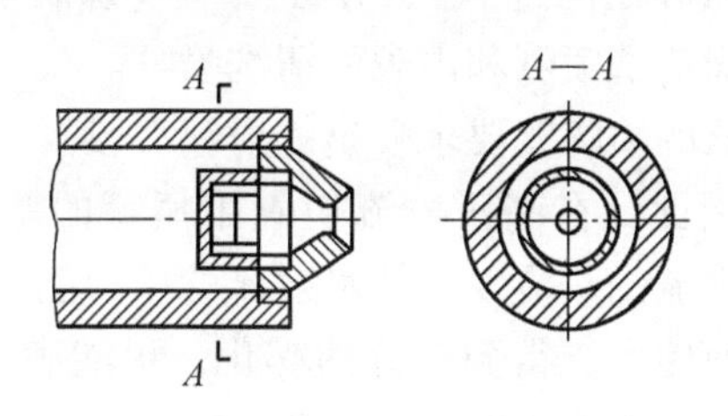

图6－20 螺旋流体雾化喷嘴

从结构看，喷嘴又分为有旋芯和无旋芯两种型式。雾化用喷嘴均有旋芯，切割用喷嘴一般无旋芯。旋芯是雾化的关键，旋芯的旋转增加水流的紊流度，把部分水射流的压力能转化成细微水滴的速度能，使水流得以雾化。

水射流是由喷嘴流出形成的不同形状的高速水流束，射流的流速取决于喷嘴出口截面前后的压力降。水射流是能量转变与应用的最简单的一种形式。通常，动力驱动泵通过对水完成一个吸排过程，将一定量的水泵送到高压管路，使其以一定能量到达喷嘴。这样，经过喷嘴孔加速凝聚的水就形成了射流。

射流一旦离开喷嘴，它的凝聚段不会太长。对此，射流的速度尤为重要。水经过泵送获得了压力，压力首先驱动水自泵至喷嘴，又使其以给定的速度通过喷嘴。在此期间，水流与管壁的摩擦形成了主要的压力损失，同时水流也因经过不同形状的流道以其湍流的形式形成压力损失。

水射流喷嘴的主要分类：按形状区分有圆柱喷嘴、扇形喷嘴、异形喷嘴；按孔数区分有单孔喷嘴和多孔喷嘴；按压力形式可分为低压喷嘴、高压喷嘴和超高压喷嘴等。低压喷嘴又可分为空气辅助雾化喷嘴、扇形喷嘴（轴向扇形喷嘴和导向板式扇形喷嘴）、空心锥形喷嘴（分为轴向进入和切向进入）、实心锥形喷嘴（轴向进入和切向进入）、异性喷嘴（螺旋喷嘴）；高压喷嘴又分为外表面清洗喷嘴和内表面清洗喷嘴。

引射除尘器的喷嘴既要求喷出的射流有较高的速度，又要求雾化效果好。因此，在高压射流切割用喷嘴的基础上，加上旋芯，可以增加水流的紊流度，把水射流的压力能转化为细微水滴的速度能，从而使水流得到充分的雾化，更能满足除尘的要求。通过无旋芯喷嘴和有旋芯喷嘴的对比试验，发现有旋芯喷嘴在吸风量和雾化效果上明显好于无旋芯喷嘴。所以引射除尘器喷嘴选用了有旋芯的结构型式，并设计成图 6 – 21 所示的结构。旋芯的中心开有一个直通孔，旋芯外表面有螺旋槽。当高压水进入喷嘴时，将形成几股水流。一股沿旋芯中心孔前进，其余几股沿螺纹的螺旋沟槽旋转前进。多股水在喷嘴出口处汇合并喷出，形成实心锥伞状的射流。

用来衡量引射除尘器除尘性能的关键指标主要包含三个：液气比、雾滴与尘粒结合能力的高低和吸入引射筒中的含尘空气的多少。液气比的定义是：喷水装置的耗水量与引射除尘器在工作时吸入的含煤尘空气量的比值。喷嘴喷出的雾滴的尺寸大小和雾滴的速度与煤尘和雾滴的结合能力有紧密的联系。与除尘器的吸尘量有直接关系的因素有引射除尘器的结构、喷水装置的性能和供水压力。由此可见，喷嘴作为喷水装置中最重要的部件，其性能高低与除尘器的除尘效率有着紧密的联系。

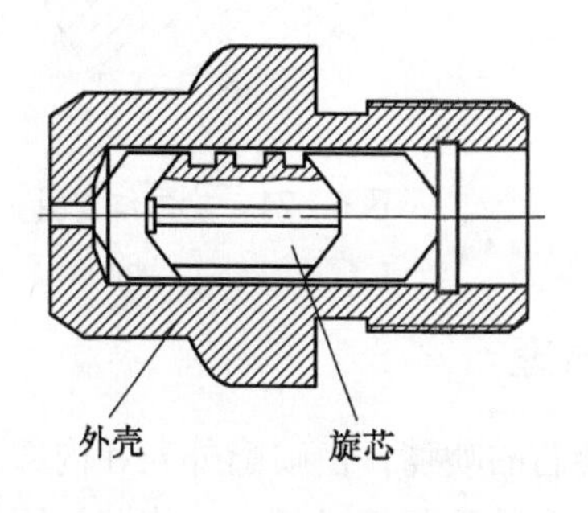

图 6－21 喷嘴结构图

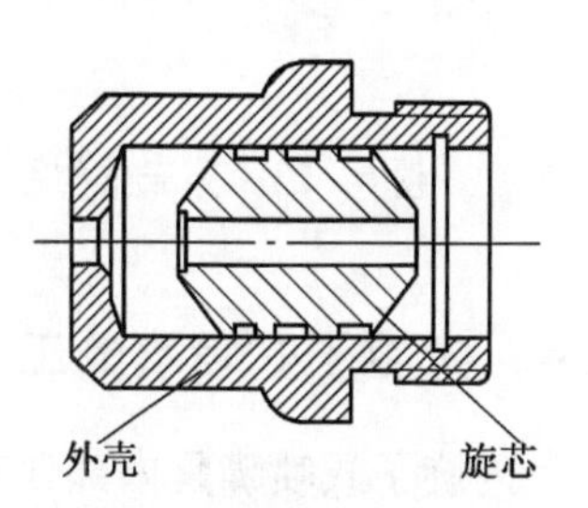

图 6－22 喷嘴结构图

引射除尘器要求在除尘、降尘的过程中，有很大的吸尘量及很高的煤尘捕捉能力，这就要求在引射除尘器喷水装置工作时，除了要有很好的雾化效果外还要有很大的射流速度。为了满足这样的要求，喷嘴结构设计为在射流喷嘴内部含有内旋芯，定义为内旋子式喷嘴。内旋子式喷嘴结构图、外壳结构图以及旋芯结构图分别如图 6－22 至图 6－24 所示。喷嘴外壳结构尺寸包括出口直径 D、出口段长度 T、出口段内锥角 α_1、外壳内腔导角 α_2 等。喷嘴旋芯的螺旋槽截面形状有三角形、圆弧形和矩形三种。改变螺旋槽的深度 d、头数 n、螺旋槽宽度 t_1 和螺距 t_2，可以得到不同尺寸参数的旋芯。通过外壳和旋芯的搭配试验可以优选喷嘴。

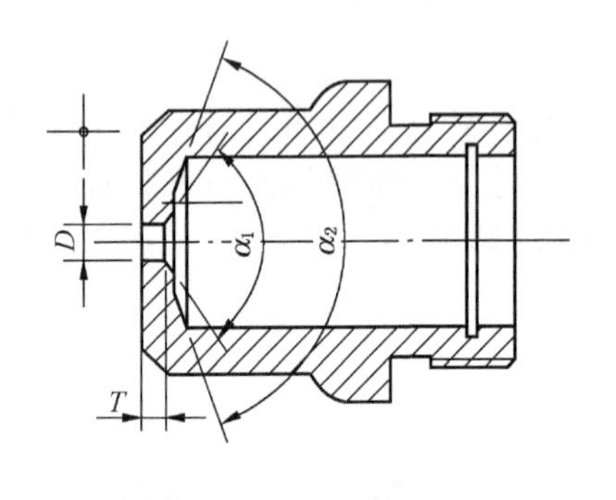

图6-23　外壳结构图

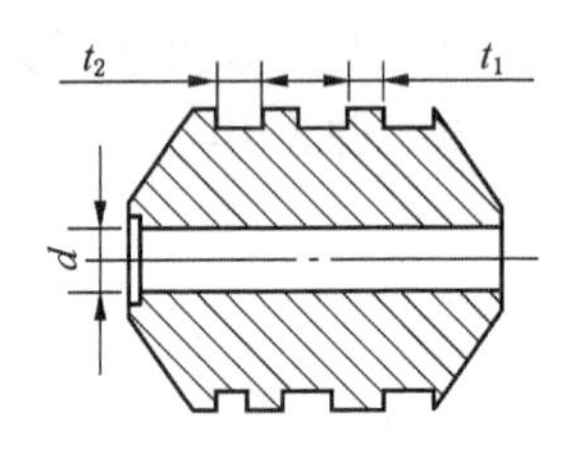

图6-24　旋芯结构图

6.6　内旋子式喷嘴的工作原理

内旋子式喷嘴是内部含有旋芯的喷嘴，由喷嘴外壳和内部旋芯组成。内部旋芯是内旋子式喷嘴的重要组成部分，旋芯呈圆柱状，其中间部位开有轴向直通孔，外表面加工出螺旋槽，两端呈圆锥面。当高压水从喷嘴入口进入喷嘴后，由于旋芯的中心直通孔和外表面螺旋槽的特定结构，水流会分成几股，一股沿直通孔前进，其他几股水沿着螺旋沟槽旋转前进，从而使水流的不稳定度得到了提高。这几股水流在喷嘴出口处的锥形混合区内相遇并混合，此时由于水流内部湍流作用以及外部气体的扰动，又由于液体的表面张力作用，使水流破碎、变形，形成圆锥形水雾，这就是液体的初次雾化。引射除尘器要求喷嘴出口处的水雾具有一定的射流速度和一定的雾化角度，这样水雾才能在引射筒中高速推进而形成“活塞效应”，从而在除尘器的入口处形成负压。在负压的作用下，引射除尘器入口吸入周围的含尘空气，从而在引射筒内形成引射风流。而且，喷嘴出口处的高速水雾与周围的低速空气之间也会形成复杂的涡流运动，实现液体的第二次雾化。

旋芯的结构特征与喷嘴的雾化效果有着直接的联系，因此，对喷嘴进行理论分析和设计计算是非常必要的。高压水流通过旋芯时，一部分沿直通孔前进，其原理与圆柱式射流喷嘴的工作原理相似；另一部分沿螺旋沟槽旋转前进，因为螺旋沟槽的尺寸相对较小，可以近似认为水流质点的运动轨迹为沿螺旋线运动，在忽略水流的径向速度，只考虑其沿旋芯圆柱的周向速度和沿水流运动方向的轴向速度下，此时，该喷嘴内部流体的运动特性与流体在离心式喷嘴内部的运动特性是相似的。

综上所述，在研究该内旋子式喷嘴时可以将其看成圆柱形射流喷嘴和螺旋槽式离心喷嘴的并联喷嘴，再分别运用 Abramovich 的最大流量原理（理想流体在喷嘴出口的分布规律及内部的流动）和射流原理进行理论分析和计算，从而得出合适的喷嘴参数。

另外，因为二者并联，故有流量关系：

$$Q = Q_{旋} + Q_{直} \tag{6-9}$$

$$Q_{旋} = S_{旋}\,\mu_{旋}\sqrt{2\rho\Delta P} \tag{6-10}$$

$$Q_{直} = S_{直}\,\mu_{直}\sqrt{2\rho\Delta P} \tag{6-11}$$

式中 S——喷嘴出口面积，m^2；

μ——流量系数。

所以两种情况下的流量与喷嘴出口处各自所占的面积有关，为了设计的方便，取 $Q_{旋} = Q_{直} = \frac{1}{2}Q$。因为该喷嘴使用 XRB2B－80/20 型乳化泵供液，额定工压 20 MPa，额定流量 80 L/min，喷嘴的工作压力在 10～15 MPa 之间，在设计时，取工作压力 12 MPa，流量 0.4 kg/s 来进行设计计算，此时有

$$Q_{旋} = Q_{直} = \frac{1}{2}Q = 0.2\ \mathrm{kg/s} \tag{6-12}$$

在理论设计前，先做如下假设：

（1）将喷嘴内部的流体看作是理想的流体，即该流体不可压缩，而且可以忽略流体的黏性。

（2）基于最大流量理论时必须假设流体无径向速度，只有轴向速度和用于旋转的切向速度，且在流动过程中无水损失，流体在入口时会获得动量矩，这个动量矩在流体流动过程中保持不变，同时保持流动的对称性。

（3）沿螺旋槽旋转前进的水流和由直通孔射出的水流在喷嘴出口处的锥形混合区内不发生干涉与重叠。

6.7 基于最大流量原理的喷嘴设计

离心式喷嘴的工作原理是在喷嘴的内部安装旋流件用来提高流体的紊流度，液膜在喷嘴的收敛通道内加速，最后喷出空心扩散锥状液膜。所喷出的液膜具有很高的速度，与周围的低速空气有很大的速度差，会发生复杂的涡流现象，从而使液膜发生破碎、雾化。为了对该喷嘴的尺寸结构进行准确的设计计算，国内外学者都做了许多的试验研究，提出了许多理论设计方法。目前，最主要的理论设计方法是动量方程法和基于最大流量原理法。

动量方程法是同时考虑了黏性对切向动量矩和总压的影响，引入了动量矩保持系数及喷嘴内总压损失系数与进液道结构尺寸及雷诺数的关系，计算误差小，但是使用起来比较复杂，耗费时间较大。

最大流量原理法是由苏联学者 Abramovich 提出的，按照这种方法在对喷嘴的喷雾锥角和流量系数进行计算时，如果液体的黏性很小，即近似理想液体和大流量的主喷口，理论值和试验值比较相近，而对于小流量、高黏度的喷嘴计算，喷雾锥角会偏大、流量会偏小。在最大流量原理法的基础上，喷嘴的设计又分为“经验关系图法”和“解析计算法”两种设计方法。经验关系图法是由大量的试验数据，总结出对喷嘴流量系数、喷嘴出口锥角和喷嘴结构特征参数的修正系数与经验修正公式，在工程设计中大大减少了工作量，有一定实用价值。解析计算法是根据理论分析，找出黏性对喷嘴工作的影响，引入一些经验系数，或推导出计算公式，或绘制关系曲线图，据此来设计计算。

本文设计的内旋子式喷嘴所使用的流体为液态水，黏性较小，所以使用基于最大流量原理法中的“经验关系图法”来设计。

图 6 – 25 为内旋子式喷嘴的结构原理图，从图中可以表示其关键的结构参数。

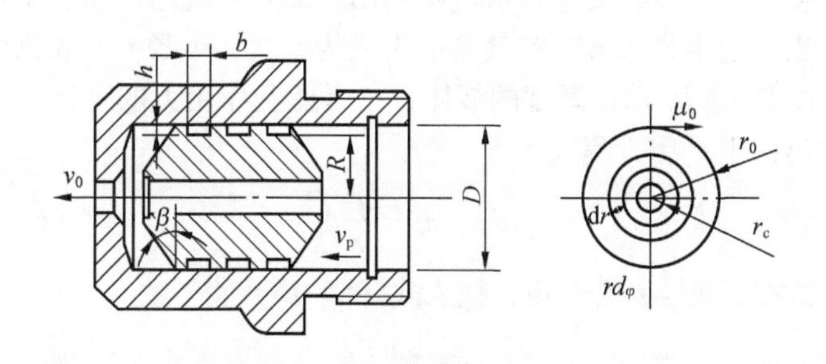

图 6 – 25 内旋子式喷嘴的结构图

流体进入喷嘴后，在旋芯外表面的螺旋槽内会发生旋转流动，这时流体任意一点的角动量是守恒的，角动量守恒方程为

$$\nu_p R = ur = \Omega \tag{6-13}$$

式中 ν_p——流体在喷嘴入口速度，m/s；

R——流体入口旋流半径，mm；

u——流体在任一点处的切向速度，m/s；

r——流体在任一点处的旋转半径，mm；

Ω——常数。

由于不考虑液体的径向速度，伯努利方程（能量方程）为

$$P + \frac{1}{2}\rho(u^2 + \nu^2) = P_L \tag{6-14}$$

式中 P——静压（在这里假定当某点的静压为一个大气压时，$P = 0$），Pa；

ρ——液体的密度，kg/m^3；

ν——任一点处流体的轴向速度，m/s；

u——任一点处流体的切向速度，m/s；

P_L——总压，可近似等于液体的压力，Pa。

液体在喷嘴的出口位置喷出时，在液体的中心位置形成了一个空气芯，由于空气芯的存在，使得液体在喷嘴出口处不会布满整个喷嘴的出口，即液体流过喷嘴出口的实际流通面积变小。设喷嘴出口的半径为 r_0，空气芯的半径为 r_c，在半径 r 上取宽度为 dr，长度为 $rd\varphi$ 单位厚度的液体元，考虑到作用力的平衡，可以推导出以下平衡方程式：

$$rd\varphi \cdot dp = \frac{u^2}{r}d_m \tag{6-15}$$

式中，$d_m = \rho rd\varphi \cdot dr$，代入式（6－15）得

$$dp = \rho\frac{u^2}{r}dr \tag{6-16}$$

由式（6－13）可得

$$u = \frac{\nu_p R}{r} \tag{6-17}$$

代入式（6－16）可得

$$dp = \rho\frac{\nu_p^2 R^2}{r^3}dr \tag{6-18}$$

积分后得

$$dp = -\frac{1}{2}\rho\frac{\nu_p^2 R^2}{r^2} + C \tag{6-19}$$

因为空气芯 $r = r_c$ 处，$P = 0$，代入该边界条件可得

$$C = \frac{1}{2}\rho\frac{\nu_p^2 R^2}{r_c^2} \tag{6-20}$$

则可得喷嘴出口 $r = r_0$ 的静压公式：

$$P = \frac{1}{2}\rho\nu_p^2 R^2\left(\frac{1}{r_c^2} - \frac{1}{r_0^2}\right) \tag{6-21}$$

根据液体流动时的流量方程可得，喷嘴出口和入口处的质量流量相等：

$$Q=\rho\nu_p F=\rho\nu_0\pi(r_0^2-r_c^2) \tag{6-22}$$

式中，$F=nF_p\tan\beta$，其中，n 为螺旋槽头数，F_p 为螺旋槽横截面积（m^2），β 为螺旋升角（°）。

由式（6-22）可得

$$\nu_0^2=\frac{Q^2}{\rho^2\pi^2(r_0^2-r_c^2)} \tag{6-23}$$

$$\nu_p=\frac{Q}{\rho F} \tag{6-24}$$

由式（6-13）可推导出流体在喷嘴出口 $r=r_0$ 处的切向速度公式：

$$u_0^2=\frac{\nu_p^2R^2}{r_0^2} \tag{6-25}$$

将式（6-24）代入式（6-21）、式（6-25）可得

$$P=\frac{1}{2}\rho\left(\frac{Q}{\rho F}\right)^2R^2\left(\frac{1}{r_c^2}-\frac{1}{r_0^2}\right) \tag{6-26}$$

$$u_0^2=\left(\frac{Q}{\rho F}\right)^2\frac{R^2}{r_0^2} \tag{6-27}$$

将式（6-23）、式（6-26）、式（6-27）代入式（6-14）并化简可得

$$Q=\sqrt{\frac{1}{\frac{R^2}{F^2r_c^2}+\frac{1}{\pi^2(r_0^2-r_c^2)^2}}}\cdot\sqrt{2P_L\rho} \tag{6-28}$$

为了方便后续对于喷嘴的理论设计计算，引入以下几个参数：

（1）几何特征参数 A。几何特征参数 A 代表喷嘴内部主要结构尺寸参数相互之间的关系，可定义为

$$A=\frac{\pi Rr_0}{F}=\frac{\pi Rr_0}{nF_p\tan\beta} \quad (6-29)$$

（2）有效截面系数 ε。前面提到，在喷嘴出口处，液体喷出时中心部分有一个空气芯，设充满液体时喷嘴出口的面积（有效面积）为 F，F_0 为喷嘴出口处的总的横截面积，ε 为有效截面系数即为二者的比值，表示空气芯的相对大小，则有

$$\varepsilon=\frac{F}{F_0}=\frac{\pi(r_0^2-r_c^2)}{\pi r_0^2}=1-\frac{r_c^2}{r_0^2} \quad (6-30)$$

（3）流量系数 C_d。将式（6－29）、式（6－30）代入式(6－28）化简可得

$$Q=\frac{\varepsilon\sqrt{1-\varepsilon}}{\sqrt{A^2\varepsilon^2+1-\varepsilon}}\cdot\pi r_0^2\sqrt{2P_L\rho} \quad (6-31)$$

又令

$$C_d=\frac{\varepsilon\sqrt{1-\varepsilon}}{\sqrt{1-\varepsilon+\varepsilon^2A^2}} \quad (6-32)$$

根据 Abramovich 的理论，当通过喷嘴的液体流量为最大值时，有$\frac{d_{C_d}}{d_\varepsilon}=0$，故

$$A=\frac{\sqrt{2}(1-\varepsilon)}{\varepsilon\sqrt{\varepsilon}} \quad (6-33)$$

将式（6－33）代入式（6－32）得

$$C_d=\varepsilon\sqrt{\frac{\varepsilon}{2-\varepsilon}} \quad (6-34)$$

可以推导出有效截面系数 ε 与喷射角的关系式：

$$\tan\frac{\alpha}{2}=\frac{u_0}{\nu_0}=\frac{2\sqrt{2}(1-\varepsilon)}{\sqrt{\varepsilon}(1+\sqrt{1-\varepsilon})} \quad (6-35)$$

由理论计算可知，C_d 和 α 与喷嘴的几何特征参数 A 都有一定的参数关系，为了得出它们之间的关系，用绘图软件绘制出它

们的曲线图，如图 6－26 所示：

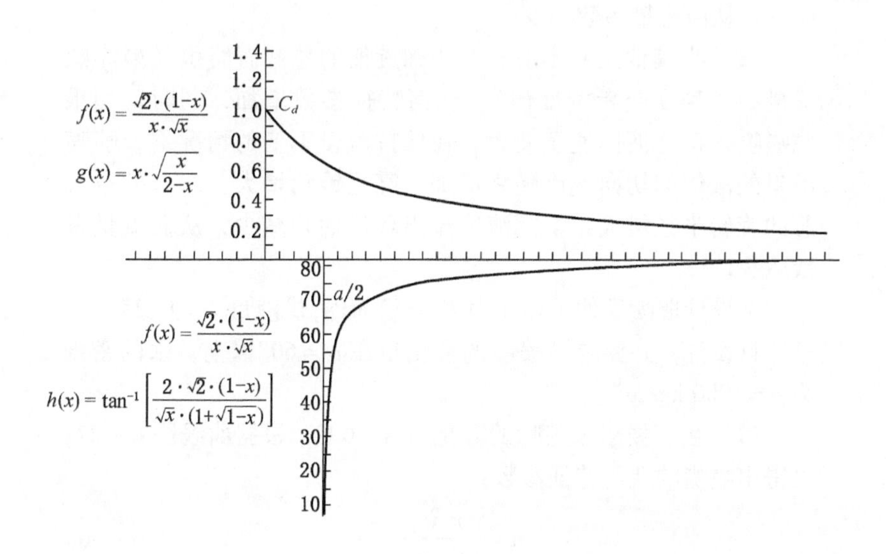

图 6－26　流量系数、雾化锥角与几何特征参数之间的关系图

由图 6－26 可知，流量系数随着几何特征参数的增大而逐渐减小，雾化锥角随着几何特征参数的增大而逐渐增大，因此可以得出如下结论：

（1）当其他尺寸不变，增加旋流半径后，几何特征参数增加，同时，当喷嘴的流量保持不变的情况下，喷嘴出口处的切向速度、出口处空气芯的旋转半径、旋流强度、雾化锥角都会随着喷嘴入口处速度的增加而增加，但实际液体流出环形面积反而会减少，从而流量系数减少。

（2）如果不改变喷嘴的其他结构尺寸，只增加喷嘴的出口半径，则会提高喷嘴的几何特征参数，出口半径的增大，会导致喷嘴出口阻力的减小，流量增大，从而喷嘴入口处的速度增加、喷嘴出口处的流体的切向速度也会变大，旋流强度增大，雾化锥角增大，出口处空气芯的旋转半径增大，实际液体流出环形面积减少，从而流量系数减少。

（3）当其他尺寸不变，减小螺旋槽的总截面面积（减小螺旋槽数、深度或者宽度值），几何特征参数增加，同时，如果使喷嘴入口处液体速度变大，在保持流量不变的情况下，喷嘴出口处液体的切向速度随之增加，雾化锥角增大，出口处空气芯的旋转半径增大，实际液体流出环形面积减少，从而流量系数减少。

本设计取喷嘴的工作压力 $P_L = 12$ MPa，供液量 $Q = 0.25$ kg/s 来进行设计，并要求该喷嘴的雾化角在 $\alpha = 60°$ 以上，水的密度为 $\rho = 1000$ kg/m^3。

（1）由于要求该喷嘴的雾化角 $\alpha = 60°$，根据曲线图 6-27，可得出喷嘴的几何特征参数：

$$A = \frac{\pi R r_0}{n F_p \tan\beta} = 1 \tag{6-36}$$

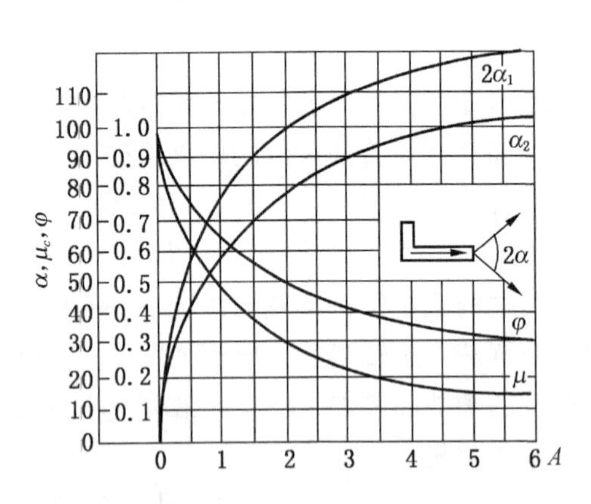

图 6-27　α、μ、φ = f(A) 关系图

（2）根据查得的 A，再对理论流量系数 μ 进行进一步的查

询，则由经验得到的实际流量系数为理论值的 0.815 ~ 0.88 倍，则可得实际流量系数：

$$\mu' = 0.85 \times 0.47 = 0.4 \tag{6-37}$$

（3）由流量公式 $Q = \mu' \cdot \pi r_0^2 \sqrt{2P_L\rho}$ 可得

$$0.2 = 0.4 \times 3.14 \times r_0^2 \times \sqrt{2 \times 1000 \times 8 \times 10^6} \tag{6-38}$$

解得

$$r_0 = 1\ \text{mm} \tag{6-39}$$

（4）螺旋槽数目 $n = 2 \sim 6$，旋流半径 R 与喷嘴出口的半径 r_0 的比值 $\frac{R}{r_c} = 2 \sim 6$，取 $n = 4$，则

$$R = 4r_0 = 4\ \text{mm} \tag{6-40}$$

（5）螺旋槽的截面面积 F_p 可以由 A 的计算公式推导出来，螺旋槽升角的大小取为 $\beta = 30°$，则

$$F_p = \frac{\pi R r_0}{n\tan\beta} = 5.44\ \text{mm}^2 \tag{6-41}$$

（6）取槽的深度 $h = 2.5$ mm，则可得宽度 b 为

$$b = \frac{F_p}{h} = 2.176\ \text{mm} \tag{6-42}$$

喷嘴的校核主要是用来计算喷嘴出口处的雾化锥角以及喷嘴的流量是否满足喷嘴的设计要求。计算步骤一般是先根据已经知道的喷嘴的结构参数对喷嘴的几何特征参数 A 进行计算，运用 α、$\mu = f(A)$ 曲线（图 6－27）查取 α 和 μ（多采用修正的实际流量系数 μ'）计算流量 Q。

由式（6－29）可得

$$A = \frac{\pi R r_0}{nF_p\tan\beta} = \frac{\pi R r_0}{nhb\tan\beta} = 1 \tag{6-43}$$

根据图 6－27 可得，$\alpha = 60°$，$\mu = 0.47$，即

$$Q = \mu \cdot \pi r_0^2 \sqrt{2P_L\rho} = 0.235\ \text{kg/s} \tag{6-44}$$

6.8 基于射流理论的喷嘴设计

为了得出射流的基本参数与喷嘴几何尺寸之间的关系，使用如图 6－28 所示的简化模型来分析推导，因为前面已经假设了流体的无黏性和近壁面的无阻性，所以在推导过程中忽略了速度的损失。

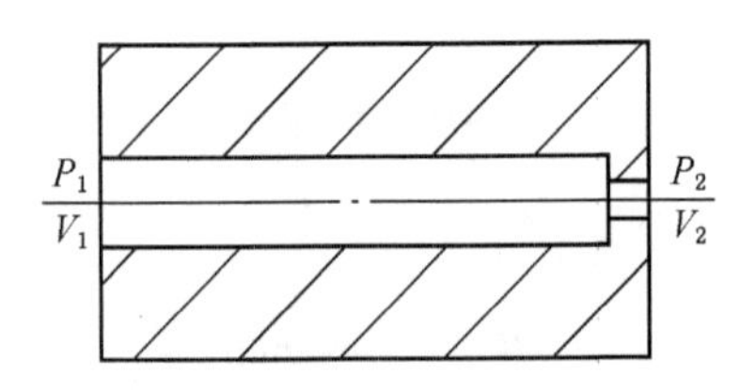

图 6－28　射流喷嘴简化模型

分别在喷嘴的入口处以及喷嘴的出口处运用伯努利方程，可得

$$P_1+\frac{1}{2}\rho\nu_1^2=P_2+\frac{1}{2}\rho\nu_2^2 \tag{6-45}$$

即

$$\frac{1}{2}\rho(\nu_2^2-\nu_1^2)=\Delta P \tag{6-46}$$

式中　ρ——液体的密度，kg/m^3；

ν_1——液体入口速度，m/s；

ν_2——液体出口速度，m/s；

ΔP——喷嘴出口、入口的压力差，可近似等于液体的压力，Pa。

根据流量方程，可得，液体在流动的过程中，喷嘴出口和喷嘴入口处的质量流量相等，即

$$\rho\nu_1A_1=\rho\nu_2A_2=Q \tag{6-47}$$

式中　A_1——喷嘴入口截面面积，m^2；

A_2——喷嘴出口截面面积，m^2；

Q——液体的质量流量，kg/s。

代入式（6-46）可得

$$Q=\sqrt{2\rho\Delta P}\cdot\sqrt{\frac{1}{\frac{1}{A_2^2}-\frac{1}{A_1^2}}} \tag{6-48}$$

因为在实际的射流过程中，流体通过出口时会有一定的收缩效应，所以出口的实际流动截面面积要比出口的截面面积小，在这里引入一个有效截面系数 ε，即

$$A_1=\varepsilon A_2 \tag{6-49}$$

所以实际流量为

$$Q=\sqrt{2\rho\Delta P}\cdot\sqrt{\frac{1}{\frac{1}{\varepsilon^2A_2^2}-\frac{1}{A_1^2}}} \tag{6-50}$$

设直通道都为圆形管，即 $A_1=\pi r_1^2$，$A_2=\pi r_2^2$，代入上式得

$$Q=\sqrt{2\rho\Delta P}\cdot\pi r_1^2\cdot\sqrt{\frac{\varepsilon^2}{\frac{r_1^2}{r_2^2}-\varepsilon^2}} \tag{6-51}$$

引入流量系数 $\mu=\sqrt{\frac{\varepsilon^2}{\frac{r_1^2}{r_2^2}-\varepsilon^2}}$，则

$$Q=\sqrt{2\rho\Delta P}\cdot\pi r_1^2\cdot\mu \tag{6-52}$$

将质量流量 $Q=0.2$ kg/s，$\rho=1000$ kg/m^3 和 $\Delta P=12$ MPa 代入，并取流量系数 $\mu=0.6$，可得 $r_1=0.82$ mm。

综上所述，可以得出内旋子式喷嘴旋芯螺旋槽的槽宽约为 2.176 mm，槽深约为 2.5 mm，旋流直径约为 8 mm，出口直径约为 2 mm。这些结构参数值仅为内旋子式喷嘴结构参数的参考值，要得到喷嘴的最佳匹配结构参数还需要试验的进一步验证。

6.9 喷嘴系列结构参数设计

6.9.1 喷嘴外壳系列结构参数设计

喷嘴外壳结构如图 6－29 所示。喷嘴外壳结构尺寸包括出口直径 D、出口段长度 T、出口段内锥角 α_1、外壳内腔导角 α_2 等（$\alpha_1=30°\sim60°$，$\alpha_2=120°\sim150°$，$T=0.5\sim3$ mm）。根据理论设计的参数范围，计算得到外壳出口直径 D 应在 1～2mm 之间，综合考虑喷嘴的安装、拆卸及加工等因素，设计出十二种不同尺寸的外壳，外壳尺寸见表 6－3，其中 1～6 号主要考虑外壳出口直径 D 与外壳出口段长度 T 的搭配，它们的变化范围都是 1～2 mm。7～12 号主要考虑在壳出口直径 D 固定的情况下，外壳出口段内锥角 α_1、外壳内腔导角 α_2 及外壳出口段长度 T 的大小对雾化角的影响（$\alpha_1=30°\sim60°$，$\alpha_2=120°\sim150°$，$T=0.5\sim3$ mm）。

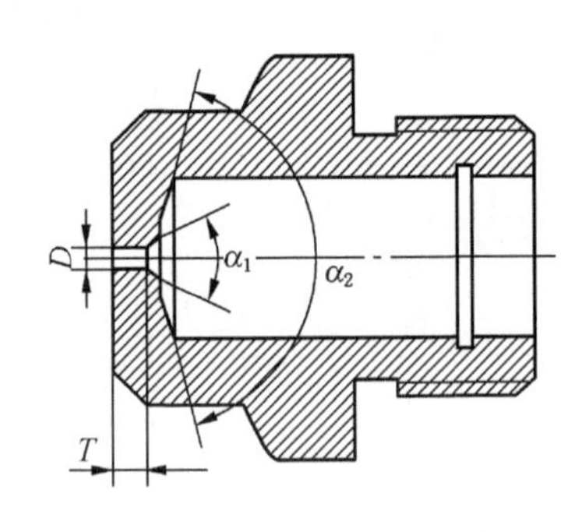

图 6－29 外壳结构图

表 6－3 外壳尺寸表

编号	1	2	3	4	5	6	7	8	9	10	11	12
D/mm	1	1	1.5	2	1.5	2.5	1.5					
T/mm	1.5	1	0.5	1.5	1	1	1.0	3	1.5	2	0.5	1.5
α_1/(°)	180						30	30	45	45	60	60
α_2/(°)	120						120	150	120	150	120	150

6.9.2　喷嘴旋芯系列结构参数设计

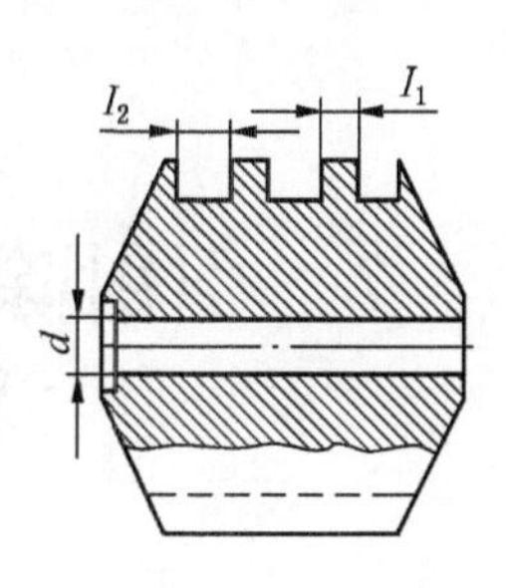

图6-30　旋芯结构图

喷嘴旋芯结构如图6-30所示，通过设计不同形状的旋芯进行试验，寻找最佳的旋芯参数。试验用旋芯的螺旋槽截面形状有三角形、圆弧形和矩形三种。

改变螺旋槽的深度d、头数N、螺旋槽宽度T_1和螺距T_2，设计不同形状的14种旋芯，具体见表6-4。

表6-4　旋芯尺寸表

编号	1	2	3	4	5	6	7	8	9	10	11	12	13	14
N	4	4	4	4	4	4	4	4	3	3	3	2	2	2
d/mm	2.5	1.5	1.5	1.5	1.5	1.2	1.0	1.0	0.5	1.5	2.0	1.5	1.5	1.5
T_1/mm	1.5	1.2	1.1	1.0	1.5	1.5	1.2	1.6	1.2	1.2	1.5	2.0	1.0	1.2
T_2/mm	1.5	1.8	1.8	2.0	1.8	1.0	1.8	1.2	1.0	1.8	1.5	2.0	2.0	1.0

7　引射除尘器喷嘴内外流场的数值分析

7.1　喷嘴数值模拟的研究现状

计算流体力学简称CFD，是通过计算机进行数值计算和图像显示，分析包含流体流动、热传导等在内的物理现象，同时可以看成在流动的基本方程（质量守恒方程、动量守恒方程、能量守恒方程）控制下的对流体流动的数值模拟。通过数值模拟，可以得到复杂问题中基本物理量（速度、压力、温度、湿度、湍流度）等在流场中各个位置的分布情况，以及这些物理量随着时间的变化关系，据此来进行优化和改进。CFD的基本思想就是利用一系列有限个离散点上的变量值的集合来代替空间域上连续的物理量的场。

计算流体力学是随着计算机技术和宇航飞行器的发展而发展，并且逐步形成的一门独立的学科。20世纪30年代所研究的绕流流场是假设气体的黏性和旋转效应忽略不计，以Laplace控制方程为基本方程和基本解的相互叠加为求解方法进行研究计算的。后来，随着一系列偏微分方程数学理论的出现，如为了考虑黏性效应，加上边界层的数值计算方法，从而发展为势流方程的外流方程。Hadamard、Courant、Friedrichs等人研究了偏微分方程、数学提法的试定性、解的光滑性和唯一性等问题而发展起来的双曲线偏微分方程理论，从而在20世纪60年代应用基于双曲型方程数学理论为基础的时间相关方法求解宇航飞行器的气体定常绕流流场问题。20世纪70年代，计算流体力学取得较为成功的一大领域是采用时间相关方法，求解可压缩 N－S 方程，对飞行器超声速、高超声速黏性绕流复杂流场进行数值模拟。20 世纪 90 年代以后，随着计算机技术的飞速发展、网格生成技术和各种精准求解公式的完善，使得流场的数值模拟研究更快、更精准。

我国在 20 世纪 50 年代研究钝头体超声速无黏性绕流流场的数值解法中，应用到了计算流体力学相关方面的知识。20 世纪 70 年代开展了采用时间相关方法求解非定常 Euler 方程，可压缩 N－S 方程和简化 N－S 方程的计算方法研究，在差分格式和构造方面，提出了求解 Euler 方程的特征符号分裂方法和三层格式等。

对于喷嘴特性的研究，主要是通过理论和试验两种方法来进行研究的。由于喷嘴内部的流动情况十分复杂，涉及两相或多相流问题，再加上近壁面对液体的影响，以及空泡和涡流的产生，所以很难通过一系列标准且精确的公式来对其分析。目前国内外研究喷嘴的特性，主要以试验为主体研究喷嘴射流能力、雾化能力的特性，再以简易的模型和一系列半经验公式来对其进行数值仿真模拟，并与所得到的试验数据比较分析，从而得出结论。所以对喷嘴的特性研究，尤其是对其雾化能力的理论研究，仍然是一个重要的研究领域。

1. 国外研究现状

U. G. Pirumov 在喷嘴理论逆解问题的数值解中用逆运算的方法对平面喷嘴、轴对称喷嘴的流动粒子进行了计算。气体速度被定义在轴线上，气体和粒子参数被定义在入口部分。

M. M. Sidahmed 在预测压力喷嘴喷雾速度和直径的理论研究中，应用广义理论和雾化理论，研究中假定雾化过程能量守恒，一个小质量的液体从液体表面分离到一个单独的液滴。可以推导出水滴大小、速度相关方程。

V. A. Mechenova 在用完全隐式方法解决喷嘴理论研究问题

中，采用了迭代的方法对喷嘴的有关理论进行了研究。

Daryl 在多喷嘴冲击式理论和测量数据的解释中，通过多喷嘴除尘效率的广义理论，证明了 2005 年 Roberts 和 Romay 有关多喷嘴空气动力性能的相关结论。

2. 国内研究现状

程明、顾铭企等在气动雾化喷嘴喷雾粒度的理论和试验研究中考虑液膜厚度的沿程变化和初始液膜厚度，运用黏性液膜气动不稳定概念，建立了平均滴径的计算方法和气动喷嘴的喷雾理论模型，计算了喷雾滴径随工作条件变化（包括气油比和空气速度）的规律。根据试验结果，整理出计算值与试验值之比随空气速度、气油比和空气旋流角变化的关系。计算与试验值的量级相同，且空气旋流器角度较小时，二者符合较好。

游超林、陈迪龙等提出在家用燃气灶领域运用多射流高效引射除尘器，对多射流引射除尘器从速度分布、压力分布、甲烷体积分数分布等方面进行了数值模拟，通过试验验证了部分参数。

董星涛、孙磊等为了提高旋流喷嘴在低压下的雾化效果，对影响低压旋流式喷嘴的 5 个因素：旋流室直径 D、旋流室高度 H、喷嘴出口直径 d、喷嘴出口长度 l 和旋流室入口数量 n 进行了数值模拟研究。

叶辉等基于准一维控制体模型、Fabri 壅塞假设模型和连续方程，提出了能有效预测引射除尘器最高性能的饱和超音速模型，推导出此模型下引射系数与总压比和面积比之间的关系。由此得到直接反映引射除尘器性能的特性曲线和修正曲线，最后把解析结果与数值计算的结果进行对比，验证了该模型的有效性。

7.2　流场的基本控制方程

7.2.1　质量守恒方程（连续性方程）

任何流动问题都要满足质量守恒方程，即连续性方程。该定律表述为：在流场中任取一个封闭区域，此区域称为控制体，其表面为控制面，单位时间内从控制面流进和流出控制体的流体质量之差，等于单位时间内控制体质量增量，其积分形式为

$$\frac{\partial}{\partial t}\iiint\limits_{V}\rho dxdydz+\iint\limits_{A}\rho dA=0 \tag{7-1}$$

式中　V——控制体，m^3；

A——控制面，m^2。

第一项表示控制体内部质量的增量，第二项表示通过控制面的净通量。

上式在直角坐标系中的微分形式：

$$\frac{\partial\rho}{\partial t}+\frac{\partial(\rho u)}{\partial x}+\frac{\partial(\rho v)}{\partial x}+\frac{\partial(\rho w)}{\partial z}=0 \tag{7-2}$$

连续性方程适用于可压缩或不可压缩流体、黏性及无黏性流体、定常或非定常流动。

7.2.2　动量守恒方程（$N-S$ 方程）

动量守恒方程也是任何流动系统都必须满足的基本定律。动量守恒方程可以表述为：任何控制微元中流体动量对时间的变化率等于外界作用在微元上各种力之和，用数学式表示为

$$\delta_F=\delta_m\frac{dv}{dt} \tag{7-3}$$

由流体的黏性本构方程得到直角坐标系下的动量守恒方程，即

$$\begin{cases}\rho \dfrac{d\mu}{dt} = \rho F_x - \dfrac{\partial p}{\partial x} + \dfrac{\partial}{\partial x}\left(\mu \dfrac{\partial \mu}{\partial x}\right) + \dfrac{\partial}{\partial y}\left(\mu \dfrac{\partial \mu}{\partial y}\right) + \dfrac{\partial}{\partial z}\left(\mu \dfrac{\partial \mu}{\partial z}\right) + \\ \qquad \dfrac{\partial}{\partial x}\left[\dfrac{\mu}{3}\left(\dfrac{\partial \mu}{\partial x} + \dfrac{\partial \nu}{\partial y} + \dfrac{\partial w}{\partial z}\right)\right] \\ \rho \dfrac{d\nu}{dt} = \rho F_y - \dfrac{\partial p}{\partial y} + \dfrac{\partial}{\partial x}\left(\mu \dfrac{\partial \nu}{\partial x}\right) + \dfrac{\partial}{\partial y}\left(\mu \dfrac{\partial \nu}{\partial y}\right) + \dfrac{\partial}{\partial z}\left(\mu \dfrac{\partial \nu}{\partial z}\right) + \\ \qquad \dfrac{\partial}{\partial y}\left[\dfrac{\mu}{3}\left(\dfrac{\partial \mu}{\partial x} + \dfrac{\partial \nu}{\partial y} + \dfrac{\partial w}{\partial z}\right)\right] \\ \rho \dfrac{dw}{dt} = \rho F_z - \dfrac{\partial p}{\partial z} + \dfrac{\partial}{\partial x}\left(\mu \dfrac{\partial w}{\partial x}\right) + \dfrac{\partial}{\partial y}\left(\mu \dfrac{\partial w}{\partial y}\right) + \dfrac{\partial}{\partial z}\left(\mu \dfrac{\partial w}{\partial z}\right) + \\ \qquad \dfrac{\partial}{\partial x}\left[\dfrac{\mu}{3}\left(\dfrac{\partial \mu}{\partial x} + \dfrac{\partial \nu}{\partial y} + \dfrac{\partial w}{\partial z}\right)\right]\end{cases} \tag{7-4}$$

N－S 方程比较准确地描述了实际流体的流动，黏性流体的流动分析可归结为对此方程的求解。N－S 方程有 3 个分式，加上连续性方程，共 4 个方程，有 4 个未知数 μ、ν、w、p。方程组是封闭的，加上适当的边界条件和初始条件原则上可以求解。但由于 N－S 方程存在非线性项，求一般解析式非常困难，只有在边界条件比较简单的情况下，才能求得解析解。

7.2.3 能量方程与导热方程

描述固体内部温度分布的控制方程为导热方程，直角坐标系下三维非稳态导热微分方程的一般形式为

$$\rho c \frac{\partial t}{\partial \tau} = \frac{\partial}{\partial x}\left(\lambda \frac{\partial t}{\partial x}\right) + \frac{\partial}{\partial y}\left(\lambda \frac{\partial t}{\partial y}\right) + \frac{\partial}{\partial z}\left(\lambda \frac{\partial t}{\partial z}\right) + \Phi \tag{7-5}$$

式中 τ——微元体的温度，℃；

ρ——密度，kg/m^3；

c——比热容，J/(kg · ℃)；

Φ——单位时间单位体积的内热源生成热；

t——时间，s；

λ——导热系数，W/(m·K)。

如果将导热系数看作常数，在无内热源且稳态的情况下，上式可化简为拉普拉斯（Laplace）方程：

$$\frac{\partial^2 t}{\partial x^2}+\frac{\partial^2 t}{\partial y^2}+\frac{\partial^2 t}{\partial z^2}=0 \tag{7-6}$$

7.3　建立内旋子式喷嘴的仿真模型

7.3.1　内旋子式喷嘴的主要结构特征

喷嘴作为除尘器喷嘴装置的关键部件，其性能与除尘器的除尘效率有着十分紧密的联系。喷嘴的主要性能指标包括喷嘴出口处雾化锥角的大小、喷嘴出口处雾滴的尺寸大小以及喷嘴出口处雾滴的速度大小。引射除尘器的内旋子式喷嘴由喷嘴外壳、喷嘴旋芯以及卡簧等零件构成，如图7-1所示。

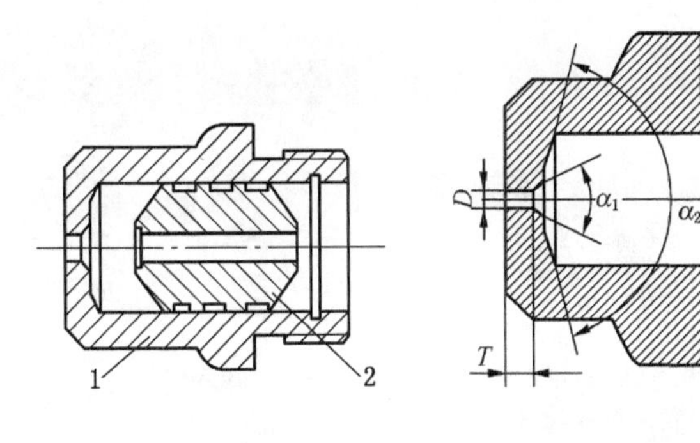

1—外壳；2—旋芯

图7-1　喷嘴结构图　　图7-2　喷嘴外壳结构图

喷嘴外壳是安装旋芯的部件，其零件图如图7-2所示。喷嘴外壳结构尺寸包括出口直径D、出口段长度T、出口段内锥角α_1、外壳内腔导角α_2等（$\alpha_1=30°\sim60°$，$\alpha_2=120°\sim150°$，$T=$

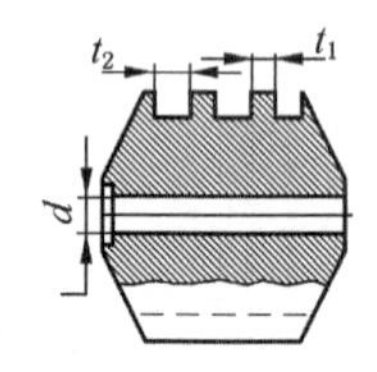

图7-3 喷嘴旋芯结构图

0.5~3 mm)。旋芯作为内旋子式喷嘴的重要组成部分，主要是用来增加流体的不稳定度，其零件图如图7-3所示。旋芯的螺旋槽截面形状有三角形、圆弧形和矩形三种，结构参数包括螺旋槽的深度 d、头数 n、螺旋槽宽度 t_1 和螺距 t_2 等。

工作时，喷嘴安装在喷水装置的喷嘴底座上，喷嘴底座与过渡接头连接起来，喷水装置部件图如图7-4所示。

旋芯是雾化的关键，旋芯的旋转增加水流的紊流度，把部分水射流的压力能转化成细微水滴的速度能，使水流得以雾化，其三维零件图如图7-5所示。喷嘴外壳是安装旋芯的部件，其三维零件图如图7-6所示。喷嘴底座的零件图如图7-7所示。

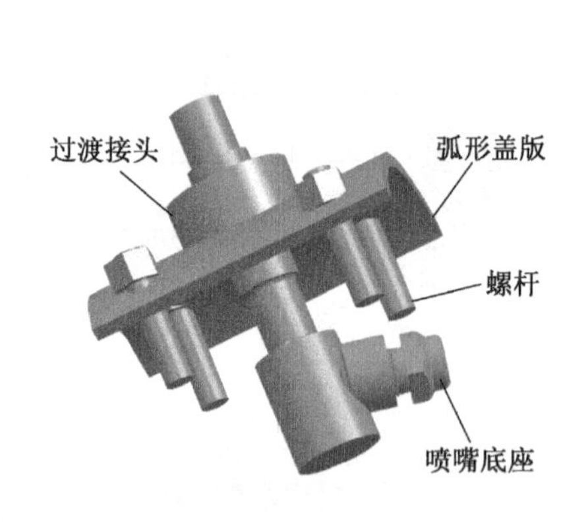

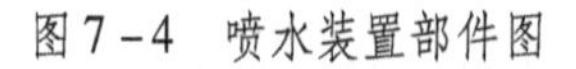
图7-4 喷水装置部件图

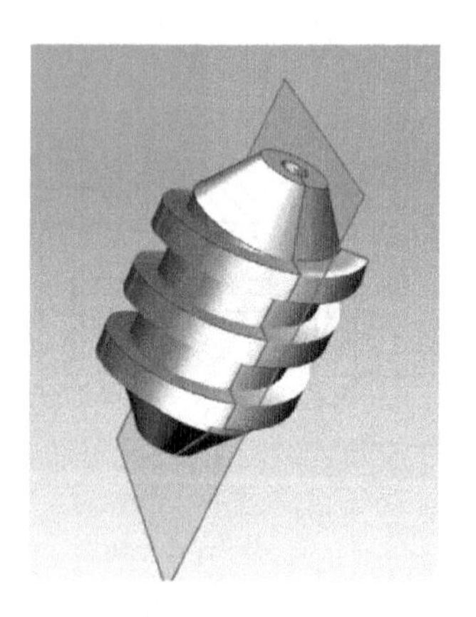

图7-5 喷嘴旋芯

过渡接头一端连接高压的供水系统，另一端安装喷嘴底座，过渡接头零件图如图7-8所示。

弧形盖板起密封作用，其零件图如图 7－9 所示，喷水装置的整体二维截面图、三维示意图及三维爆炸视图分别如图 7－10 至图 7－12 所示。

图 7－6　喷嘴外壳

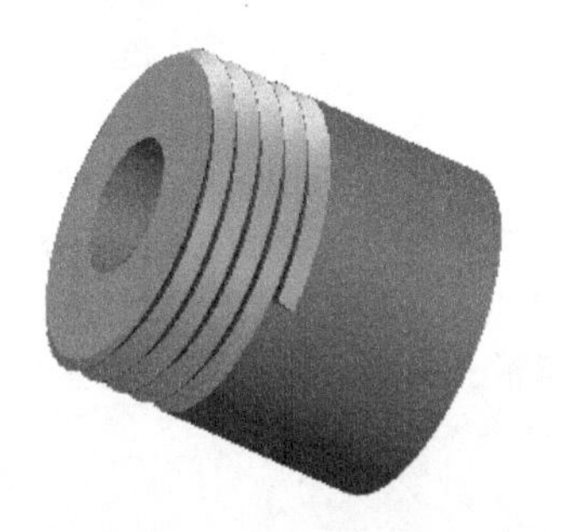

图 7－7　喷嘴底座图

图 7－8　过渡接头

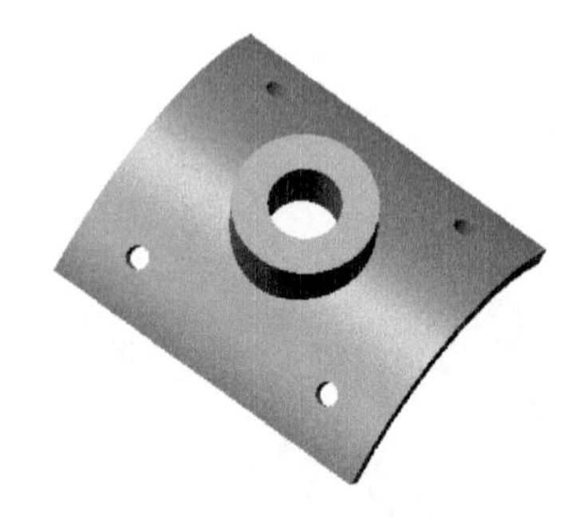

图7－9　弧形盖板

图7－10　喷水装置的整体示意图

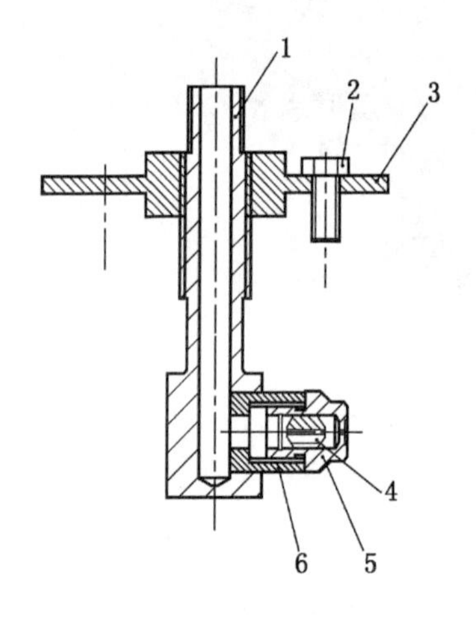

1—过渡接头；2—螺栓；
3—弧形盖板；4—旋芯；
5—外壳；6—喷嘴底座

图7－11　喷水装置二维截面示意图

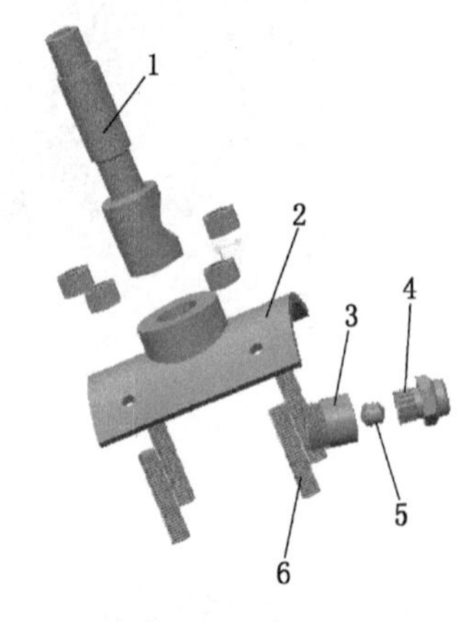

1—过渡接头；2—弧形盖板；
3—喷嘴底座；4—外壳；
5—旋芯；6—螺栓

图7－12　喷水装置爆炸图

7.3.2　几何模型的建立

对喷嘴的内部流场进行数值模拟研究，必须建立计算域的三维模型，即高压水进入喷嘴后，一股沿直通道射出，另几股沿螺旋槽旋转前进，最后在锥形混合室中混合由出口喷出。建立计算域模型的方法有两种，分别是直接建模方法和几何抽取方法，直接建模是在计算域的几何尺寸容易获得并且几何特征比较规则的情况下进行的，几何抽取的功能可以分别生成外流计算域、内流计算域和混合计算域。本节采用直接建模的方法对水流的计算域进行三维建模，即模型的建立参照喷嘴实际加工尺寸，其中将喷嘴出口处引射筒内的流域简化为一个圆柱，所建立的水流道模型如图 7 – 13 所示。

图 7 – 13　喷嘴水流道模型

7.3.3　网格划分

流体域的三维模型建立以后，需要对流体域的三维模型进行网格划分。将流体域划分成包含单元和节点的有限元模型，实现流体域模型的离散化。将整个流体域分解成为适当数量的单元，在每个单元可以得到精确的解，然后在每一计算单元上应用流体控制方程，求解计算所有单元的流体计算方程，最终获得整个计算区域的物理量的分布。

网格是进行流体力学分析的基础。划分网格，就是将空间中特定外形的计算区域，按照拓扑结构划分成需要的子区域，并确定每个区域中的节点。生成网格的本质在数学上就是用有限个离散的点来代替原来的连续空间，之后将控制偏微分方程组转化为各个节点上的代数方程组。一套划分良好的网格是 CFD 解决问题的关键，网格可划分为结构网格、非结构网格和混合网格。划分网格的软件有许多，如 Gambit、pointwise 和 ansys workbench 中的 ICEM CFD。

网格的划分是流体模拟仿真计算中最关键的一步，与数值模拟的正确性和稳定性有着密切联系。网格划分完成以后，如果想要得到网格的质量可以通过检查来实现，网格质量高低的三个标准分别是：节点的分布、光滑和偏斜。在划分网格的过程中，需要注意的是不要出现网格的负体积，该问题出现的原因是网格的质量不高，而网格划分没有规律并且不均匀就会难以形成“好”的网格，如果出现负体积的现象，可以通过对模型重新划分块或者布置网格点。但此方法操作起来复杂，且很容易出现错误。

ICEM CFD 是一款非常强大的专业 CFD 网格划分软件，可以划分结构网格和非结构网格。由于其非结构网格功能强大，划分方便，生成的网格质量较高，所以采用 ICEM CFD 来对上述几何模型进行网格划分，如图 7 – 14 所示。运用四面体的非结构网格对该模型进行划分，并采用疏密结合的划分方式，对喷嘴的部分区域进行加密处理，最后对整体网格进行质量优化，使其质量达标，网格的基本信息如下所述：

（1）喷嘴的轴向为 z 轴，即水流的方向也为 z 轴的正方向。

（2）对螺旋槽、喷嘴出口及内部直通道部分进行轴向局部加密。

（3）由于液体紧贴壁面从喷嘴出口旋转射出，将喷嘴出口段靠近壁面的区域进行了径向单元体加密。

（4）经过网格划分后，网格数量649227，网格节点148431，质量达标。

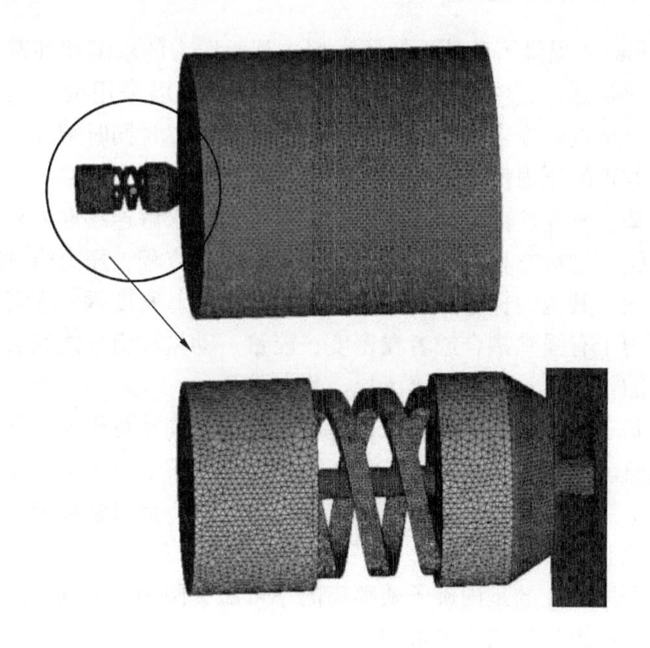

图7－14 喷嘴水流道非结构网格图

7.3.4 仿真模拟的基本假设

考虑到实际流动情况和模拟计算目的，本文对实际物理状态和影响较小、可以忽略的量做了如下简化假设：

（1）流动为水—空气两相流。

（2）认为流动为不可压的非定常流动。

（3）不考虑流动中的热传导作用。

（4）喷嘴外部工作环境温度假定为25 ℃，工作压强为1个标准大气压强。

（5）喷嘴的几何尺寸较小，重力的影响可忽略不计。

7.3.5 求解器的设置

Fluent提供了两种求解器类型，基于压力的求解器和基于密度的求解器，其中，基于压力的求解器中可以采用两个运算法则，一是按顺序求解压力修正和动量方程；二是同时解算压力和动量方程的压力耦合求解器。

基于密度的耦合求解器以矢量形式同时求解连续性方程、动量方程、能量方程，如果需要还可求解组分方程，压力由状态方程得到，其他的标量方程用分离求解器求解。密度耦合求解器一般适用于有强烈耦合或者在密度、能量、动量和组分之间关联性较强的情况。

基于压力的求解器在从低速不可压流到高速可压流这样大范围的流动体系中都适用，基于压力的耦合求解器对大多数单项流动是适用的，而且它基于压力求解器效果好，但对多项流、周期质量流和NITA型不适用。

课题研究的是内旋子式喷嘴的不可压、两相流问题，因此选用基于压力的分离式求解器。

压力—速度耦合算法是指在离散连续性方程时，利用连续性方程和动量方程联合推导出压力方程（或者压力修正）的数值运算法则。Fluent提供了三种压力—速度耦合算法：SIMPLER、SIMPLE算法、PISO算法。

PISO算法对非定常流动问题或者包含比平均网格倾斜度更高的网格适用，而本文中的内旋子式喷嘴内外流场数值模拟为气液两相的非定常流动，故压力—速度耦合算法采用PISO算法，PISO算法的基本流程如图7－15所示。

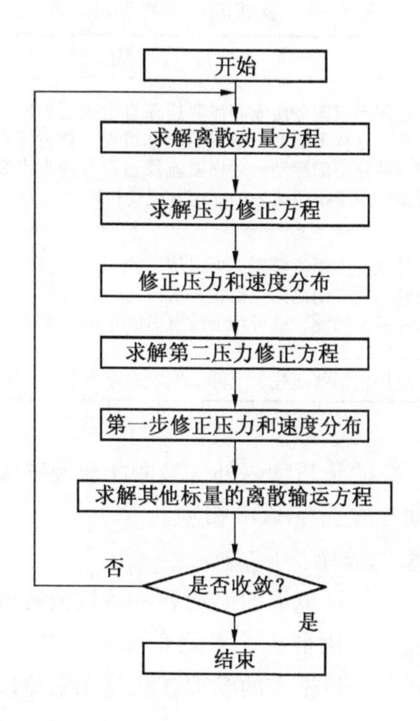

图 7-15 PISO 算法计算流程图

7.3.6 计算模型的选择

1. 多相流模型的选择

目前用来描述气液两相流的方法主要有欧拉—拉格朗日法和欧拉—欧拉法，欧拉—拉格朗日法是对离散相单独运算，而后者将离散相等同连续相进行运算，本文在模拟喷嘴内外部流场时采用欧拉—欧拉法。在 Fluent 中欧拉—欧拉法提供了三种主要模型：VOF 模型、混合模型和欧拉模型。表 7-1 给出了三种模型的简介及应用范围。

表7-1 多相流模型的应用范围

模 型	应 用 范 围
VOF 模型	适用于求解分层流和需要追踪自由表面的问题，适用于计算空气和水这样不能互相掺混的流体流动，如射流破裂过程，大型气泡在液体中的运动、大坝溢流及追踪气液自由表面问题，该方法通常应用于模拟流体的非定常运动过程
混合模型	简化的多项流模型，可以用于模拟存在相对运动速度的多相流问题，其应用范围包括粒子沉降过程、旋风分离器及小体积比的气泡流动问题，也可用于没有离散相相对速度的均匀多相流
欧拉模型	应用包括气泡柱、上浮、颗粒悬浮以及流化床等形式

由于本文研究的是喷嘴内外气液两相流及喷雾问题，且流动属于非定常流动，故选择 VOF 模型。

2. 湍流模型的选择

生活中处于自然环境下的流动和一些机械装置中流体的流动一般都是湍流流动，因此大多数数值模拟首先就会遇到湍流问题。对于湍流问题，最根本的模拟方法是在湍流尺度的网格尺寸内求解瞬态三维 Navier - Storkes 方程的全模拟，对于这种模拟，虽然不需要引入任何的模型，但是对于计算机速度和容量要求很高。亚网格尺度模拟是对模拟要求比较低的办法，又名大涡模拟，与湍流的尺度相比，它的尺度比较大，也是从 N - S 方程开始，虽然它的计算量比较大，但是可以模拟流体湍流过程中的细节。由 Reynolds 时均方程开始的模拟方法，是目前工程上常用的模拟方法。

湍流模型是数值模拟中经常用到的最基本模型，用于模拟湍流流动的领域。因为平均 N - S 方程的不封闭性，人们引入了湍流模型来封闭方程组，所以模拟结果的好坏很大程度上取决于湍流模型的准确度。Fluent 中提供了多种湍流模型供用户选择，表7 - 2 列出了几种常用的湍流模型。

表7-2 几种常见的湍流模型

模型		说明
$S-A$ 模型		$S-A$ 模型对于解决动力漩涡黏性问题和低雷诺数模型是十分有效的。$S-A$ 模型是一个相对简单的方程，它包含了一组新的方程，在这些方程里不必计算和剪应力层厚度相关的长度尺度，在航空领域中的墙壁束缚流动应用较多
$k-\varepsilon$ 模型	标准	标准 $k-\varepsilon$ 模型是个半经验公式，主要是基于湍流动能和扩散率。k 方程是个精确方程，ε 方程是由半经验公式导出的方程，该模型假定流场完全是湍流，分子间的黏性可以忽略，因而其对完全是湍流的流场有效
	RNG	$k-\varepsilon$ 方程中的常数是通过重正规划群理论分析得到，而不是通过试验得到的，修正了耗散率方程，在一些复杂的剪切流、有大应变率、漩涡、分离等流动问题表现较好
	Realizable	为湍流黏性增加了一个公式，可以精确的预测平板和圆柱射流的传播，对包括旋转、有大反压力梯度的边界层、分离、回流等现象有更好的预测结果
$k-\omega$ 模型	标准	可以预测自由剪切流传播速率，像尾流、混合流动、平板绕流、圆柱绕流和放射状喷射，因而可以应用于墙壁束缚流动和自由剪切流动
	SST	具有混合功能，即在近壁面区域对标准的 $k-\omega$ 模型有效，自由平面区域对 $k-\varepsilon$ 的变形有效，考虑了湍流剪应力的传波。其一般能更精确的模拟反压力梯度引起的分离点和分离区大小
雷诺应力模型		更加严格地考虑了流线型弯曲、漩涡、旋转和张力快速变化，它对于复杂流动有更高的精确预测的潜力，但是这种高精度预测仅限于与雷诺压力有关的方程

由于所研究的是喷嘴内外气液两相流及喷雾问题，其应变率大，流线弯曲的程度较大，且有旋转、分离等现象的存在，故使用 RNG $k-\varepsilon$ 模型，其湍动能和湍流耗散的输运方程如下

式：

$$\begin{cases} \dfrac{\partial}{\partial t}(\rho k)+\dfrac{\partial}{\partial x_i}(\rho k u_i)=\dfrac{\partial}{\partial x_j}\left[\alpha_k \mu_{eff}\dfrac{\partial k}{\partial x_j}\right]+G_k+G_b- \\ \qquad \rho\varepsilon-Y_M+S_k \\ \dfrac{\partial}{\partial t}(\rho\varepsilon)+\dfrac{\partial}{\partial x_i}(\rho\varepsilon u_i)=\dfrac{\partial}{\partial x_j}\left[\alpha_\varepsilon \mu_{eff}\dfrac{\partial \varepsilon}{\partial x_j}\right]+C_{1\varepsilon}\dfrac{\varepsilon}{k}(G_k+G_{3\varepsilon}G_b)- \\ \qquad C_{2\varepsilon}\rho\dfrac{\varepsilon^2}{k}-R_\varepsilon+S_\varepsilon \end{cases} \tag{7-7}$$

式中 G_k——由层流速度梯度而产生的湍动能项；

G_b——由浮力产生的湍动能项；

Y_M——在可压缩流动中，湍流脉动膨胀到全局流程中对耗散率的贡献项；

C_1、C_2、C_3——常数项；

α_k、α_ε 是 k 方程和 ε 方程的湍流 Prandtl 数；

S_k、S_ε 是用户定义的湍动能项和湍流耗散率项。

7.3.7 边界条件的设置与流场初始化

水流入口边界条件：压力入口，入口总压设置为 8 MPa，湍流强度 4.2%，水力直径 0.01 m，且设置水流相为 1，表示压力入口 100% 为水的进入。

气体入口边界条件：压力入口，入口总压为 0，湍流强度 3%，水力直径 0.1 m。

出口边界条件：压力出口，出口总压设置为 0 MPa，即一个大气压，表示流体介质可以随意进出，且回流体积分数中水流项设为 0，即为回流中水的体积分数为 0，水都从出口流出。

在初始化时设置水相为 0，表示一开始整个计算域充满空气，无水流的存在。

7.4　喷嘴内外流场的数值模拟分析

为了深入了解喷嘴内部流场的特点及其工作情况，从气液两相分布情况、速度特性、压力特性和空气、水流入口质量流率四个方面来进行分析。

7.4.1　喷嘴模型的残差图

对参数设置以后，单击 Calculate 按钮，开始计算。迭代开始以后，图形窗口会动态显示残差值随迭代过程的变化曲线。残差值收敛曲线如图 7－16 所示，当残差值小于 0.001 时，即上一步迭代后的数值与这一步迭代后相差 0.1%，为收敛状态。

7.4.2　气液两相分布情况

因为液体在喷嘴的螺旋槽中旋转前进，为了便于观察，选择 $x=0$ 截面来进行观察分析。

图 7－17 给出了不同时间段内液体在空气域中的流动情况和 $x=0$ 截面的气液两相分布云图，蓝色代表水相，红色代表气相。可以清楚地观察到，高压液体从喷嘴的入口处进入喷嘴后，分成三股水流，其中两股沿螺旋槽旋转前进，一股沿中心直通孔前进。直通孔射出的水流首先到达锥形混合室，形成射流现象。随着时间的增加，旋转的水流也到达喷嘴出口前段的锥形混合室，几股水流相互混合。由于旋转水流的加入，混合室内的水流由直射流变为具有切向速度的旋转雾流，最后由喷嘴出口喷出。

为了分析气液两相的变化过程，先取 $t=0.91$ s 时分析，该时间内没有旋转水流的介入，而射流现象得到充分发展，如图 7－18 所示，根据射流破碎理论，可以将射流的液相部分分成四段，紧密段、核心段、破裂段和水滴段。

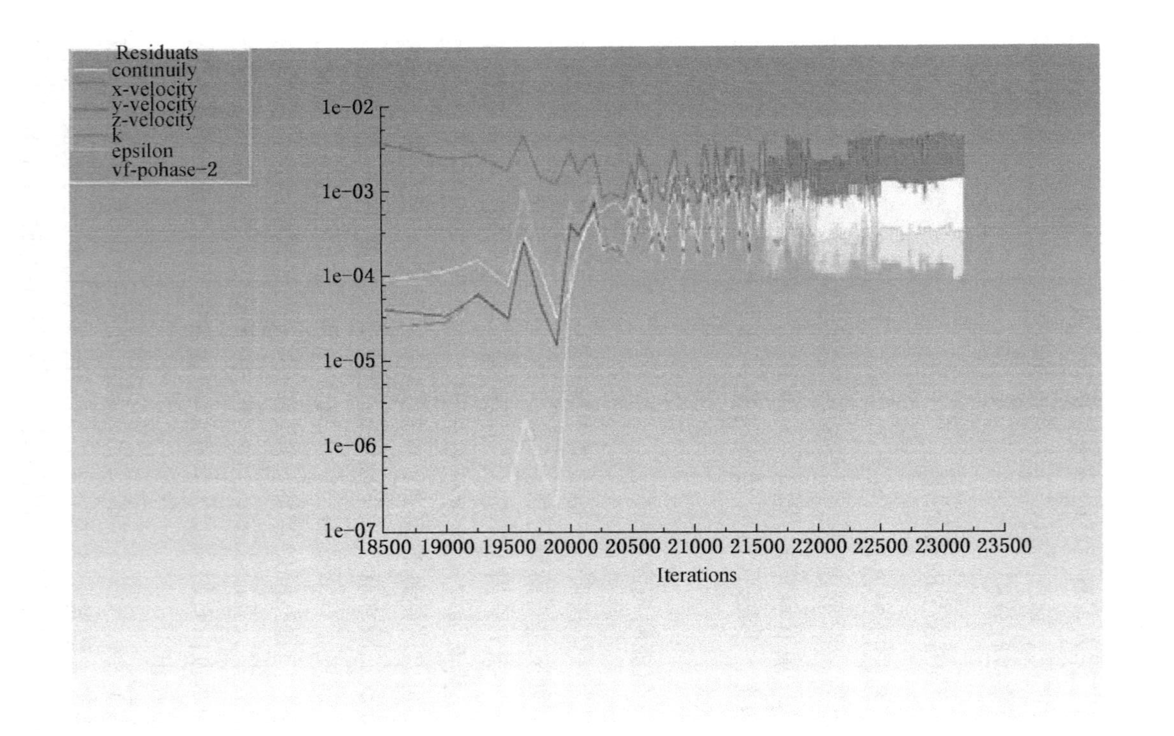
Residuats
continuily
x-velocity
y-velocity
z-velocity
k
epsilon
vf-pohase-2
1e-02
1e-03
1e-04
1e-05
1e-06
1e-07
18500 19000 19500 20000 20500 21000 21500 22000 22500 23000 23500
Iterations

图7－16　残差收敛曲线

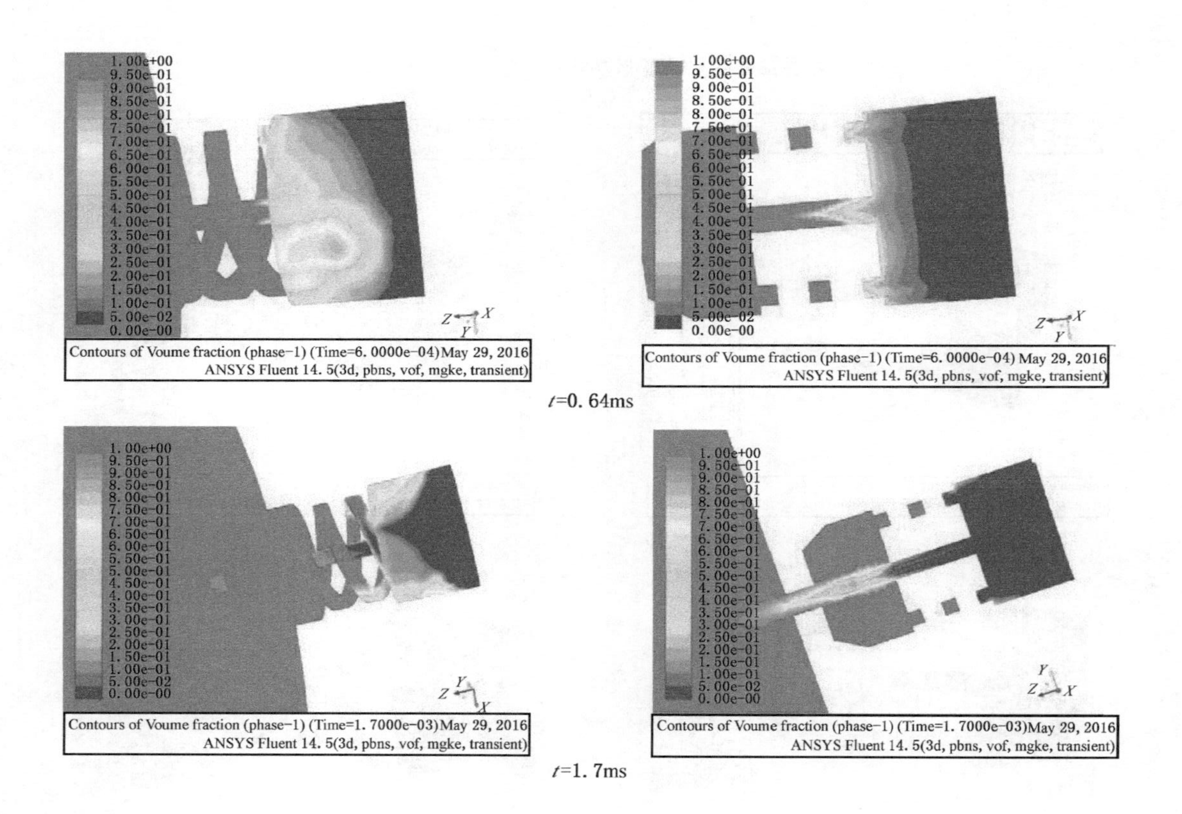

t=0. 64ms

t=1. 7ms

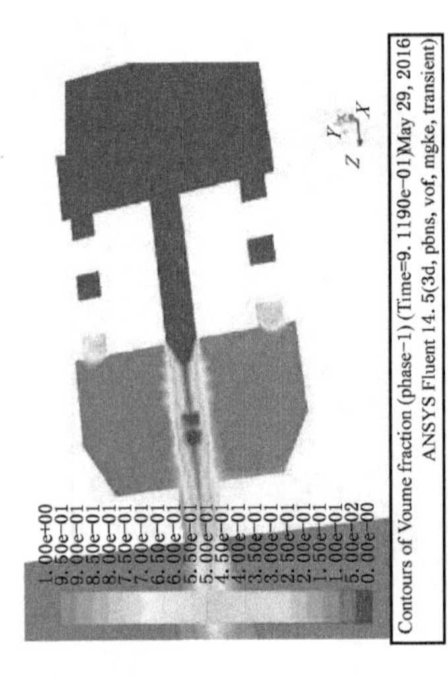

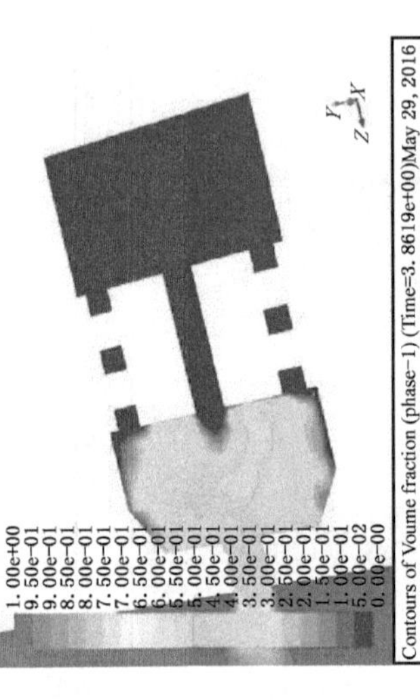

t=0. 91s

t=3. 8s

图 7-17　不同时刻喷嘴内气液两相分布情况

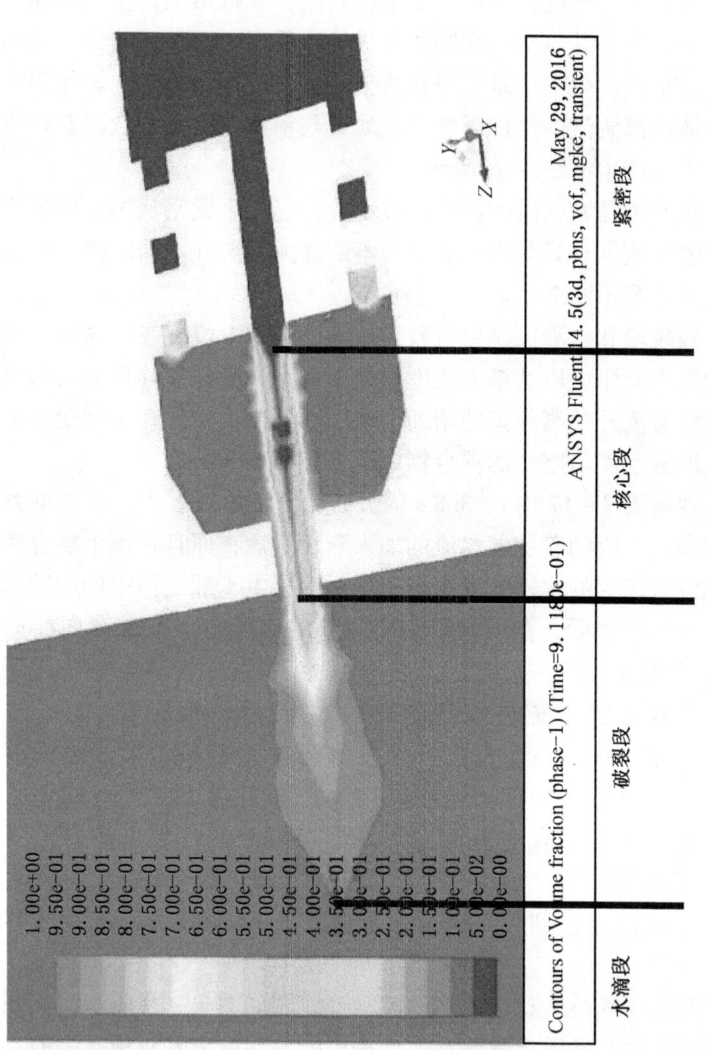

图7-18 射流的基本结构图

紧密段靠近直通孔出口，当射流离开直通孔一段距离后，仍保持初始喷射速度，所以处于紧密状态，在锥形混合室中推动气体前进，由于其与空气之间所形成的边界面之间存在着极大的速度差，从而产生一个垂直于射流轴心方向的作用力，在该作用力与液体内部湍流的作用下，发生质量与动量的交换，从而在射流的外表面产生波纹。

核心段是紧密段的继续发展部分，仍处于紧密状态，保持原有的喷射速度，只是由于波纹的不断加大，液柱不断破碎，使得紧密段直径不断缩小。

破裂段和水滴段是射流破碎成液滴的基本段。在气动力、惯性力和表面张力以及极大速度差的作用下，液柱破碎形成大的水团，随着离开喷嘴距离的增加，水团逐渐减小，最终全部变为水滴，形成水滴与空气的混合物或微小雾滴。

观察图 7 - 17 中 $t=3.8$ s 的分布云图，可以看出，射流的紧密段和核心段随着旋转水流的加入渐渐缩短，而且在整个混合室中也没有较大的水柱或者水团出现，这是由于螺旋槽中的旋转水流进入混合室后，在没有螺旋槽内壁的作用力下，继续向前运动，该部分水流一边在压缩混合室空气时，由于与空气之间存在着极大的速度差而产生摩擦力，使水流被撕裂，另一边与混合室的内壁发生碰撞，致使水流发生破裂，形成小的液体微团，这些小的液体微团向四周扩散，到达混合室的中心部分时，又与原有的射流发生混合、碰撞，两股水流发生复杂的能量与动量交换，致使水流进一步雾化。所以在混合室内，水流已经达到很好的雾化质量，即形成了高速锥状的雾流。

水流自喷嘴入口进入后的流动迹线图如图 7 - 19 所示，从图中可以很明显地看出水流在螺旋槽中的旋转现象和直通孔中的直射现象。

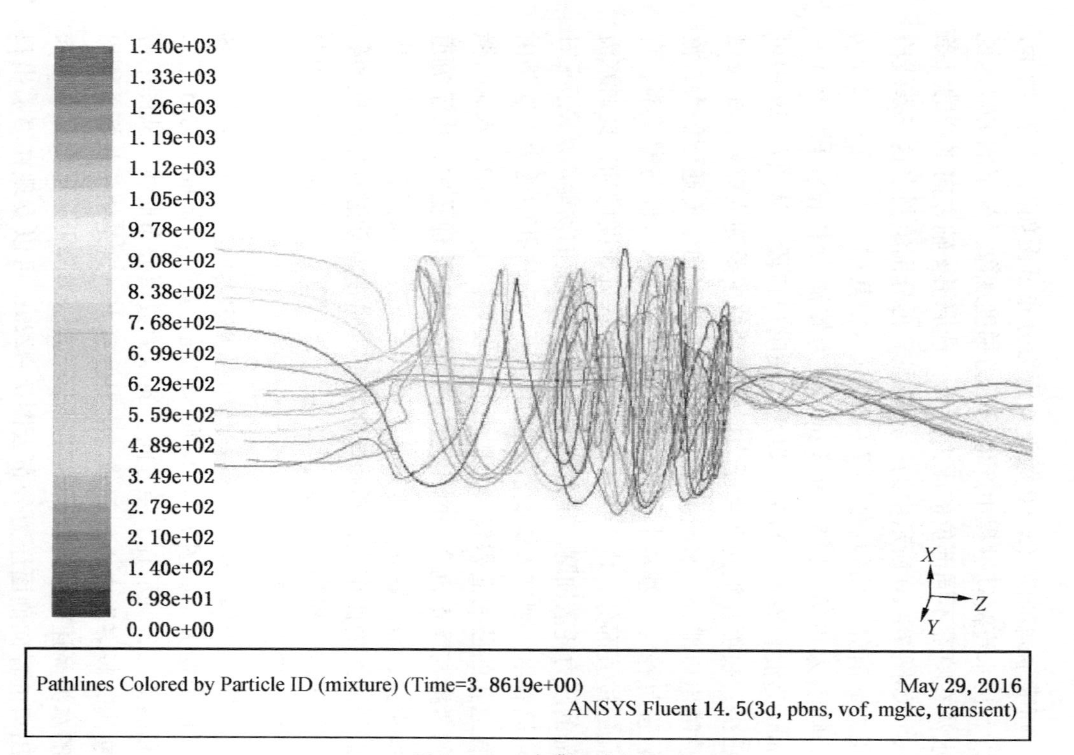
1. 40e+03
1. 33e+03
1. 26e+03
1. 19e+03
1. 12e+03
1. 05e+03
9. 78e+02
9. 08e+02
8. 38e+02
7. 68e+02
6. 99e+02
6. 29e+02
5. 59e+02
4. 89e+02
3. 49e+02
2. 79e+02
2. 10e+02
1. 40e+02
6. 98e+01
0. 00e+00
X
Z
Y
Pathlines Colored by Particle ID (mixture) (Time=3. 8619e+00)
May 29, 2016
ANSYS Fluent 14. 5(3d, pbns, vof, mgke, transient)

图 7－19　喷嘴流线图

7.4.3 压力特性

喷嘴轴向剖面（$x=0$ 截面）压力分布云图如图 7－20 所示，可以看出水流流动过程中产生的压力梯度现象。为了能更好地说明水流在喷嘴不同部位的压力情况，选取沿 z 轴方向平行的三条线段，如图 7－20 所示中的三条线段。再分别绘制出这三条线段的压力数值分布曲线，如图 7－21 所示，其中，－4.5～2.5 mm 段为喷嘴入口段，2.5～9.5 mm 段为旋流段和直流段，9.5～17 mm 为混合室段，17 mm 以后为喷嘴出口段。从图7－19 中可以看出，喷嘴在轴向产生压力损失的部位主要为入口处，螺旋槽和喷嘴出口部分。水流由喷嘴入口进入时，由于流通面积大，流速较慢且稳定，基本上不产生压力损失。在入口段与螺旋槽、直通孔的过渡部分，由于流通截面骤减，水流速度增加，此时水流内部的压力耗散加剧，压力能主要转化为水流的动能。从图 7－21 中可以看出，刚进入螺旋槽中的压力要比直通孔中的大，这是由于直通孔的截面面积较小，压力损失较大，在实际中，水流与壁面的碰撞与摩擦也会加剧压力能的损失。在直通孔中，由于流道截面不变，流速稳定，压力基本不产生变化，而在螺旋槽中，由于该处流线的曲率大，螺旋弯曲严重，水在流动过程中与壁面碰撞而发生压力损失。在混合室与喷嘴出口处，由于流通截面的变小，压力损失严重。

在混合室内，沿轴向看去其压力不发生损失，而在径向上发生了压力损失，如图 7－22b 所示的混合室径向剖面压力分布云图和图 7－23 所示其半径方向上的压力数值分布曲线。从图中可以看出，越靠近中心的部分，压力值越小，这是由于从螺旋槽出来的水流高速旋转，使得混合室中心的压力降低，同时，观察喷嘴出口的径向剖面压力分布云图 7－22a，可以发现在喷嘴出口的中心部分具有负压的存在，正是负压和混合室中的压力梯度，使得喷嘴与外界空气相通，并在喷嘴中心处产生空气涡流。

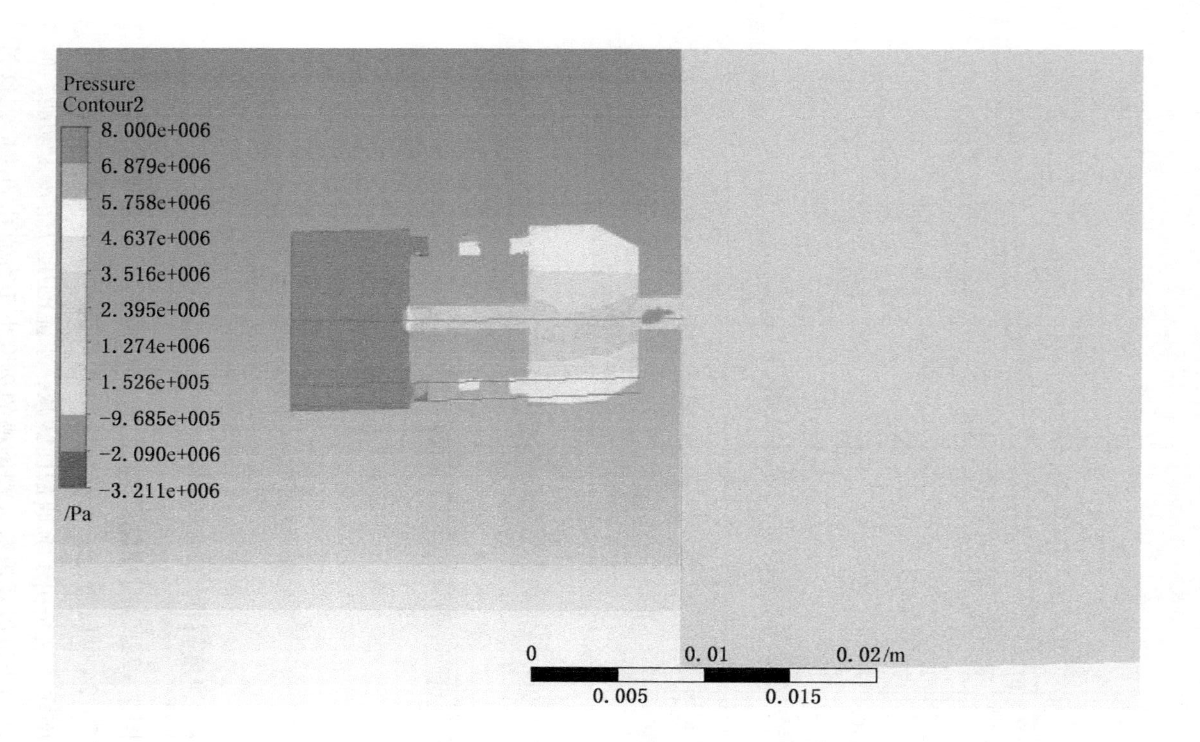

图 7－20　喷嘴轴向剖面($x=0$ 截面)压力分布云图

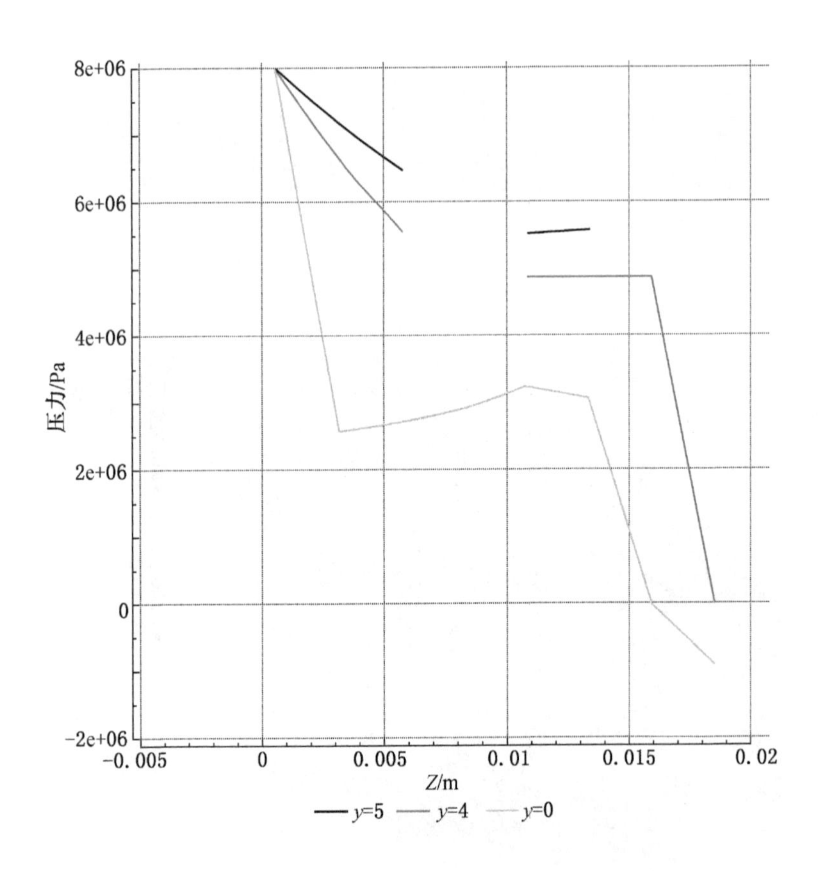

图 7-21　三条线段的压力数值分布曲线图

7.4.4　速度特性

图 7-24 为喷嘴轴向剖面（$x=0$ 截面）总速度分布云图，从图 7-24 可以看出，水流从喷嘴入口进入螺旋槽和直通孔时，速度增大，这是由于流通截面骤减，水流的压力能转为动能，同时，从图中可以看出流入螺旋槽的速度小于直通孔的速度，这是

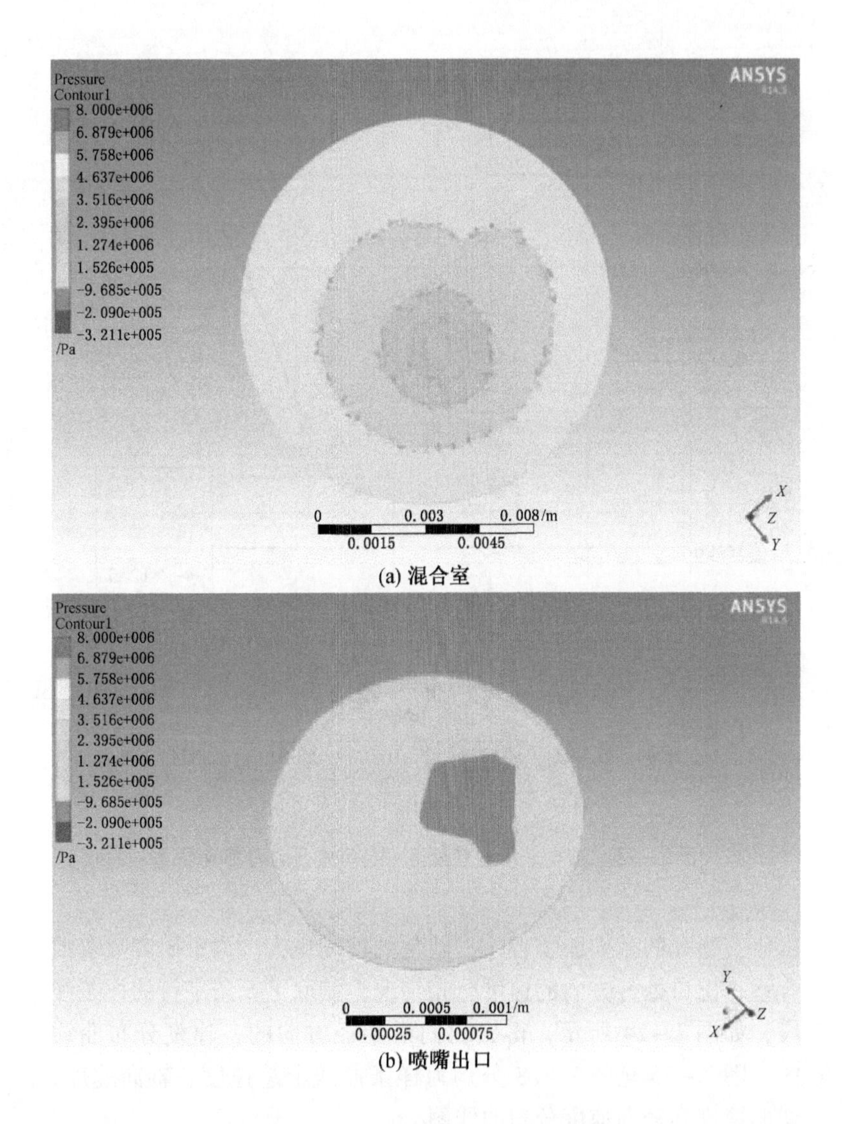

(a) 混合室

(b) 喷嘴出口

图 7－22　径向剖面压力分布云图

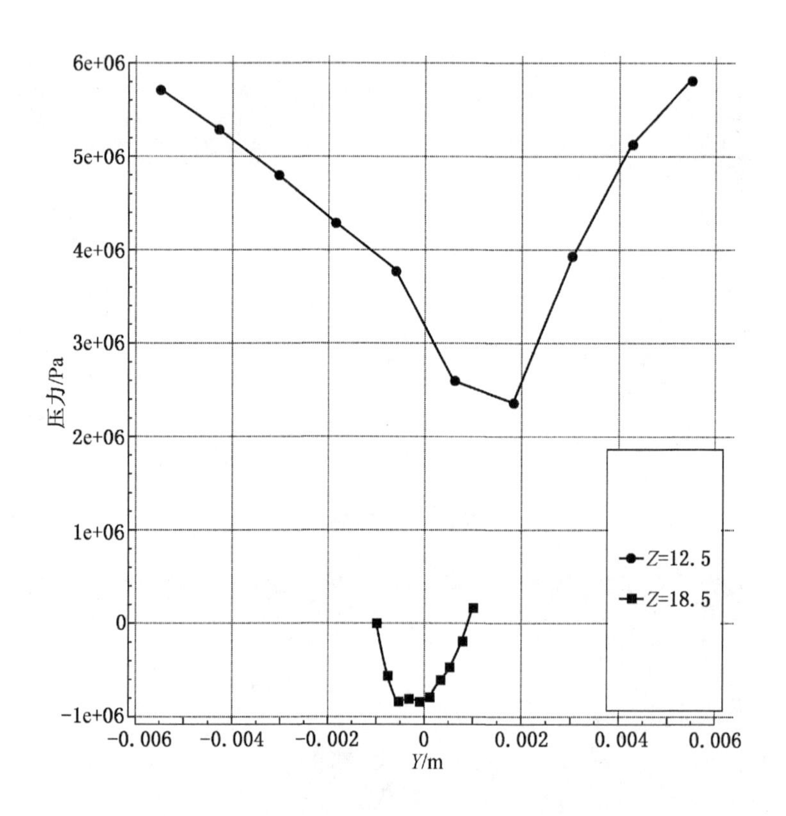

图 7-23 混合室、出口段沿半径方向压力分布曲线图

由于直通孔的截面面积较小，转化的速度也大。为了研究喷嘴混合室、出口处各方向的速度分布情况，截取了 6 条平行的样条线段，如图 7-24 所示，得出它们沿半径方向的各速度分布曲线图。图 7-25 至图 7-28 分别为样条曲线上总速度、轴向速度、切向速度和径向速度分布曲线图。

由图 7-25 的总速度分布曲线图可以看出，混合室与出口段的速度分布呈现出由壁面向中心方向速度逐渐增大的趋势，水流

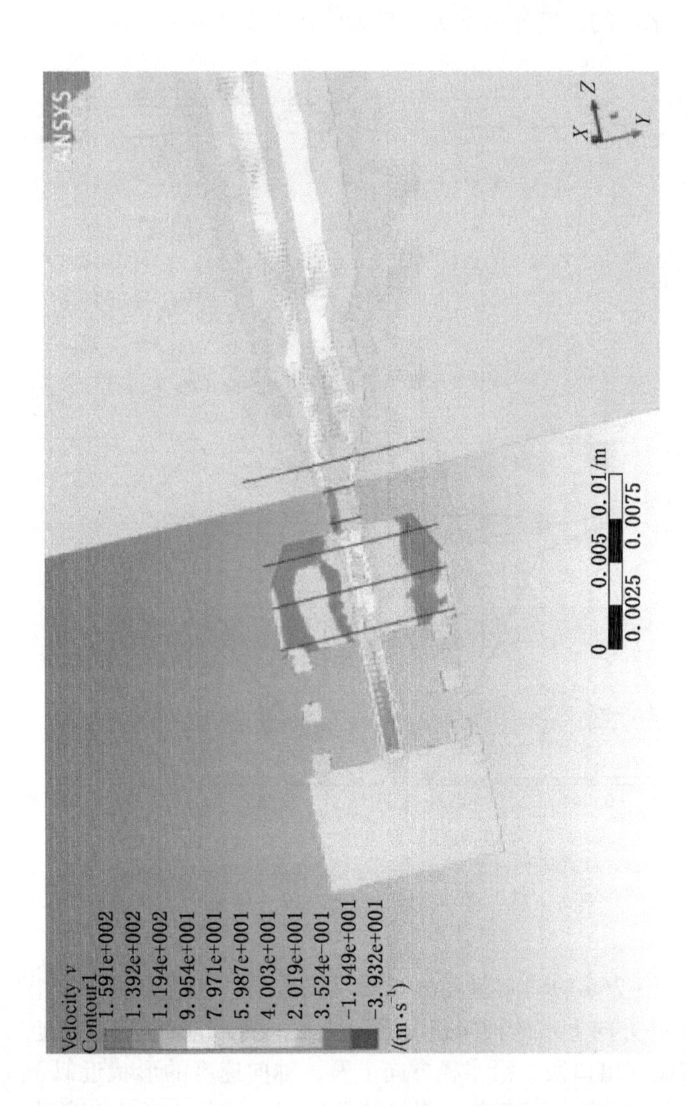

图 7－24　喷嘴 $x=0$ 截面总速度分布云图

在壁面的速度都接近于0；沿 z 轴方向上看，由于喷嘴出口面积的缩减，水流的速度逐渐增大，最大值达到142 m/s。

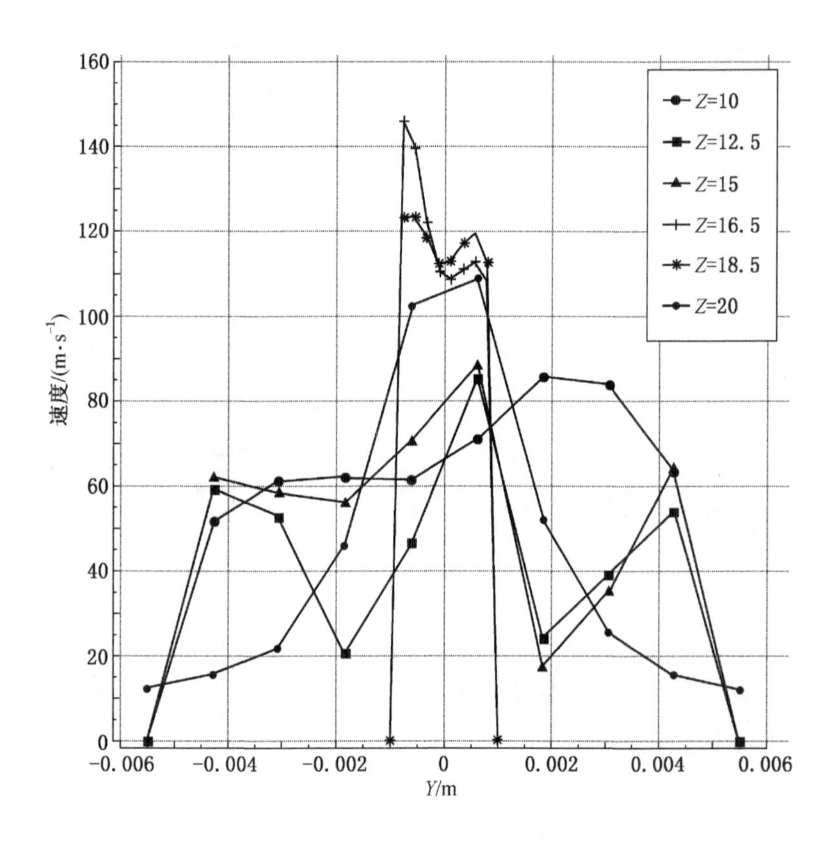

图7－25　样条曲线总速度分布曲线图

由图7－26a的轴向速度分布图可以看出，在混合室中，沿壁面向中心方向上水的轴向速度逐渐增大，壁面的轴向速度接近于0。在喷嘴出口段，沿半径方向上看，轴向速度的形状近似于“M”形分布，即水流存在着明显的低速区，这是由于水流的强烈卷吸作用，使得旋转流体中心压力降低，从而抽吸外部气体进入喷嘴内部，阻碍了中心水流的运动，而在其周围存在着最大速度。水流喷出后，一方面由于与空气间的速度差而发生动能传递，另一方面由于失去喷嘴内壁的作用力，向径向扩散，速度方向发生变化，其轴向速度分量转化为径向速度分量，而导致水流喷出后的轴向速度逐渐降低，最终发展为与普通圆射流的速度分布相似。

由图 7－26b 中的切向速度分布图可以看出水流的切向速度分布近似“N”形分布，即水流的切向速度以中心为对称分布，两侧的切向速度方向相反。从半径方向上看，切向速度先随着半径的减小而有所增大，这在旋转水射流理论中称之为“势流旋转区”，简称“势涡”，即在圆柱形旋流设备的边周，切向速度随半径的减少而不断增加的区域，又称为势流旋转区，其流体边界的液体速度为零；当压力降低到与喷嘴出口外的压力相等时，势流旋转区结束，由于流体黏性的作用，形成切向速度随着半径的减小而逐渐增大的“似固体区”，简称“涡核”，整个流体好比一块固体在旋转。水流喷出后，在切向速度的作用下，液体向四周扩散，并随着流体的发展，切向速度迅速衰减，离心作用也在变弱。

由图 7－26c 中的径向速度分布图可以看出在混合室和出口段由于受到壁面的约束作用径向速度较小；水流由喷嘴喷出后，向四周扩散，轴向速度分量转变为径向速度分量，其径向速度迅速增加，而这在轴向速度分布图上有相应的体现，且其方向由中心指向壁面。

7.4.5 空气、水流入口质量流率

通过 Fluent 中的 report 处理后可以得出水流入口和空气入口处气、液两项的质量流率，如图 7－27 所示，其中，空气的质量流率为 0.03 kg/s，水流质量流率为 0.26 kg/s。

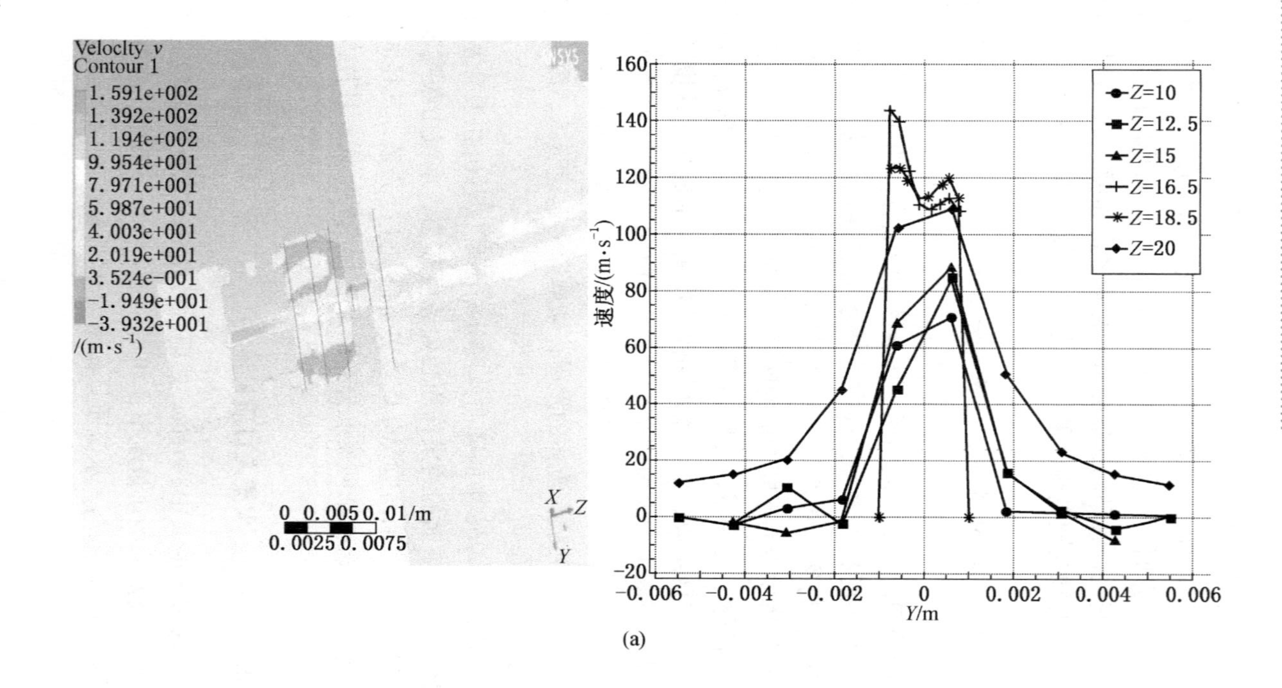
Velocity v
Contour 1
1. 591e+002
1. 392e+002
1. 194e+002
9. 954e+001
7. 971e+001
5. 987e+001
4. 003e+001
2. 019e+001
3. 524e-001
-1. 949e+001
-3. 932e+001
/(m·s⁻¹)
0 0. 005 0. 01/m
0. 0025 0. 0075
X Z Y
Z=10
Z=12. 5
Z=15
Z=16. 5
Z=18. 5
Z=20
速度/(m·s⁻¹)
Y/m

(a)

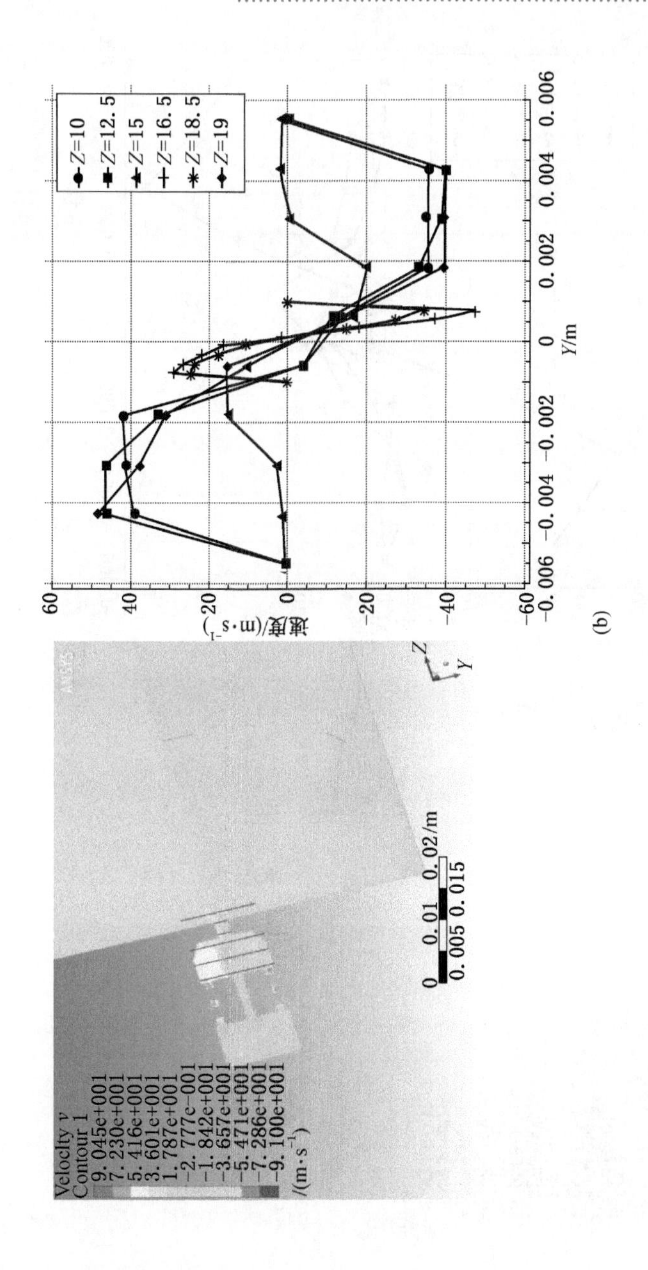
Velocity v
Contour 1
9.045e+001
7.230e+001
5.416e+001
3.601e+001
1.787e+001
-2.777e-001
-1.842e+001
-3.657e+001
-5.471e+001
-7.286e+001
-9.100e+001
/(m·s^-1)
0 0.01 0.02/m
0.005 0.015
Z=10
Z=12.5
Z=15
Z=16.5
Z=18.5
Z=19
速度/(m·s^-1)
Y/m

(b)

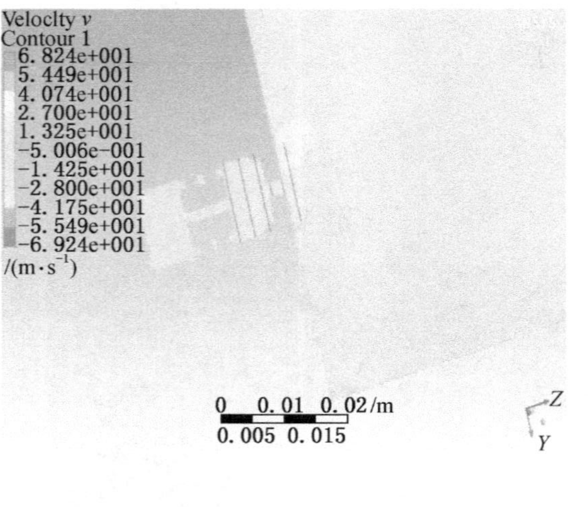

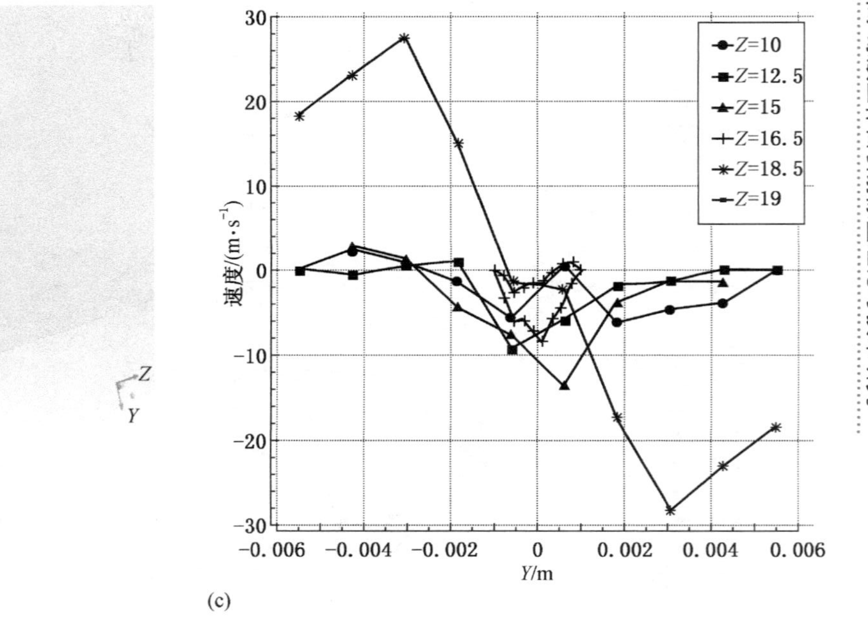

(c)

图 7-26 喷嘴 $x=0$ 截面径向速度分布云图及样条曲线径向速度分布曲线图

```
                 Phase-1
         Mass Flow Rate                          (kg/s)
------------------------  -----------------------
                    inair                    0.03010951
                  inwater                             0
------------------------  -----------------------
                      Net                    0.03010951

                 Phase-2
         Mass Flow Rate                    (kg/s)
----------------------  ----------------------
                    inair                           0
                  inwater              0.26666492
----------------------  ----------------------
                      Net              0.26666492
```

图 7 -27　空气、水流入口质量流率数值报告图

7.5　正交模拟试验

7.5.1　试验设计

喷嘴的几何尺寸对水射流的雾化质量具有很大的影响，为了找出最佳喷嘴几何尺寸参数的搭配，设计了正交模拟试验组，由理论设计可计算出螺旋槽的槽宽、直通孔的直径、喷嘴出口段的直径等尺寸范围，所以以理论设计得出的尺寸为基础，对每个因素取 3 个水平进行模拟分析，表 7 -3 为试验所用的因素水平表。

在该模拟试验组中，不考虑各个因素之间的交互作用，仅考虑各个因素对雾化质量的单独影响作用，故选用 $L_9(3^4)$ 的正交表。因为轴向速度影响雾流的射程，轴向速度越大，射程越大；切向速度影响雾流的扩散角，切向速度越大，扩散现象越明显；空气入口质量流率即吸风量，吸风量越大，除尘效果越好，故选

用喷嘴出口处的轴向平均速度、切向平均速度和空气入口质量流率作为衡量的指标，用 Fluent 对这 9 组喷嘴进行数值模拟，所得结果见表 7－4，轴向平均速度结果极差分析表见表 7－5、切向平均速度结果极差分析表见表 7－6、空气质量流率结果极差分析表见表 7－7。

表 7－3　正交模拟试验因素水平表

水平	实验因素			
	螺旋槽深度/mm	直通孔的直径/mm	喷嘴出口直径/mm	喷嘴进水压力/MPa
	因素 A	因素 B	因素 C	因素 D
1	2.3	1.2	1.5	8
2	2.4	1.5	2	12
3	2.5	1.8	2.5	15

表 7－4　正交模拟试验结果表

试验号	试验因素						
	因素 A	因素 B	因素 C	因素 D	轴向平均速度/($m \cdot s^{-1}$)	切向平均速度/($m \cdot s^{-1}$)	空气质量流率/($kg \cdot s^{-1}$)
1	1(2.3)	1(1.2)	3(2.5)	2(12)	60.08	35.64	0.036
2	1	2(1.5)	1(1.5)	1(8)	90.57	25.74	0.016
3	1	3(1.8)	2(2)	3(15)	135.62	32.74	0.033
4	2(2.4)	1	2	1	73.29	35.45	0.036
5	2	2	3	3	109.03	46.91	0.049
6	2	3	1	2	121.34	29.89	0.041
7	3(2.3)	1	1	3	145.27	59.13	0.064
8	3	2	2	2	129.58	45.47	0.031
9	3	3	3	1	51.64	27.45	0.021

表7-5 轴向平均速度结果极差分析表

K值	螺旋槽深度/mm	直通孔的直径/mm	喷嘴出口直径/mm	喷嘴进水压力/MPa
	因素A	因素B	因素C	因素D
K_{1j}	286.27	278.64	357.18	215.6
K_{2j}	303.66	329.18	338.49	311
K_{3j}	326.49	308.60	220.75	389.92
$\overline{K}_{1j}$	95.42	92.88	119.06	71.87
$\overline{K}_{2j}$	101.11	119.72	112.83	107.13
$\overline{K}_{3j}$	108.83	102.87	73.58	129.97
极差R	13.41	28.64	43.48	58.10
因素影响排序	D>C>B>A			

表7-6 切向平均速度结果极差分析表

K值	螺旋槽深度/mm	直通孔的直径/mm	喷嘴出口直径/mm	喷嘴进水压力/MPa
	因素A	因素B	因素C	因素D
K_{1j}	94.12	130.22	114.76	88.64
K_{2j}	112.25	118.12	113.66	111
K_{3j}	132.05	90.08	110	138.78
$\overline{K}_{1j}$	31.37	43.41	38.25	29.55
$\overline{K}_{2j}$	37.42	39.37	37.89	38.50
$\overline{K}_{3j}$	44.02	30.03	36.67	46.26
极差R	12.65	13.38	1.58	16.71
因素影响排序	D>B>A>C			

表7-7 空气质量流率结果极差分析表

K值	螺旋槽深度/mm	直通孔的直径/mm	喷嘴出口直径/mm	喷嘴进水压力/MPa
	因素A	因素B	因素C	因素D
K_{1j}	0.085	0.136	0.121	0.073
K_{2j}	0.126	0.096	0.1	0.108
K_{3j}	0.116	0.095	0.106	0.146
$\overline{K}_{1j}$	0.028	0.045	0.040	0.024
$\overline{K}_{2j}$	0.042	0.032	0.033	0.038
$\overline{K}_{3j}$	0.039	0.032	0.035	0.049
极差R	0.014	0.013	0.007	0.025
因素影响排序	D>A>B>C			

7.5.2 试验结果分析

1. 正交试验喷嘴最优参数组合

通过以螺旋槽深度、直通孔的直径、喷嘴出口直径、喷嘴进水压力四个影响因素进行正交试验参数组合设计，通过 Fluent 数值模拟各试验方法喷嘴性能参数发现，试验方案7最优参数组合，即当螺旋槽深度2.5 mm、直通孔直径1.2 mm、喷嘴出口直径1.5 mm、喷嘴进水压力15 MPa试验组合时，喷嘴的性能最佳。

2. 正交试验喷嘴单因素敏感性分析

根据表7-3至表7-5中的结果，绘制了轴向平均速度分布曲线图、切向平均速度分布曲线图、空气质量流率分布曲线图，分别如图7-28至图7-30所示。

根据表7-4至表7-6中的极差大小可以得出各指标下的因素主次顺序，且能根据各指标的不同水平平均值确定出各因素的

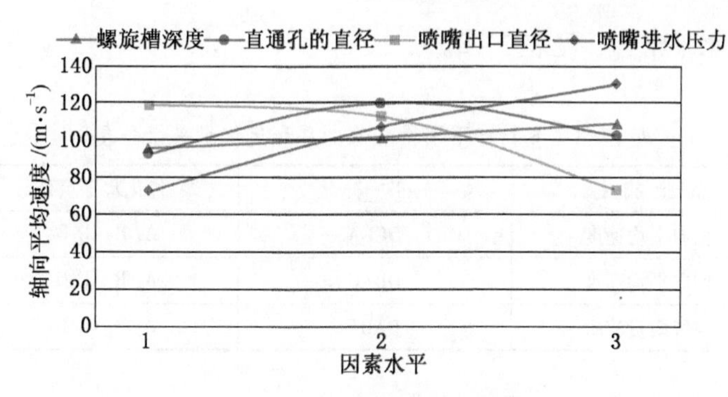

图7-28 轴向平均速度分布曲线图

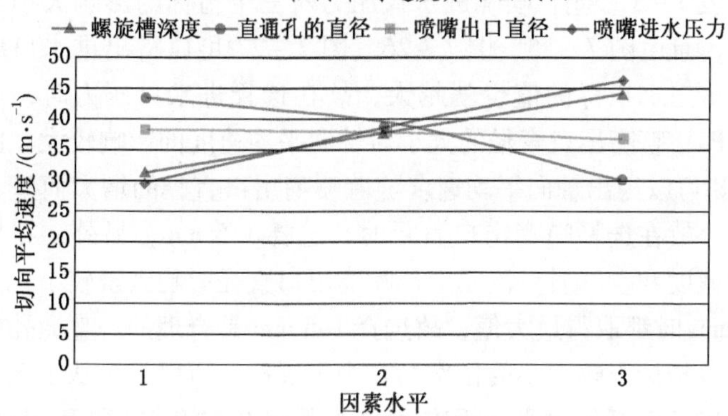

图7-29 切向平均速度分布曲线图

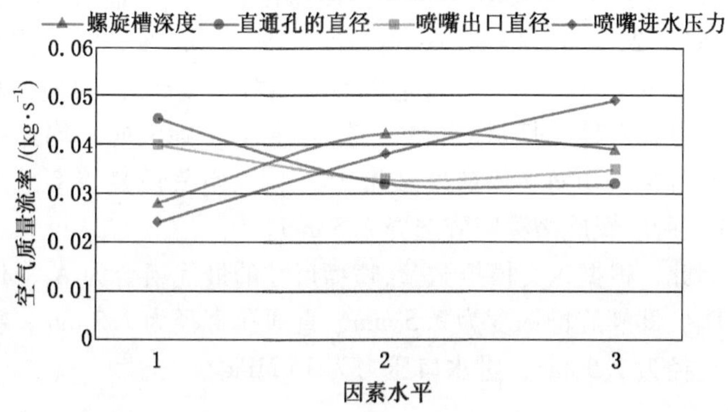

图7-30 空气质量流率分布曲线图

优化水平组合，见表7－8。

表7－8　各指标下因素主次顺序和优化水平组合表

试验指标	主次顺序	优化水平组合
轴向平均速度	DCBA	A_3 B_2 C_1 D_3
切向平均速度	DBAC	A_3 B_1 C_1 D_3
空气质量流率	DABC	A_2 B_1 C_1 D_3

表7－8表明，喷嘴进水口压力对三个指标的影响大小都排前面，且由图7－25、图7－26、图7－27可以得出进水口压力越大，三个指标的值也就越大，故在选择进水口压力时，选择15 MPa；喷嘴出口直径的大小对轴向平均速度的影响较大，由图7－28可以得出轴向平均速度随着喷嘴出口直径的增大而呈下降趋势，故在选择喷嘴出口直径时，选择1.5 mm，另外，在切向平均速度和空气质量流率中，喷嘴出口直径影响因素较小，但在1.5 mm时都取得最大值，故选择1.5 mm是合理的；直通孔的直径对各指标影响大小的位次均在中等层次，所以很难从主次顺序中找出其最好的水平，而在优化水平组合中有 B_1 和 B_2 两个水平，如果选择 B_2，从表7－3中可以得出，虽然其轴向平均速度比 B_1 多了22.4%，但切向平均速度减少了10.2%，空气质量流率更是减少了40.6%，故直通孔直径选择1.2 mm；同理，螺旋槽深度也有两种选择 A_2 和 A_3，若选择 A_3，则轴向平均速度比 A_2 多了7%，切向平均速度多了15%，而空气质量流率减少了7.7%，所以螺旋槽深度应选择2.5 mm。

因此，根据正交模拟试验，喷嘴尺寸的最优组合为 $A_3+B_1+C_1+D_3$，即螺旋槽深度为2.5 mm，直通孔直径为1.2 mm，喷嘴出口直径为1.5 mm，进水口压力为15 MPa。

8 引射筒内部流场的数值模拟研究

8.1 国内外 Fluent 流场模拟研究现状

同煤集团同大科技研究院侯宝月应用 Fluent 软件对燕子山煤矿采煤机二次负压技术进行模拟，得到了巷道内负压引起的气流运动轨迹，同时研究了喷水水压、喷嘴半角对除尘效果的影响，得到水压 6 MPa，喷嘴半角 20°时除尘效果最佳的结论。

中国矿业大学于全想根据喷雾降尘的原理，结合伯方煤矿采煤机产尘特征，研究了采煤机降尘技术机理，运用 Fluent 模拟软件，研究了喷嘴出口射流速度和喷管直径对射流压力和速度的影响，得到相关优化参数，设计了一套应用于采煤工作面的除尘装置。该装置可使工作面煤尘浓度降低 80% 以上，为井下的安全生产提供了保障。

西安建筑科技大学赵菊恒建立了气粒两相流的力学模型，选取随机轨道模型作为颗粒相运动的基础，运用 Fluent 对气粒两相流在二维管道中的运动情况进行模拟，得到如下结论：在同一风速下，粒径是 1 ~ 5 μm 的尘粒无沉降趋势；而粒径是 1 ~ 10 μm 的尘粒，风速减小时，部分尘粒沉降，但并不是所有的尘粒都能沉入管道底部。

广东工业大学何成以煤粉为研究对象，应用 Fluent 研究了在气力作用下煤粉在竖直管道中的流动情况，获得管内不同截面气体、固相的径向流速和轴向静压，并进行了气体管道压力损失计算。

天津大学王立成以欧拉多相流模型为基础，运用 Fluent 对搅拌器的工作状态分别建立了液固两相流和液—固多相流模型，通过对比不同模型对流场的影响，得到在不同槽型结构、搅拌转速、混合时间和固相材料的情况下各相的混合均匀状态，为搅拌器的设计提供了理论依据，为搅拌过程的预测和控制奠定了基础。

长江大学阮龙飞采用 Fluent 对油气运输的水平管道、竖直管道和倾斜管道进行模拟，建立的二维模型再现了水平管道的 7 种流形、竖直管道和倾斜管道的 5 种流形，模拟结果与三维模型差距较小，得到不同时刻管道内部气液两相的分布、体积分数云图和关系曲线。

河北大学何青应用 Fluent 仿真软件，分别选取三个液相点下的三个气相状态，对方形管内部流场的分布进行 9 组模拟，模拟结果与实际试验结果进行对比，得到了较好的效果。

东南大学陈雯针对电站锅炉二次回风道风速难以测量的问题，使用 Fluent 软件对回风道内不同风速的分布情况进行模拟，并与实际试验对比，确定了最佳风速系数和靠背杆的最佳安装位置，并在某电厂中应用，实用性较高。

中航工业军品集团 134 厂第一研究所赵磊采用 Fluent 以欧拉—拉格朗日法对旋流分离器内部气液两相流进行模拟，分析了颗粒粒径、速度不同时的运动轨迹和规律，对分离器的改进和优化具有一定的指导作用。

中国矿业大学郭亚迪针对西铭选煤厂放煤口局部瓦斯浓度高的问题，运用 Fluent 对煤仓气流流场进行数值模拟，得到瓦斯浓度超限的原因与区域，模拟结果与实际试验基本相符，为煤仓的合理设计起到指导作用。

辽宁石油化工大学高德真等在 T 型管道试验平台上，通过 Fluent 对气力输送的发射压力和发射流量进行改变，获得 T 型管中的压降和各相体积分数，模拟结果表明管道压降和固相的体积分数与发射压力成正比，气相的体积分数与发射流量成正比。

东北石油大学陈浩根据输油管发生泄漏时产生负压波信号的原理，应用 Fluent 软件对不同工况下的输油管道泄漏进行模拟，提取了相应的负压波信号，为管道泄漏的定位检测工作提供了依据。

意大利 Dehkordi 等人通过 Fluent 软件对水平管道中油—水两相环流流经文丘里流量计和喷嘴流量计时的状态进行模拟，以 $k-\varepsilon$ 模型和 SST $k-\omega$ 模型为基础，得到两相的压降分布、瞬时径向速度和截面滑移比率，并与实际试验对比验证，两者数据基本吻合。

南非 Mahdavi 等人采用 Fluent 软件对纳米领域的固体颗粒和液相在水平湍流管中进行模拟，选用四种常见的纳米材料（氧化铝等）作为流体，以混合型模型和离散型模型为基础，得到纳米固体颗粒和流体在对流时的热交换及水动力特征，是 Fluent 软件在纳米领域的一种技术探索，具有一定的参考价值。

印度尼西亚 Deendarlianto 等人应用 Fluent 软件对直径为 26 mm、长度为 9.5 m 的水平管道内气液两相流的瞬时状态进行模拟，同时在试验中采用高速摄像系统捕捉试验瞬态，将模拟结果与实际试验结果进行对比，数据吻合，验证了所建立的 Fluent 模型的正确性。

国内外研究人员在对两相流和多相流的模型简化、Fluent 仿真和实际试验等方面做了大量卓有成效的工作，取得了一系列的研究成果，但仍存在以下几个问题：

（1）不同的相在流场中的运动极其复杂，之前的研究方向主要是各相之间相对运动的分析，缺乏对各相物理、化学性质的研究，不利于了解各相在流场中的分布规律。

（2）流场建模时，Fluent 求解器中有多种模型可供选择，不同的模型既有相似又有不同，在选用求解器模型时缺少必要的理论分析和数据计算作为依据，对于可同时选择两个以上求解器的流场并未进行对比模拟试验。

（3）对于所建立的 Fluent 模型多采用一组实际试验数据来验证是否正确，缺乏可靠性，应增加验证试验组数。

（4）未将模拟结果与实际试验结果进行误差分析；Fluent 模型验证正确后，对于试验装置中影响最终结果的不利参数没有进行优化。

本章将对引射除尘器内部流场进行理论分析，为本课题涉及的煤尘颗粒、空气和水流三相流体运动选择合适的数学模型，同时为后期的数值模拟研究提供理论依据。在理论分析的基础上，对引射除尘器进行了三维建模和网格划分，并导入 Fluent 进行数值模拟。

8.2 流体流动特性及基本控制方程

引射除尘器的内部流场涉及含有煤尘颗粒的空气和高速水射流，两者都属于流体。相对于固体来说，气体和液体没有固定的形状，且在静止时只有法向应力作用在承受面上，而切向应力则只在发生相互运动时才能产生。

8.2.1 流体的黏性

当气体或者液体发生相对运动时，相邻的两层流体有抵抗这种相对运动的作用力，这就是黏性力。流体的黏性是指这种在流体内部抵抗发生相对运动的性质。黏性与流体的性质、温度和相对速度相关。温度升高时，气体的黏度升高，黏性增大，而液体则在温度升高时，其黏度降低，黏性减小。相对速度变大时，黏性力也会增加。相邻两层液体的切向应力为

$$\tau = \mu \frac{dV}{dy} \tag{8-1}$$

式中　τ——切向应力，N；

μ——动力黏度，$N \cdot s/m^2$；

$\frac{dV}{dy}$——与两层流体垂直的速度梯度。

在各种流体中，满足式（8－1）的称为牛顿流体，否则就为非牛顿流体。

8.2.2 流体的压缩性

气体和液体在受到压力时，体积会随着压力的增大而变小，这种性质称为流体的压缩性。其中，液体的可压缩性差。在计算中，通常认为在温度不变的情况下，液体的体积和密度不变；对于速度较低的气体也可以看作不可压缩气体。流体的压缩性可用压缩性系数β表示：

$$\beta = \frac{1}{\rho}\frac{d\rho}{dp} \tag{8-2}$$

式中 ρ——流体的密度，kg/m^3；

p——流体所受的压强，Pa。

从式（8－2）中可得，当压缩性系数β越大，则流体可压缩性越好。

引射除尘器中的含煤尘空气和水射流可看作不可压缩流体。

8.2.3 层流与湍流

流体在运动时，如果流体内部各层不相互干扰，各自按照自己的轨迹运动，则称之为层流；随着速度增大，流体内部各层流体出现紊乱，运动无规律，这种状态称为湍流。

流体的层流状态与湍流状态的相互转换常用雷诺数Re作为衡量：

$$Re = \frac{\rho u d}{\mu} \tag{8-3}$$

式中　ρ——流体密度，kg/m^3；

u——流体的平均速度，m/s；

d——管道直径，mm；

μ——动力黏度，$N \cdot s/m^2$。

由层流变为湍流时称为上临界雷诺数；由湍流变为层流时称为下临界雷诺数。当雷诺数小于下临界值时，流体为层流；当雷诺数大于上临界值时，流体为湍流；当雷诺数介于两者之间，则流体可能是层流也可能是湍流。实际工程中，取 $Re_{cr}=2000$，当 Re 小于2000，则为层流；当 Re 大于2000，则为湍流。

当水射流在引射除尘器中高速前进时，水的密度 ρ 是 $1000\ kg/m^3$，流体的速度 u 大约为30 m/s，水力直径 d 为1.5 mm。在温度为20 ℃时，水的动力黏度为0.001 Pa·s。由式（8－3）可知引射筒内水射流的雷诺数 Re 为45000，故在引射除尘器中的流体呈湍流状态。

8.2.4　基本控制方程

流体流动遵循物理守恒定律，基本定律有质量守恒定律、动量守恒定律和能量守恒定律。在流体力学的研究中表现为三个方程：质量守恒方程（连续性方程）、动量守恒方程（N－S方程）、能量守恒方程。

1. 质量守恒方程

流场的控制体是指任意的一个封闭区域。其表面称为控制面，单位时间内控制体的质量增量等于从控制面流入和流出的质量之差，即

$$\frac{\partial}{\partial t}\iiint_V \rho dxdydz + \iint_A \rho dA = 0 \qquad (8-4)$$

式中　V——控制体，m^3；

A——控制面，m^2。

在直角坐标系中，式（8－4）可表示为

$$\frac{\partial \rho}{\partial t}+\frac{\partial(\rho u)}{\partial x}+\frac{\partial(\rho \nu)}{\partial y}+\frac{\partial(\rho w)}{\partial z}=0 \tag{8-5}$$

式中　u、ν、w——速度矢量在 x、y、z 轴上的分量。

因为含煤尘的空气和水射流为不可压缩流体，所以式（8-5）又可表示为

$$\frac{\partial u}{\partial x}+\frac{\partial \nu}{\partial y}+\frac{\partial w}{\partial z}=0 \tag{8-6}$$

2. 动量守恒方程

控制体动量对时间的变化率等于外界作用在控制体上各种力的和，由式（8-7）表示为

$$\delta_F=\delta_m \frac{d\nu}{dt} \tag{8-7}$$

式中　δ_F——作用在控制体上的总力，N；

δ_m——控制体的质量，kg。

在直角坐标系中，式（8-7）可表示为

$$\begin{cases}\rho \dfrac{du}{dt}=\rho F_x-\dfrac{\partial p}{\partial x}+\dfrac{\partial}{\partial x}\left(\mu \dfrac{\partial u}{\partial x}\right)+\dfrac{\partial}{\partial y}\left(\mu \dfrac{\partial u}{\partial y}\right)+ \\ \qquad \dfrac{\partial}{\partial z}\left(\mu \dfrac{\partial u}{\partial z}\right)+\dfrac{\partial}{\partial x}\left[\dfrac{\mu}{3}\left(\dfrac{\partial u}{\partial x}+\dfrac{\partial \nu}{\partial y}+\dfrac{\partial w}{\partial z}\right)\right] \\ \rho \dfrac{d\nu}{dt}=\rho F_y-\dfrac{\partial p}{\partial y}+\dfrac{\partial}{\partial x}\left(\mu \dfrac{\partial \nu}{\partial x}\right)+\dfrac{\partial}{\partial y}\left(\mu \dfrac{\partial \nu}{\partial y}\right)+ \\ \qquad \dfrac{\partial}{\partial z}\left(\mu \dfrac{\partial \nu}{\partial z}\right)+\dfrac{\partial}{\partial y}\left[\dfrac{\mu}{3}\left(\dfrac{\partial u}{\partial x}+\dfrac{\partial \nu}{\partial y}+\dfrac{\partial w}{\partial z}\right)\right] \\ \rho \dfrac{dw}{dt}=\rho F_z-\dfrac{\partial p}{\partial z}+\dfrac{\partial}{\partial x}\left(\mu \dfrac{\partial w}{\partial x}\right)+\dfrac{\partial}{\partial y}\left(\mu \dfrac{\partial w}{\partial y}\right)+ \\ \qquad \dfrac{\partial}{\partial z}\left(\mu \dfrac{\partial w}{\partial z}\right)+\dfrac{\partial}{\partial z}\left[\dfrac{\mu}{3}\left(\dfrac{\partial u}{\partial x}+\dfrac{\partial \nu}{\partial y}+\dfrac{\partial w}{\partial z}\right)\right]\end{cases} \tag{8-8}$$

因为将含煤尘的空气和水射流视为不可压缩流体，所以式（8-8）可表示为

$$
\begin{cases}
\rho\left(\dfrac{\partial u}{\partial t}+u\dfrac{\partial u}{\partial x}+v\dfrac{\partial u}{\partial y}+w\dfrac{\partial u}{\partial z}\right)=\rho F_x-\dfrac{\partial \rho}{\partial x}+\mu\left(\dfrac{\partial^2 u}{\partial x^2}+\dfrac{\partial^2 u}{\partial y^2}+\dfrac{\partial^2 u}{\partial z^2}\right)\\
\rho\left(\dfrac{\partial \nu}{\partial t}+u\dfrac{\partial \nu}{\partial x}+v\dfrac{\partial \nu}{\partial y}+w\dfrac{\partial \nu}{\partial z}\right)=\rho F_y-\dfrac{\partial \rho}{\partial y}+\mu\left(\dfrac{\partial^2 \nu}{\partial x^2}+\dfrac{\partial^2 \nu}{\partial y^2}+\dfrac{\partial^2 \nu}{\partial z^2}\right)\\
\rho\left(\dfrac{\partial w}{\partial t}+u\dfrac{\partial w}{\partial x}+v\dfrac{\partial w}{\partial y}+w\dfrac{\partial w}{\partial z}\right)=\rho F_z-\dfrac{\partial \rho}{\partial z}+\mu\left(\dfrac{\partial^2 w}{\partial x^2}+\dfrac{\partial^2 w}{\partial y^2}+\dfrac{\partial^2 w}{\partial z^2}\right)
\end{cases}
\tag{8-9}
$$

3. 能量守恒方程

流体的能量守恒定律包含有热交换，控制体内能量的增速等于进入控制体的净热流量加上外力对控制体所做的功，方程如下：

$$\frac{\partial(\rho T)}{\partial t}+\nabla\cdot(\rho uT)=\nabla\cdot\left(\frac{k}{c_P}gradT\right)+S_T \tag{8-10}$$

式中　T——温度,℃；

u——速度矢量，m/s；

k——传热系数，W/(m^2·K)；

S_T——黏性耗散项。

在引射除尘器除尘过程中，含煤尘空气和水射流的运动规律遵循质量守恒定律、动量守恒定律和能量守恒定律，三大定律的相关方程也是流体分析软件计算研究的基础。

8.3　含尘气体的控制方程

在含尘气体常用的物理量中，每种组分的体积通量（单位面积上的体积流量）用 j_{Ai}、j_{Bi} 表示（在三元流动中 $i=1$，2，3，…，n)，有时也可以理解为组分的表观速度。那么总体积通量 j_i 的计算公式为

$$j_i=j_{Ai}+j_{Bi} \tag{8-11}$$

同样质量通量表示为 G_{Ai}、G_{Bi}或 G_i。所以，如果单一组分的密度用 ρ_A、ρ_B 表示，则有

$$G_{Ai} = \rho_A j_{Ai} \qquad G_{Bi} = \rho_B j_{Bi} \qquad G_i = \rho_A j_{Ai} + \rho_B j_{Bi}$$

特定相的速度用符号 u_{Ai}、u_{Bi}或者更通用的符号 u_{Ni}表示。两相 A 和 B 之间的相对速度为 u_{ABi}，即

$$u_{Ai} - u_{Bi} = u_{ABi} \tag{8-12}$$

一种组分体积含量用符号 α_N 表示。那么，当含有 A 和 B 两相或者两种组分时，则有 $\alpha_B = 1 - \alpha_A$。对于流动中的任意有限体积，这一符号可以有效地描述其特性。但是对于流动中无穷小的体积或者一点而言，应该用该符号来描述则存在很大的问题，只要这些问题解决，组分 N 的体积通量及其速度的关系为

$$j_{Ni} = \alpha_N u_{Ni} \tag{8-13}$$

即

$$j_i = \alpha_A u_{Ai} + \alpha_B u_{Bi} + \cdots + \alpha_N \mu_{Ni} = \sum_N \alpha_N u_{Ni} \tag{8-14}$$

假设能够确定合适的基元体积，则可以构筑散布多相流（例如可以用于双流体模型）的运动微分方程。为了方便，将基元体积取为三条边分别与 x_1、x_2 和 x_3 平行的单位立方体。组分 N 通过与 i 方向垂直的一个面的质量流量为 $\rho_N j_{Ni}$，那么组分 N 从立方体中流出的净质量流量就是 $\rho_{Ni} j_{Ni}$的散度，也就是下式：

$$\frac{\partial(\rho_N j_{Ni})}{\partial x_i} \tag{8-15}$$

在基元体积内组分 N 的质量增长速度是$\frac{\partial(\rho_N j_{Ni})}{\partial t}$，那么组分 N 的质量守恒要求：

$$\frac{\partial(\rho_N \alpha_N)}{\partial t} + \frac{\partial(\rho_N j_{Ni})}{\partial x_i} = I_N \tag{8-16}$$

式中，I_N 是单位总体积上由其他相到 N 相的质量交换速度。这种质量交换可能是由于相变或者化学反应产生的。需要进行介绍的相互作用项有多个，其中 I_N 是第一个。为了便于参考，称量 I_N 为质量相互作用项。

显然，对于流动中的每一项或每一种组分，称其为单一相连续方程。不过，不管发生何种相变或化学反应，总的质量必须是守恒的，则

$$\sum_N I_N = 0 \tag{8-17}$$

因此，由所有单一相连续方程的总和就得到不含有 I_N 的组合相连续方程：

$$\frac{\partial}{\partial t}\left(\sum_N \rho_N \alpha_N\right) + \frac{\partial}{\partial x_i}\left(\sum_N \rho_N j_{Ni}\right) = 0 \tag{8-18}$$

将方程代入上式得到

$$\frac{\partial \rho}{\partial t} + \frac{\partial}{\partial x_i}\left(\sum_N \rho_N \alpha_N u_{Ni}\right) = 0 \tag{8-19}$$

只有当满足 0 相对速度条件也就是 $u_{Ni} = u_i$ 时，上式可以简化为混合连续方程：

$$\frac{\partial \rho}{\partial t} + \frac{\partial}{\partial x_i}(\rho u_i) = 0 \tag{8-20}$$

该方程与密度为 ρ 的等效单相流动方程相同。

对于一元管流，单相连续方程变为

$$\frac{\partial}{\partial t}(\rho_N \alpha_N) + \frac{1}{A}\frac{\partial}{\partial x}(A\rho_N \alpha_N u_N) = I_N \tag{8-21}$$

式中，x 沿管路计算；$A(x)$ 为过流断面面积；u_N 和 α_N 是过流断面上的平均量；AI_N 是单位管路长度上 N 相的质量交换速度。对各构成组分求和就得到组合相连续方程：

$$\frac{\partial \rho}{\partial t} + \frac{1}{A}\frac{\partial}{\partial x}\left(A\sum_N \rho_N \alpha_N u_N\right) = 0 \tag{8-22}$$

如果所有相的运动速度相同，也就是 $u_N = u$，那么上式简化为

$$\frac{\partial \rho}{\partial t} + \frac{1}{A}\frac{\partial}{\partial x}(\rho A u) = 0 \tag{8-23}$$

由于有时候遇到的情况是两种气体混合物相互交融扩散，所以最后介绍两种组分或者两种物料相互混合而不是相互分离时的

方程形式。两种组分占据了整个体积，空隙率事实上是 1，因此方程变为

$$\frac{\partial \rho_N}{\partial t} + \frac{\partial(\rho_N u_{Ni})}{\partial x_i} = I_N \tag{8-24}$$

首先来分析含尘气体流动中单相或者单一组分流动的基本控制方程。连续性方程可以写为

$$\frac{\partial}{\partial t}(\rho_N \alpha_N) + \frac{\partial(\rho_N \alpha_N u_{Ni})}{\partial x_i} = I_N \tag{8-25}$$

式中，$N = C$ 或者 $N = D$ 分别表示连续相或离散相。为了更加方便，定义一个载荷参数 ξ，则

$$\xi = \frac{\rho_D \alpha_D}{\rho_C \alpha_C} \tag{8-26}$$

连续性方程与流动中的 ξ 值的变化具有重要的联系。混合物密度 ρ 为

$$\rho = \rho_C \alpha_C + \rho_D \alpha_D = (1+\xi)\rho_C \alpha_C \tag{8-27}$$

单相的动量方程和能量方程和方程分别为

$$\rho_N \alpha_N \left(\frac{\partial u_{Nk}}{\partial t} + u_{Ni} \frac{\partial u_{Nk}}{\partial x_i} \right) = \alpha_N \rho_N g_k + F_{Nk} - I_N u_{Nk} - \delta_N \left(\frac{\partial \rho}{\partial x_k} - \frac{\partial \sigma_{Cki}^D}{\partial x_i} \right) \tag{8-28}$$

$$\rho_N \alpha_N c_V N \left(\frac{\partial T_N}{\partial t} + u N_i \frac{\partial T_N}{\partial x_i} \right) = \delta_N \sigma_{Cij} \frac{\partial u_{Ci}}{\partial x_j} + Q_N + W_N + Q I_N + F_{Ni}(u_{Di} - u_{Ni}) - (e_N^* - u_{Ni} u_{Ni}) I_N \tag{8-29}$$

把所有相加起来以后就得到下述组合连续性方程、动量方程以及能量方程：

$$\frac{\partial \rho}{\partial t} + \frac{\partial}{\partial x_i} \left(\sum_N \rho_N \alpha_N u_{Ni} \right) = 0 \tag{8-30}$$

$$\frac{\partial}{\partial t} \left(\sum_N \rho_N \alpha_N u_{Nk} \right) + \frac{\partial}{\partial x_i} \left(\sum_N \rho_N \alpha_N u_{Ni} u_{Nk} \right) = \rho g k - \frac{\partial \rho}{\partial x_k} + \frac{\partial \sigma_{Cki}^D}{\partial x_i} \tag{8-31}$$

$$\sum_N \left[\rho_N \alpha_N c_{vN}\left(\frac{\partial T_N}{\partial t} + u_{Ni}\frac{\partial T_N}{\partial x_i}\right)\right] = \sigma_{Cij}\frac{\partial u_{Ci}}{\partial x_j} - F_{Di}(u_{Di} - u_{Ci}) - I_D(e_D^* - e_C^*) + \sum_N u_{Ni}u_{Ni}I_N \quad (8-32)$$

对于这些运动方程，还必须加上两相的状态方程，在本文中，将假定连续相为理想气体而离散相为不可压缩固体，此外，还要忽略交界面附近的温度梯度和速度梯度。

8.4 多相流模型

相指的是物质的物理成分、化学成分以及存在状态相同的一类聚集体。煤尘颗粒是固相，空气是气相，水射流是液相。多相流是指包含两种或者两种以上的固相、液相、气相的任意组合，如气液、固液、液液等模式。

引射除尘器中的流场问题是多相流问题，多相流问题着重于两点：第一，确定各相的自身特性，前几章已经对煤尘以及流体的特性进行了分析；第二，根据不同的条件选择最能符合实际情况的多相流模型进行模拟。

8.4.1 多相流模拟的方法

多相流模拟常用的方法有欧拉—拉格朗日法和欧拉—欧拉法。

欧拉—拉格朗日法是将气体和液体当作连续介质，将颗粒当作离散相，用欧拉坐标研究气体和液体的运动，用拉格朗日坐标描述颗粒的运动轨迹，对于颗粒与空气、液体之间的作用力关系式通过经验来确定。

欧拉—欧拉法是将气体和液体当作连续介质，将颗粒也类似的当作流体。这种方法认为颗粒和流体是共同存在、相互渗透的，三者都在欧拉坐标下进行描述。

在 Fluent 软件中，多相流模型有四种，分为两类。其中一类在 Multiphase Model 对话框中，分别是流体体积模型（Volume of Fluid Model，VOF）、欧拉模型（Eulerian Model）、混合模型（Mixture Model），如图 8－1 所示。这三种模型采用的是欧拉—欧拉法。

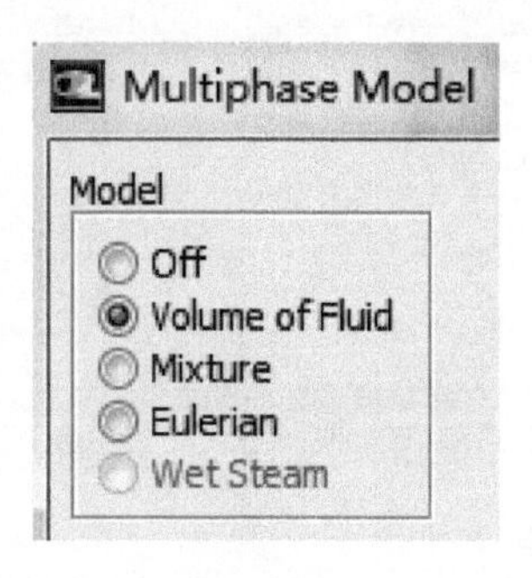

图 8－1　Multiphase Model 设置对话框

另一类只有一种模型，即离散相模型（Discrete Phase Model，DPM），有单独的设置对话框，如图 8－2 所示。离散相模型采用的是欧拉—拉格朗日法。

VOF 模型可以模拟多相流中有两到三种不相互融合的流体，在欧拉坐标下，采用体积分数法对控制体进行模拟。在流场中，所有的流体都可以用相同的动量方程，计算量下降，效率提高，计算时在每一个控制体单元中每种流体的所占体积分数都有记录。但是 VOF 模型不能用于计算无黏度的流体，也不能并行计算粒子轨迹。

欧拉模型可模拟多种流体，是多相流中较为复杂的模型。模拟的对象可以是固、液、气三者的任意组合，不同相间的耦合方式不同，在模拟第二相时，模拟的结果受计算机内存的限制。在欧拉模型中，所有的相共用单一的压力场，每一相都求解质量守恒方程和动量方程。但是欧拉模型中不能模拟可压缩流，在湍流

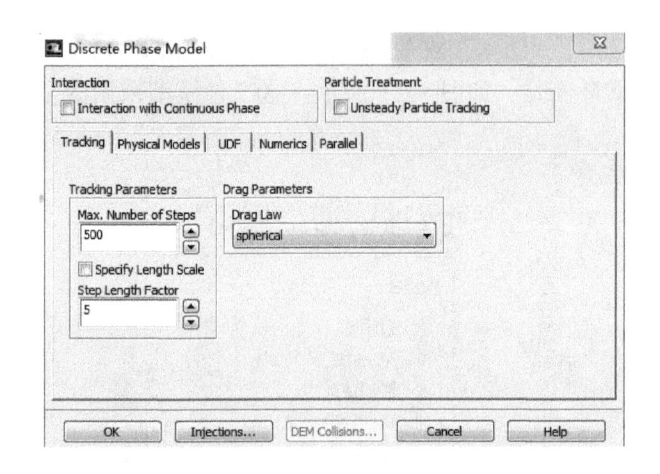

图 8－2　Discrete Phase Model 设置对话框

时只能用 $k-\varepsilon$ 模型。

混合模型是简化的多相流模型，能模拟两相以上的流体，在某些条件下可以代替欧拉模型，其求解的是混合相的质量守恒方程、动量方程、能量守恒方程及第二相的体积分数。较为不同的是它采用的是相对速度来描述离散相。但是混合模型不可计算无黏性流体和并行的颗粒轨道模拟。

离散模型主要用于离散相的体积分数小于 10% 的情况，可以模拟颗粒的运动轨迹和质量、热量传递。离散模型需要定义颗粒的初始速度、尺寸等基本信息，既可以模拟分散相对连续流场的影响，又可以模拟连续流场对分散相的影响。

8.4.2　本文采用的多相流模型

引射除尘器中的流体有煤尘颗粒、空气和水射流，其中含尘空气在空气中悬浮，并随着空气的流动而运动。可以采用欧拉—欧拉计算方法，将煤尘颗粒类似的看作连续的流体，并和空气是共同存在、相互渗透的。在欧拉—欧拉计算方法的三种多相流模型中选用 VOF 模型，因为 VOF 典型的应用包括流体喷射、流体气泡运动及气液界面的稳态和瞬态处理，引射除尘器内既有流体喷射，同时也存在含尘空气和水射流相互融合的界面，适合采用 VOF 模型进行模拟。

8.5 湍流模型

湍流是流体各层在运动过程中相互干扰的不规则运动，它由各种不同尺寸的涡旋叠加而成。流体的边界条件决定大尺寸涡旋，大尺寸的涡旋与流场的尺寸有关，是引起低频脉动的原因；大尺寸的涡旋破碎后形成小尺寸的涡旋，是引起高频脉动的原因。在各种因素的相互叠加下，大小尺寸的涡旋不断形成，从而形成湍流。

8.5.1 湍流数值模拟方法

湍流数值模拟方法主要有三种：直接模拟（DNS）、Reynolds 平均法（RANS）、大涡模拟（LES）。

直接模拟法（Direct Numerical Simulation，DNS）是用三维非稳态的 N－S 方程对湍流进行直接数值计算的方法。这种方法不需要对流场进行简化，理论上得到的结果精度是较高的，但是需要采用很小的时间和空间步长，才能模拟出湍流的具体特征，对于计算机的要求极高，在实际工程中，对于计算量较大的流场，此类方法并不适用。

Reynolds 平均法（Reynolds－Averaged Navier－Stokes，RANS）是工程中应用最多的方法，它将湍流运动看作是两个流动的叠加，一个是时间平均流动，另一个是瞬时脉动流动。如此得到的 N－S 方程中包含了脉动量乘积的时均值等未知量，此时未知量的个数多于方程的个数，为保证方程组封闭，必须做出假设。根据假设的不同可将 Reynolds 平均法分为 Reynolds 应力模型和湍流黏度法。Reynolds 应力模型是直接求解 Reynolds 应力，对此引入偏微分方程，最后形成 17 方程模型，对计算机的要求较高。湍流黏度法将雷诺应力、层流运动应力和时均应变力关联起来，是应用最广泛的湍流模型。湍流黏度法可根据微分方程的个数分为零方程模型、一方程模型、两方程模型和多方程模型。这里的多少方程模型是指除了 N - S 方程外，还需要增加几个微分方程，就称为多少方程模型。Fluent 等流体模拟软件中有很多相应的湍流黏度法。

大涡模拟法（Large Eddy Simulation，LES）是一种介于 DNS 与 RANS 之间的算法，它主要直接模拟大尺寸的涡旋，不直接计算小尺寸的涡旋。理论上在流体模拟中，应当将模型的网格划分到足以辨别最小的涡旋，且计算区域应该达到包含湍流运动中最大的涡旋，但是这样计算量较大。大涡模拟法就是根据湍流主要是由大尺寸涡旋造成的，而对小尺寸涡旋对大尺寸涡旋的影响采用近似的模型进行考虑，提高了计算效率。虽然与直接模拟法相比，对计算机的要求有所降低，但是一般的计算机还是无法满足计算需求。湍流数值模拟方法的分类如图 8 - 3 所示。

8.5.2 常用的湍流模型

在 Fluent 分析软件的湍流模型对话框中提供了 11 种湍流模拟模型，如图 8 - 4 所示，在选择湍流模型时应综合考虑各种因素，在计算机储存内存和计算速度允许的前提下，找到合适的模型，本文将着重介绍几种常用的湍流模型。

Spalart - Allmaras 模型是单方程 RANS 模型，常用于低雷诺数的流体，对于边界层的处理能力较好，在湍流不需要计算很精准时可以选择此模型，但是对于尺度变化较大的流动此模型不适用。

标准 $k-\varepsilon$ 模型是基于湍流动能和扩散率的两方程模型，其湍流动能方程中 k 方程是精准方程，而 ε 方程是靠经验导出的，

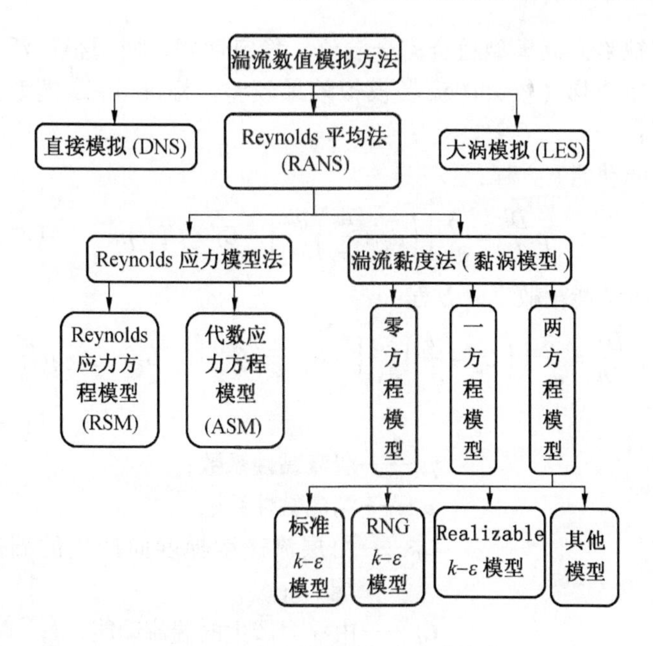

图 8－3　湍流数值模拟方法的分类

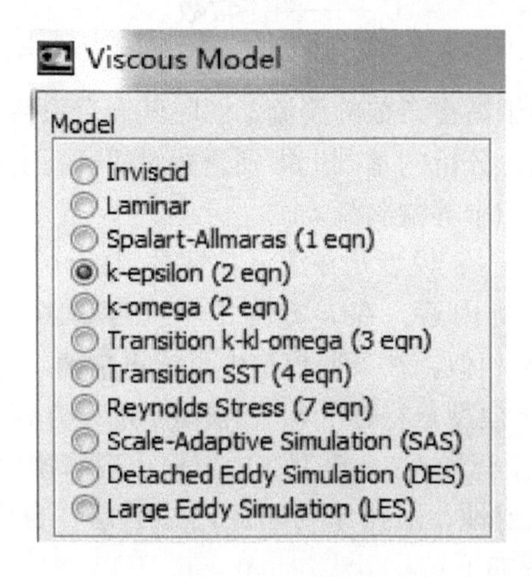

图 8－4　Viscous Model 对话框

存在缺陷。此模型适合完全湍流，稳定性好，使用很广泛，但对于压力梯度较大的流场模拟效果较差。标准 $k-\varepsilon$ 模型方程如下：

湍动能 k 方程：

$$\rho \frac{Dk}{Dt} = \frac{\partial}{\partial x_i}\left[\left(\mu_l + \frac{\mu_t}{\sigma_k}\right)\frac{\partial k}{\partial x_i}\right] + G_k + G_b - \rho\varepsilon \tag{8-33}$$

湍动能耗散率 ε 方程：

$$\rho \frac{D\varepsilon}{Dt} = \frac{\partial}{\partial x_i}\left[\left(C_\mu + \frac{\mu_t}{\sigma_\varepsilon}\right)\frac{\partial \varepsilon}{\partial x_i}\right] + C_{1\varepsilon}\frac{\varepsilon}{k}(G_k + C_{3\varepsilon}G_b) - C_{2\varepsilon}\rho\frac{\varepsilon^2}{k} \tag{8-34}$$

式中 μ_l——层流黏性系数；

μ_t——湍流黏性系数；

G_k——由层流速度梯度而产生的湍流动能，J；

G_b——由浮力产生的湍流动能，J；

$C_{1\varepsilon}$、$C_{2\varepsilon}$、$C_{3\varepsilon}$、σ_k、σ_ε——经验常数；

C_μ——湍流常数。

RNG $k-\varepsilon$ 模型是在标准 $k-\varepsilon$ 模型的 ε 方程中增加一个公式，使其适用于高雷诺数的湍流，同时其五个系数不在靠经验所得，而是在理论分析的基础上得到，相对而言精度更高。适用于复杂的剪切流和中等漩涡流。

Realizable $k-\varepsilon$ 模型是在湍流黏性系数的计算公式上加入旋转和曲率的影响因素，在 k 方程中不在考虑 G_k，应用范围和 RNG $k-\varepsilon$ 模型相似，在某些模型中可能更精确。

标准 $k-w$ 模型是将标准 $k-\varepsilon$ 模型中的 ε 方程换为扩散速率 w 方程，克服了标准 $k-\varepsilon$ 模型在近壁面出现非物理奇点的问题，具有更好的稳定性，适用于封闭腔内边界层、自由剪切流等模拟。$k-w$ 方程如下：

$$\begin{cases} \dfrac{\partial(\rho k)}{\partial t} + \dfrac{\partial(\rho k u_i)}{\partial x_i} = \dfrac{\partial}{\partial x_j}\left(T_k \dfrac{\partial k}{\partial x_j}\right) + G_k - Y_k + S_k \\ \dfrac{\partial(\rho w)}{\partial t} + \dfrac{\partial(\rho w u_i)}{\partial x_i} = \dfrac{\partial}{\partial x_j}\left(T_w \dfrac{\partial w}{\partial x_j}\right) + G_w - Y_w + S_w \end{cases} \tag{8-35}$$

式中 G_w——w 方程产生的湍流动能，J；

T_k——k 方程的扩散率，m^2/s；

T_w——w 方程的扩散率，m^2/s；

Y_k、Y_w——由扩散产生的湍流动能，J；

S_k、S_w——用户自定义的动能，J。

SST $k-w$ 模型是在近壁处采用 $k-w$ 模型，在边界层边缘采用 $k-\varepsilon$ 模型，中间采用混合函数。SST $k-w$ 模型是对 $k-w$ 模型的修正，适用范围和 $k-w$ 模型类似，但是不适合自由剪切流。

8.5.3 本文采用的湍流模型

引射除尘器采用在工程中应用较为广泛的 Reynolds 平均法。该方法计算量低，效率高，对计算机的要求适中。在 Reynolds 平均法中选用湍流黏度法中的 RNG $k-\varepsilon$ 模型。RNG $k-\varepsilon$ 模型是对标准 $k-\varepsilon$ 模型的修正，相关系数是分析得到的，模拟精度高，同时应用也较为广泛，适合含煤尘空气和水射流的湍流模型。

Fluent 软件可数值模拟许多的工程实际应用问题，包括非牛顿流体、牛顿流体；多相流动、单相流动、无旋流动、有旋流动；非惯性坐标系、惯性坐标系下的流动；无化学反应、有化学反应的流动问题等。其生成无结构网格的程序把计算复杂几何条件下的流动及传热传质问题变得简单。同时，软件还提供了许多的壁面处理及燃烧、湍流模型、传热模型供针对特定问题选择。利用 Fluent 软件进行数值仿真的具体步骤如图 8-5 所示。

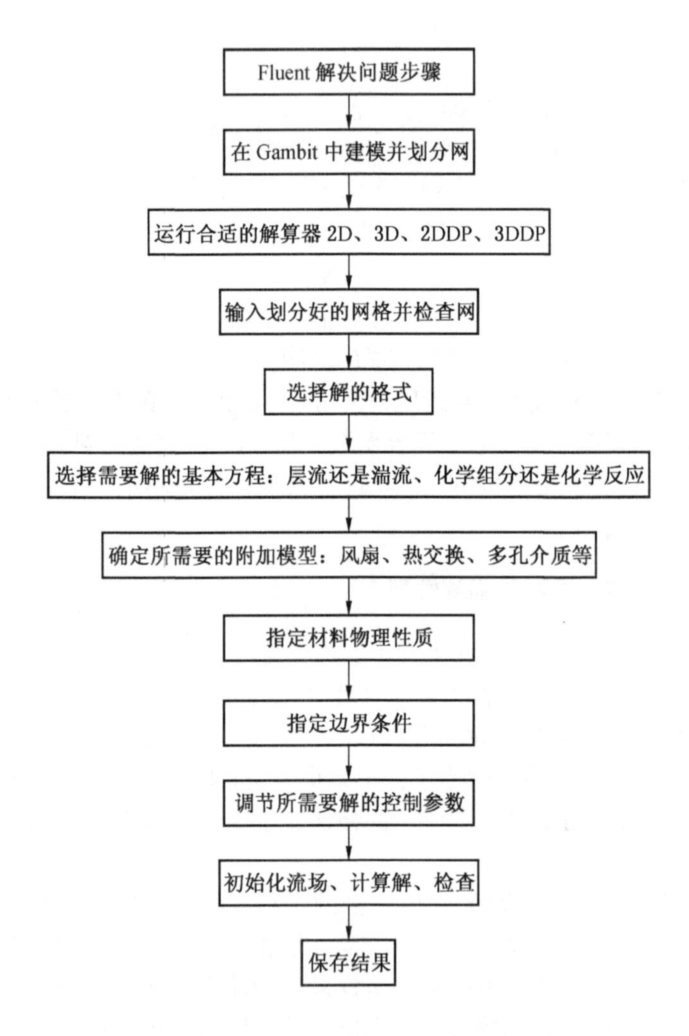

图 8－5　Fluent 分析的详细分析流程图

Fluent 软件提供的湍流模型如图 8－6 所示。

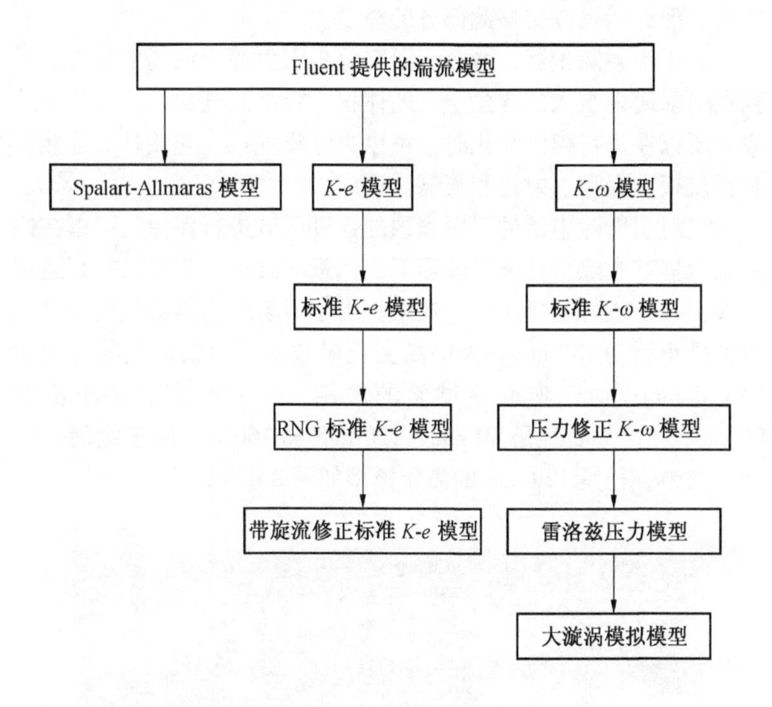

图 8-6 湍流模型

8.6 引射除尘器的模型简化

建立的三维模型在进行网格划分之前需要进行模型简化。从理论上讲，将所建立的完整模型导入网格划分软件进行划分是最好的结果，但是在实际工程中却并不是如此。第一，三维软件所建立的模型，在导入网格划分软件后可能会出现某些特征不识别；第二，所有的模型都导入网格划分软件后，需要计算的部分就会成倍增加，对于计算机的处理速度和储存容量有较高的要求；第三，在整个模型中存在对分析结果影响小或者影响结果可忽略的部分，如果去掉这部分模型所造成的误差在可接受的范围之内，那么就可以省略此部分的模型。

对于引射除尘器，着重于研究分析引射筒内流场的分布，得到在引射筒内吸入的含尘空气的体积，降低液气比，提高除尘效率。所以在进行模型简化时，可以去除集气罩、连接耳、连接板和折流板，保存引射筒和喷嘴。

只对引射除尘器的引射筒内的计算区域进行保留，可以在保证除尘器基本除尘功能的前提下，大量的减少计算量，提高运算效率，且能较好的显现除尘效果。由于引射除尘器集气筒入口的边长最小值为 160 mm，为提高文丘里效应，引射筒直径最大值取 160 mm；由于实验室试验的限制，引射筒直径最小值取 80 mm，故建立直径是 80 mm、120 mm 和 160 mm 的三组简化模型，其中直径是 120 mm 的简化模型如图 8 -7 所示。

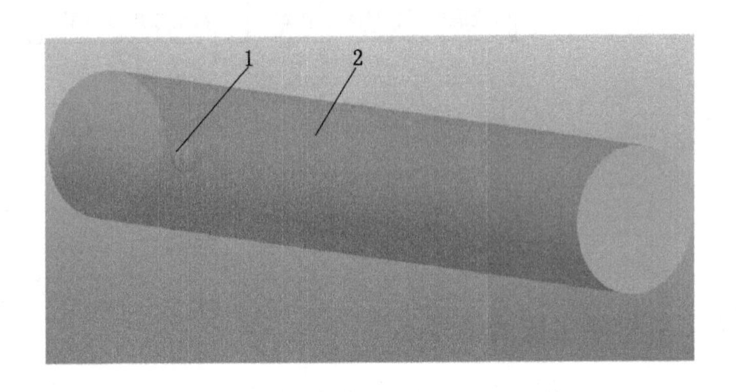

1—简化喷嘴；2—简化引射筒

图 8 -7　直径为 120 mm 引射筒模型图

8.7　ICEM CFD 网格划分

CFD（Computational Fluid Dynamics）是计算流体力学的简称，是一种将数学方法、物理模型和计算机相互结合，用于计算和模拟流体流动、传热等系统分析的方法和工具，此处的流体具有广泛的意义，对于类似于流体流动的运动也可以按照 CFD 的方法进行计算。

流体的模拟计算包括前处理、求解和后处理三部分，而网格划分属于前处理中的十分重要的部分，网格划分的质量直接影响着求解和后处理的结果，对于整个模拟计算至关重要，因此网格划分占据整个计算量的一半以上。

网格划分的基本思想是将空间和时间上连续的区域，划分成足够多、足够小的合理的计算区域，然后将相关的流体控制方程在各个小计算区域上离散，最后得到整个计算区域的物理分布。

网格划分软件有很多，常用的有 Gambit、ICEM CFD 和 ANSYS 自带的 Mesh 模块。

Gambit 是流体分析软件 Fluent 早期版本的前处理软件，Fluent 软件被 ANSYS 公司收购以后，Gambit 的功能基本上被 ANSYS 自带的网格划分模块 Mesh 吸收。Gambit 同时兼备几何建模和完全非结构化网格划分功能，对于简单的模型可直接建模，并提供多种网格划分方法。对于复杂的模型可生成四面体、高质量的六面体及混合网格。在网格生成后，可以指定边界条件和计算区域，为后期流体的模拟奠定基础。

ICEM CFD 是美国 ICEM Technologies 公司开发的软件，后被 ANSYS 公司收购，现在作为 ANSYS Workbench 中的一个模块，拥有了 Workbench 中的所有优势。它可以导入工程上常用的各种 CAD 模型，如 Pro/E、SolidWorks、CATIA、UG 等；有修复模型、自动抽取、结构化网格和非结构化网格划分等强大功能；生成的网格可以输出一百多种专用和通用格式，可以在 ANSYS、Fluent、CFX、CFD 等软件中计算。

ICEM CFD 相对于 Gambit，其几何模型的构建能力欠缺，但是对于复杂的几何模型，Gambit 软件也不能很好的建模，在实际操作过程中，一般都借助于主流的 CAD 软件进行建模，然后导入网格划分软件，这样既可以使所建立的模型更加完善，同时提高建模效率。因此，ICEM CFD 适于本课题中引射除尘器简化模型的网格划分。单元是网格构成的最基本元素，二维模型的网格单元是三角形和四边形，三维模型的网格单元较多，常用的是四面体网格、棱柱网格、棱锥（五面体）网格、六面体网格和多面体网格。

根据网格节点的相互关系又可将网格分为结构化网格和非结构化网格。结构化网格节点排列有序，节点之间的关系明确，生成速度较快，数据简单，边界条件处理准确，网格质量好，但是它的试用范围较窄，对于模型复杂的情况很难利用结构化网格划分精准。非结构化网格弥补了结构化网格不能对复杂模型和区域划分的缺点，非结构化网格主要是利用四面体单元和三角形单元可以填满任何区域的原理，对复杂区域随机构建，不同的节点连接的网格数目大多数情况下是不同的，从这一点上看，非结构化网格可能包含有结构化网格部分。另外所有的结构网格均可以转化为非结构形式，但是并非所有的非结构网格均能转化为结构网格形式。

综上所述，采用 ICEM CFD 对引射除尘器简化模型进行非结构化网格划分。具体步骤如下：

（1）模型修复：打开 ICEM CFD 软件，将 Pro/E 简化的引射除尘器模型导入，由于 Pro/E 与 ICEM 可能存在软件接口兼容性问题，为避免模型特征丢失，对模型进行修复。

（2）几何创建：引射筒中存在空气计算域和水流计算域，为保证两个计算域的数据传递，需在交界面上建立一个 interface 面。根据喷嘴的结构和实际情况，此交界面是以喷嘴为起点，引射筒壁为终点，锥角为 60°的锥面。在 ICEM 中创建锥面一般采用的是由点生成线，再由线生成面的方式，创建好的 interface 面如图 8－8 所示。

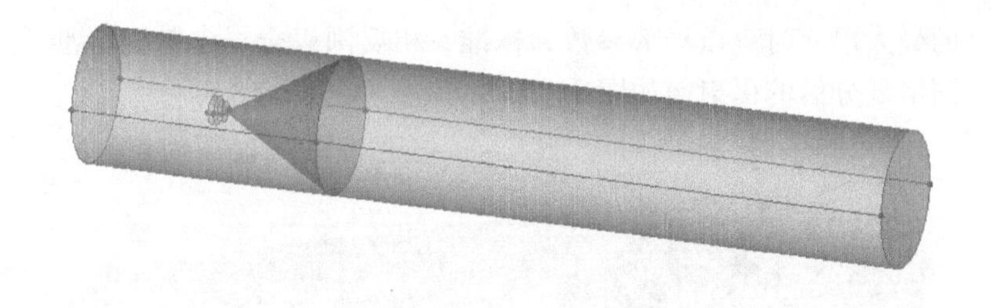

图 8－8 引射筒 interface 面示意图

（3）创建 Block 和拓扑关系：在 ICEM 中并不是对几何模型直接分割的，而是先创建块，再对块进行分割，将块上的 Vertex、Edge、Face 分别与几何模型的 Point、Curve 和 Surface 一一映射，从而实现网格的划分。引射除尘器中需要建立的块有四个，分别是 Pressure－inlet、Velocity－inlet、Wall 与 Pressure－out。

（4）创建 Body：引射筒内存在喷嘴后部的气体计算域和喷嘴前部的液体计算域，分别建立 BODY－AIR 和 BODY－WATER 两部分。创建好的 Block 块和 Body 块如图 8－9 所示。

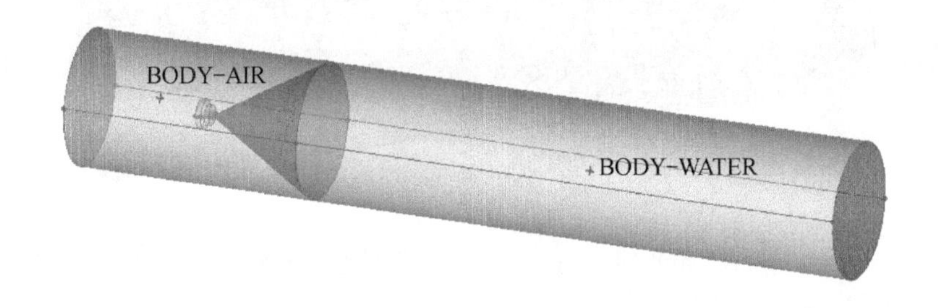

图 8－9 引射筒生成块示意图

（5）非结构化网格划分：分别设置全局参数和局部参数，可对网格类型、高度、层数等进行设计。其中较为重要的一个参数是最大尺寸的设置，当局部参数的最大尺寸小于在全局参数中的最大尺寸时，以局部参数为标准，相反则以全局参数为标准，网格划分后的引射筒如图 8 – 10 所示。

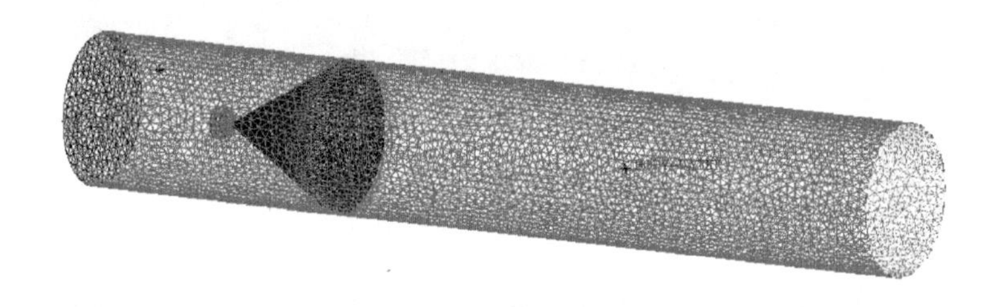

图 8 – 10　引射除尘器非结构化网格图

（6）网格局部加密：在空气计算域和水流计算域的交界面处，物理量会发生剧烈变化，应当对此处进行局部网格加密，加密后的网格如图 8 – 11 所示。

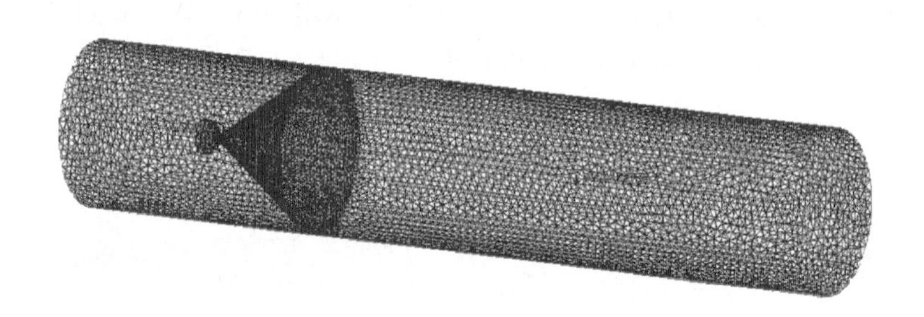

图 8 – 11　引射除尘器局部网格加密图

（7）网格检查与光顺：ICEM 有很多检查网格质量的评判标准，常用的有角度（Angle）、纵横比（Aspect Ratio）、行列式（Determinant）、最小角（Min Angle）、质量（Quality）等。光顺网格是为了提高网格的质量，光顺值越靠近 1 网格质量越好，光顺时的最小值默认值是 0.2，而引射除尘器光顺后的最小值为

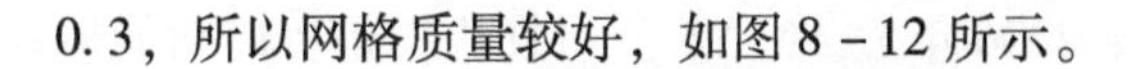

0.3，所以网格质量较好，如图 8－12 所示。

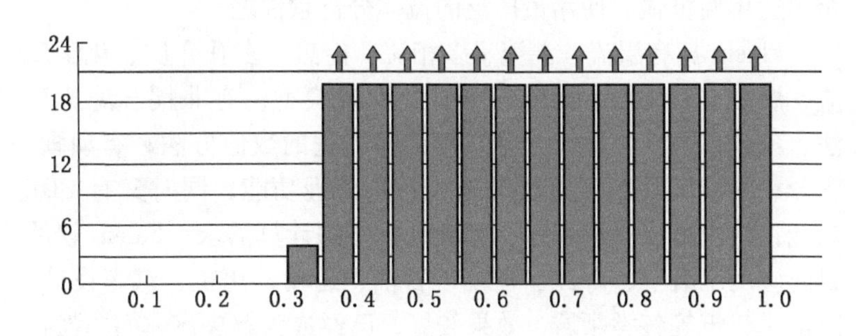

图 8－12　网格质量分布图

（8）网格导出：划分好网格，就意味着前处理工作完成，由于后期要在 Fluent 中求解，所以在 Output 中选择求解器为 ANSYS Fluent。

在网格划分中，应当注重的是网格的质量而不是数量。从数学角度来说，网格越精密数量越多，最终模拟的效果就越好，但是在操作中却并非如此。第一，网格精密导致网格数量急剧增加，对计算机的性能要求较高，且计算时间会大大增加；第二，网格的质量和网格数量并不成线性函数关系，当网格数量达到一定时，网格的质量不会更好，所以应当综合考虑各类因素，选择适当的网格尺寸。当然，网格也不能过大，因为在 Fluent 模拟中，将会直接忽略没有划分或者因为网格太大而在某些 part 上没有网格单元的部分，所以对于比较精细且重要的部位，网格尺寸应当适度减小。

8.8　Fluent 数值模拟

8.8.1　Fluent 简介

Fluent 是美国 Fluent 公司开发的，用于计算流体流动和传热的有限体积法软件，2006 年被 ANSYS 公司收购，是目前功能最全、适用性极强、使用最广泛的流体分析软件之一。

Fluent 拥有层流、湍流、多相流、传热、多孔介质、化学反应、燃烧、动网格、旋转等丰富的物理模型；有非耦合隐式算法、耦合显式算法和耦合隐式算法等先进的数值方法；有动画、图形、曲线以及数字报告等强大的后处理功能；同时又有 UDF 功能，用户可以自编程序，可满足不同的计算需求。Fluent 软件目前应用于航空、海洋、环境、石油、运输、化工、汽车设计、冶金、建筑等各类领域，效果较好，已经成为解决流体问题强有力的工具。Fluent 的求解过程如图 8－13 所示。

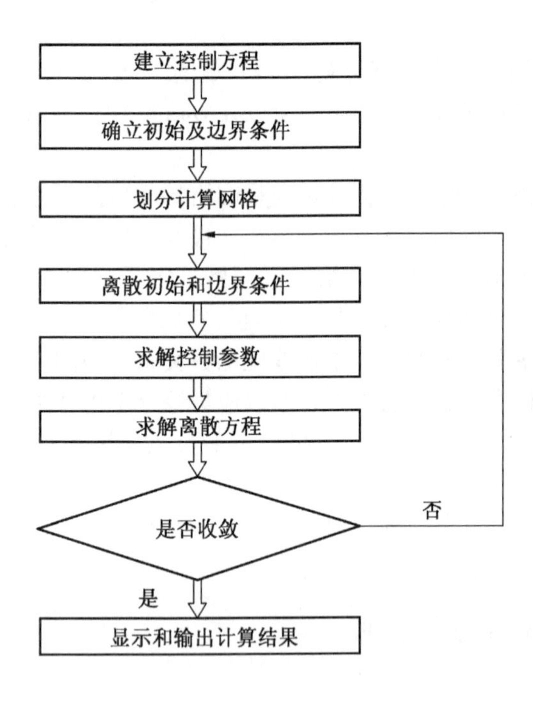

图 8－13　Fluent 求解过程图

8.8.2 模拟参数设定

将被 ICEM CFD 处理过的网格模型导入 Fluent，进行网格质量检查，激活重力作用，同时对网格进行光滑处理。选择压力基求解器，物理模型选择 VOF 多相流模型和 RNG $k-\varepsilon$ 两方程湍流模型。

将水设为主相，将含尘空气设为次相；指定边界条件，设喷嘴处为压力入口，其参数值在模拟中作为自变量；设引射筒左侧面为速度入口，参数值设为 3.7 m/s；引射筒右侧面设为压力出口，参数值设为 1 标准大气压；指定空气与水流交界面为 interface。

8.9 模拟结果分析

引射除尘器的自变量有两个：一个是水压，井下水泵提供的压力最大值为 16 MPa，故将压力模拟值分别设置为 8 MPa、10 MPa、12 MPa、14 MPa 和 16 MPa；另一个是引射筒直径，将引射筒直径分别设置为 80 mm、120 mm 和 160 mm。采用单一变量法进行模拟，首先固定引射筒直径为 120 mm，然后固定水压，选出最佳引射筒直径。

8.9.1 水压对流场的影响

当引射筒直径为 120 mm 时，改变水压参数，得到引射除尘器流场的压力分布。为方便观察分析，取引射除尘器的中心面，其压力分布云图如图 8 – 14 所示。

在图 8 – 14a 中，水压为 8 MPa 的压力分布，引射筒中从左至右压力逐渐减小，压力梯度分布均匀，且呈上下对称。在喷嘴附近，并无出现因为高速水射流而形成的负压，流场中最小压力值为 0 Pa；图 8 – 14b 是水压为 10 MPa 的压力分布，压力梯度变化剧烈，相同压力梯度的图形分布不规则，在喷嘴附近和管道壁

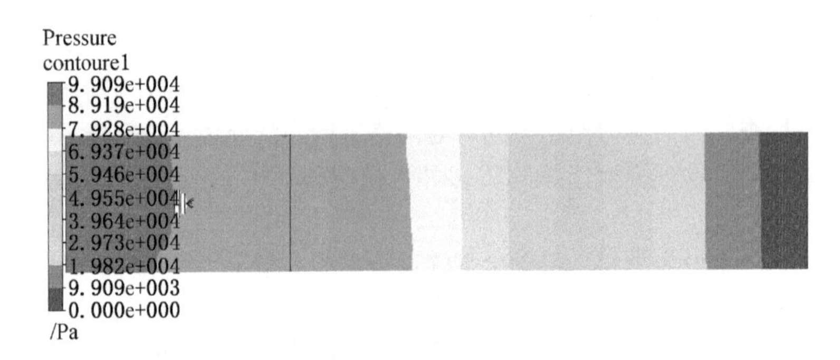

(a) 水压为 8MPa 时流场压力分布云图

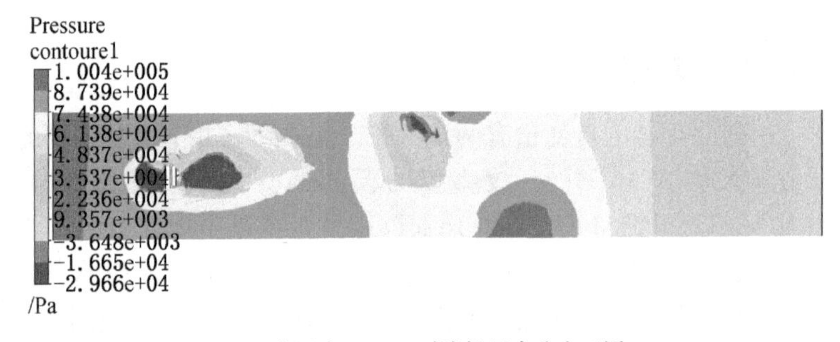

(b) 水压为 10MPa 时流场压力分布云图

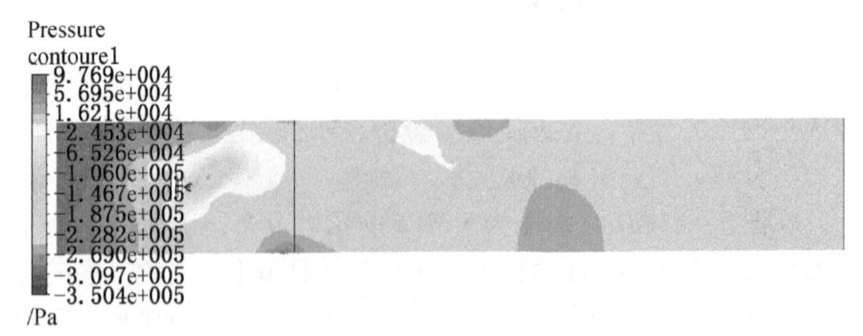

(c) 水压为 12MPa 时流场压力分布云图

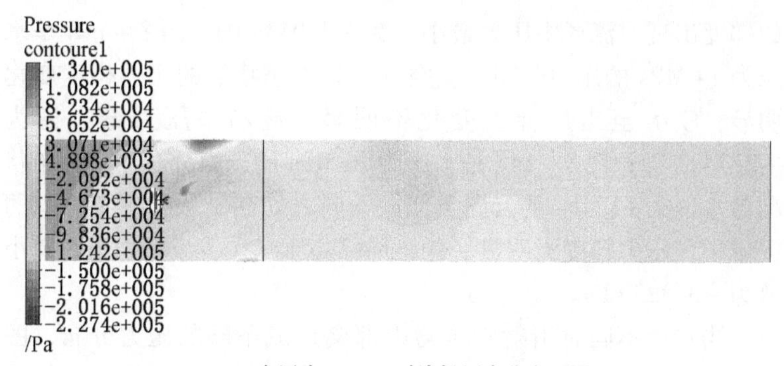

(d) 水压为 14MPa 时流场压力分布云图

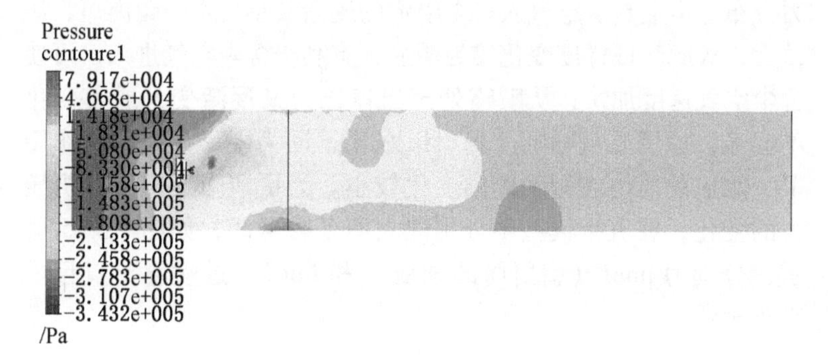

(e) 水压为 16MPa 时流场压力分布云图

图 8－14　引射筒直径为 120 mm 时不同水压的流场压力分布云图

面上部某处出现负压，喷嘴处出现负压是由于水射流速度大，管道壁面出现负压是由于水流呈锥状前进，与壁面碰撞后，速度的方向与大小发生改变，在继续前进的过程中在此处速度到达最大，流场中压力最小值为－29685.8 Pa，在空气入口和流体出口处，压力梯度分布均匀，呈对称分布；图 8－14c 是水压为 12 Pa 时的压力分布，相较于水压为 10 MPa 的压力分布，压力梯度较为均匀，并不剧烈，喷嘴出水口处出现负压，形状类似于水流形状，从喷嘴至出口，压力梯度变化不明显，局部有高于周围压力的梯度出现，流场中压力最小值为 -350433 Pa；图 8 -14d 是水压为 14 MPa 的压力分布，从空气入口处至喷嘴的压力梯度变化明显，喷嘴至出口梯度变化不明显，流场中压力最小值为 -227423 Pa；图 8 -14e 是水压为 16 MPa 的压力分布，其分布状况与水压为 12 MPa 的云图类似，不同之处在于从喷嘴至出口的区域中，压力梯度无明显变化，局部高压减少，流场中压力最小值为 -343239 Pa。

当水压不同时引射除尘器内部会形成不同的压力分布，图 8 -14a 中可以看出除了水压较小未能引起负压，其他图中的压力分布基本上是从空气入口至喷嘴的逐渐较小，由于距离短，压差大，故此区域梯度变化较为明显，有利于含尘空气进入，可使含尘空气速度加快；从喷嘴处至出口压力又逐渐变大或者变化不明显，原因是从喷嘴至出口以水流运动为主，在高压的作用下，水流的压力在短距离内变化较小。为更清晰准确的分析压力的变化，在五个模型中分别建立两条参考线，如图 8 -15 所示，分别为 line1（引射筒的轴线）和 line2（过喷嘴出口且垂直于轴线）。

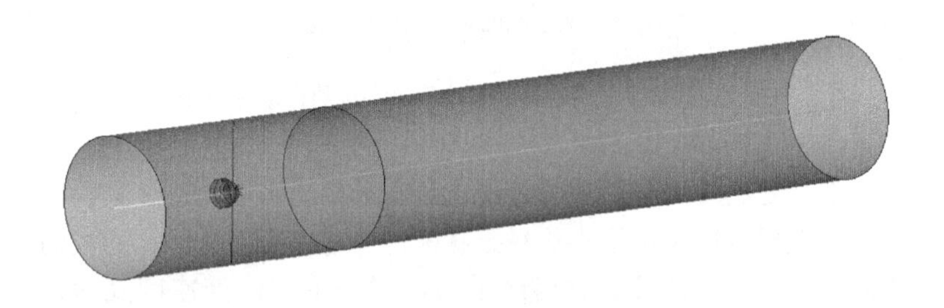

图 8 -15　line1 和 line2 的位置

改变水压时，line1 和 line2 的压力变化如图 8 -16 和图 8 -17 所示。

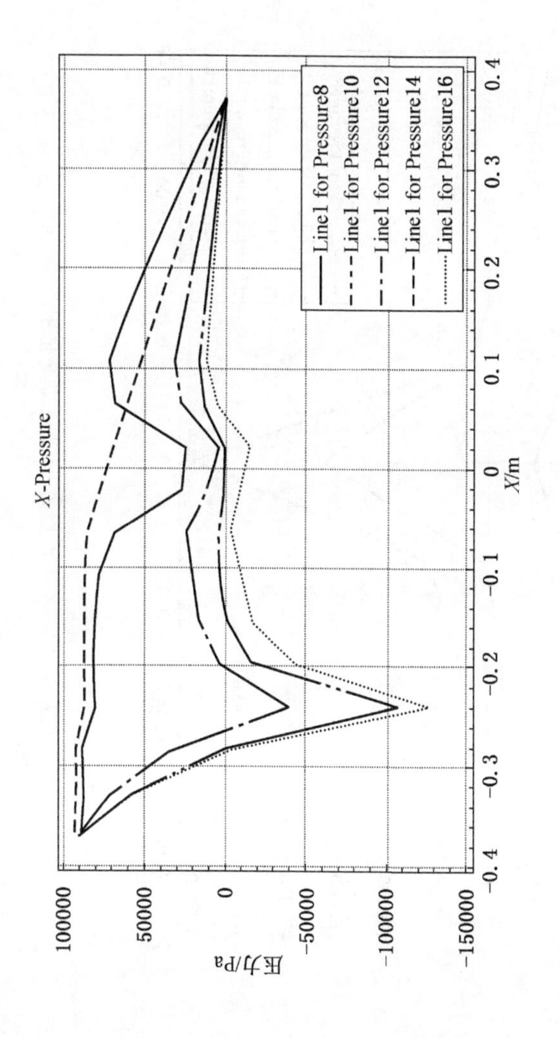

图 8-16 不同水压的 line1 压力变化图

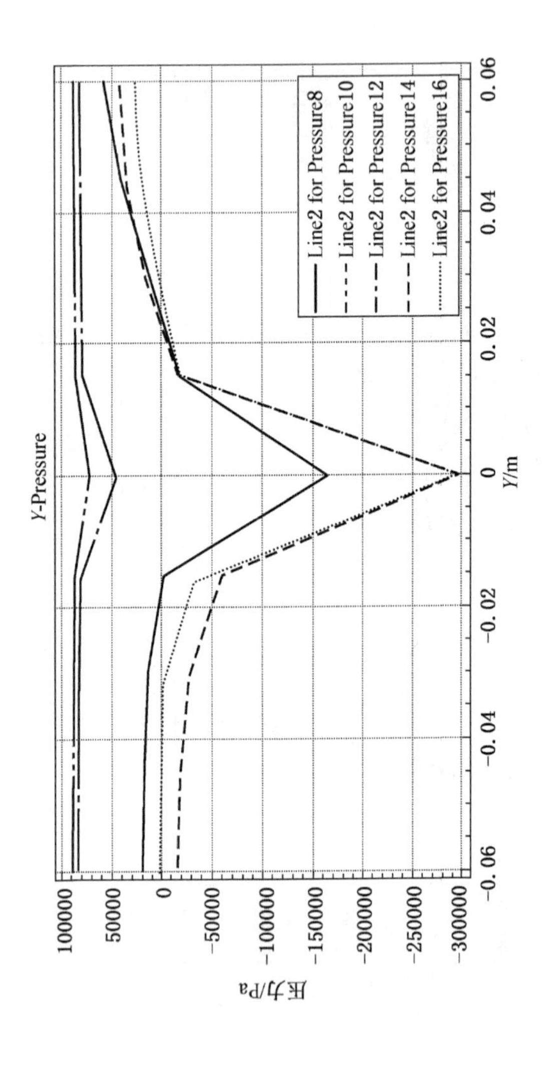

图 8-17　不同水压的 line2 压力变化图

图 8－16 中横坐标 X 表示 line1 上的点，其中空气入口为 $x=-0.4$，喷嘴水流出口为 $x=-0.25$，出口为 $x=0.4$。纵坐标为压力值。观察可以得到不同水压时，流场中空气入口和出口的压力值基本上相同；水压为 8 MPa 时，压力随横坐标的变化逐渐减小；水压为 10 MPa 时，压力先减小，持平一段之后压力升高，但总体趋势为减小；其他三种不同水压时，空气入口至喷嘴压力下降，下降的速度不同，其中水压为 12 MPa 和 16 MPa 时下降较快。总的来说，流场中压力从空气入口至出口呈减小趋势，多数情况在喷嘴附近出现最小值。

图 8－17 中横坐标 Y 表示 line2 上的点，$Y=0$ 表示 line2 的中点，line2 上各点的压力基本上关于点 $Y=0$ 对称，当 $-0.06\leqslant Y\leqslant-0.015$ 时，由于远离水射流的中心，故压力下降较慢；当 $-0.015\leqslant Y\leqslant 0$ 时，靠近水射流中心，故压力迅速下降，且在水流中心处最小，总的来说当水压为 12 MPa 和 16 MPa 时 $Y=0$ 处的压力最小。流场中压差越大，越有利于含煤尘空气的吸入，故由图 8－16 和图 8－17 可知，单从压差因素上来说，当水压为 12 MPa 和 16 MPa 时引射除尘器的除尘效果最好。

当引射筒直径为 120 mm 时，改变水压参数，引射除尘器的中心面上的速度矢量分布如图 8－18 所示。

由图 8－18 观察可得，除了喷嘴、空气与水流交界面两个区域的速度和方向变化剧烈外，其余部分基本上都沿直线方向前进；喷嘴出口处速度最大；在含尘空气和水射流交界面处，由于存在煤尘颗粒，空气、液体的相互碰撞和融合，速度发生剧烈变化，其中水压为 8 MPa 和 10 MPa 时速度变化未引起大量的方向改变或漩涡，而当水压达到 12 MPa、14 MPa 和 16 MPa 时，交界面处变化较大，含尘空气多沿着喷嘴的下部流向交界面，而基本上不在喷嘴上部运动，原因是大量的水流从喷嘴中喷射出，在重力的作用下，部分水流朝斜下方运动，此时喷嘴斜下方水流速度较大，压力相对于喷嘴上部小，故含尘空气多沿喷嘴下部运动，

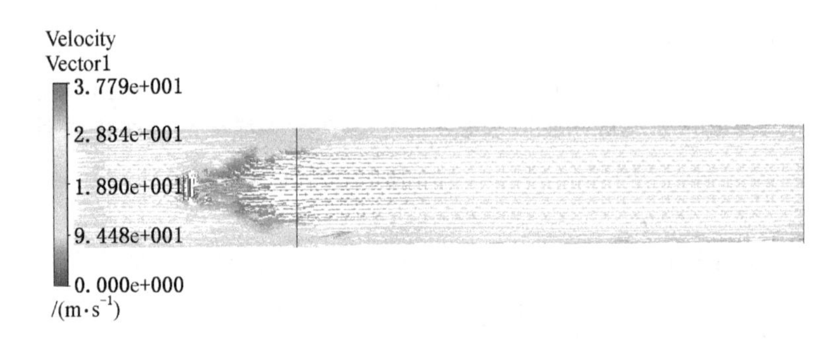

(a) 水压为 8MPa 时流场速度矢量图

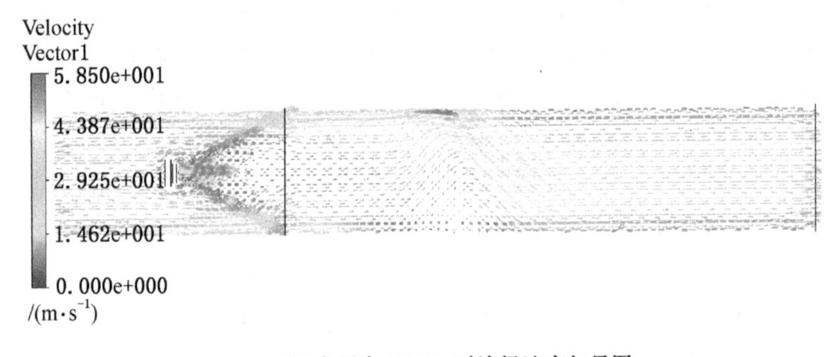

(b) 水压为 10MPa 时流场速度矢量图

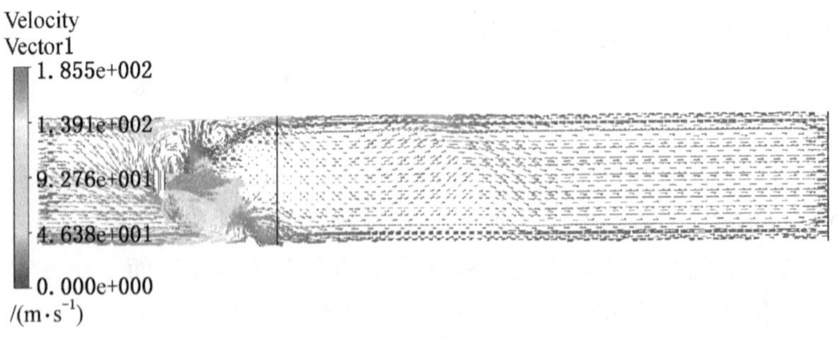

(c) 水压为 12MPa 时流场速度矢量图

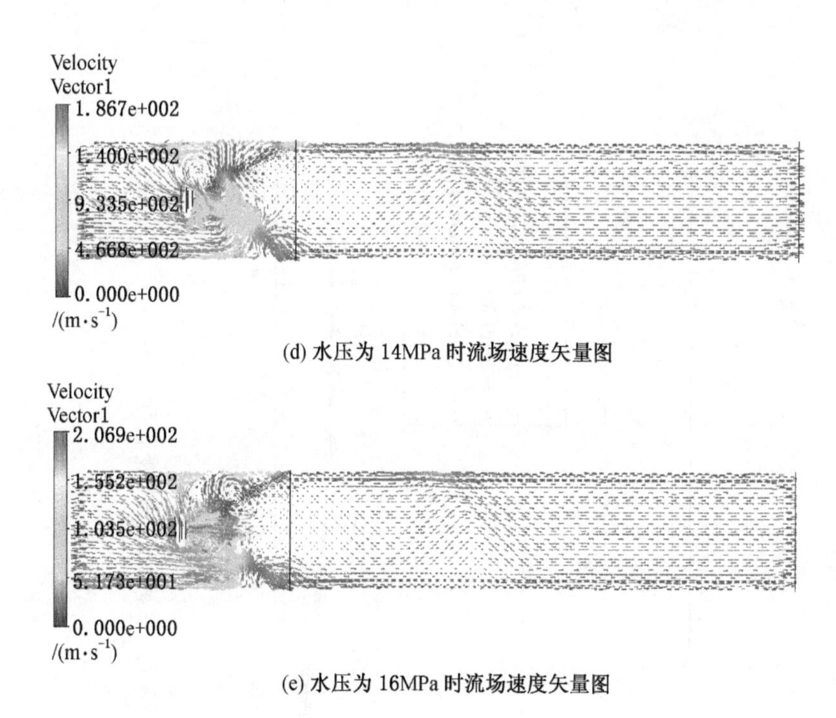

(d) 水压为 14MPa 时流场速度矢量图

(e) 水压为 16MPa 时流场速度矢量图

图 8－18　引射筒直径为 120 mm 时不同水压的流场速度矢量图

且由于气流碰撞速度较大，形成漩涡，如图 8－18c 至图 8－18e 所示。

改变水压时，line1 和 line2 的速度变化如图 8－19 和图 8－20 所示。

图 8－19 中，水压为 8 MPa 和 10 MPa 时，line1 上的速度基本趋于平缓，无较大波动，说明引射除尘器流场内部速度平稳；水压为 12 MPa、14 MPa 和 16 MPa 时，从空气入口至喷嘴位置，流速迅速增大并在喷嘴处达到最大值，之后迅速降低，最后趋于平缓；水压为 12 MPa 时，在喷嘴处流体速度达到最大值。

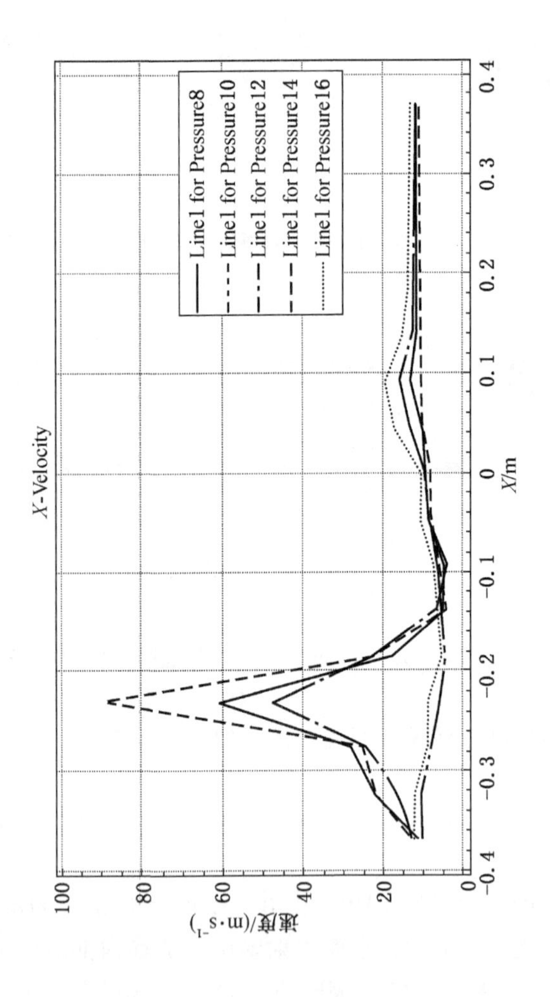

图 8-19　不同水压的 line1 速度变化图

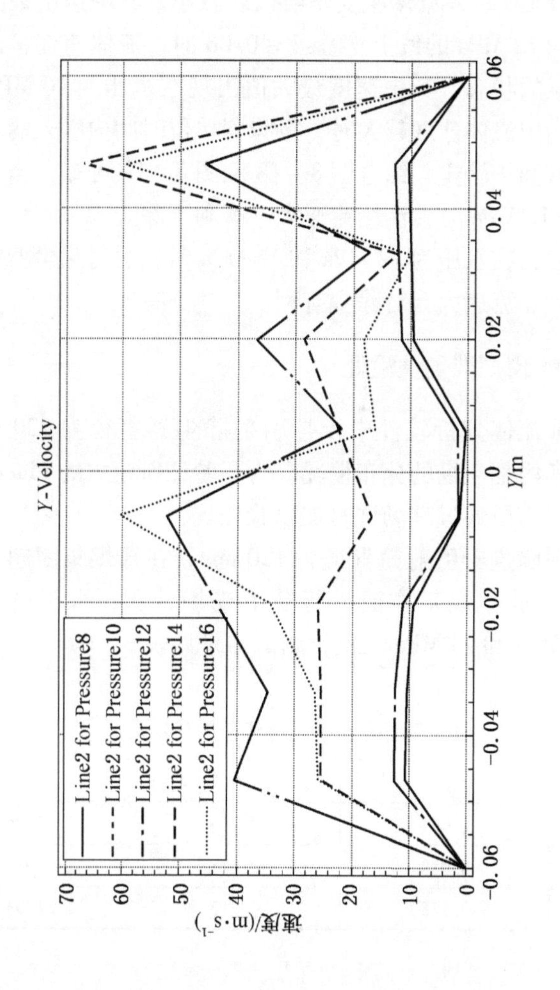

图 8-20 不同水压的 line2 速度变化图

图 8 – 20 可知，line2 上速度变化大，且无对称特征，规律性较差；当 $Y=-0.06$ 和 $Y=0.06$，即靠近管壁时，流速接近于 0；$-0.06\leqslant Y\leqslant 0$ 时，流体速度先增大后减小，其中速度最大值出现在水压为 12 MPa 的线上；$0\leqslant Y\leqslant 0.06$ 时，流体速度整体呈先减后增再减的状态，其中速度最大值出现在水压为 16 MPa 的线上。当流场中流体速度越大时，意味着单位时间内吸入的含尘空气量大，有利于除尘，结合图 8 – 18 和图 8 – 19 可知，当水压为 12 MPa 和 16 MPa 时，流场流速大，有利于除尘。

综上所述，在水压为 12 MPa 和 16 MPa 时，引射除尘器内部流场的压差大、流速大，对除尘有利。

8.9.2 Fluent 模型准确性验证

在 Fluent 流体分析软件中模拟引射除尘器直径为 120 mm，改变水压，其内部流场的分布情况。为了验证所建立的 Fluent 模型是否准确，需要通过现场试验加以验证。

选取引射除尘器引射筒直径为 120 mm，在郑煤集团超化煤矿 11091 综采放顶煤工作面进行井下现场试验，水压设置为 10 MPa、12 MPa 和 14 MPa 三组，测试结果见表 8 – 1。

表 8 – 1　引射除尘器现场试验测试结果

压力/MPa	耗水量/($L\cdot s^{-1}$)	吸风量/($m^3\cdot s^{-1}$)	液气比
10	0.064	0.160	1 : 2494
12	0.089	0.175	1 : 1972
14	0.118	0.212	1 : 1793

表 8 – 1 中吸风量和液气比都是评判除尘效果的重要指标之一。其中液气比指耗水量与吸风量之比，液气比越小，意味着单位水量吸入的含尘空气越多，在一定范围内，除尘效果就越好。

其中水压为 14 MPa 时单位时间吸风量最大；水压为 10 MPa 时液气比最小。

在 Fluent 模型中，改变水压时，空气域的流体平均速度如图 8－21 所示。

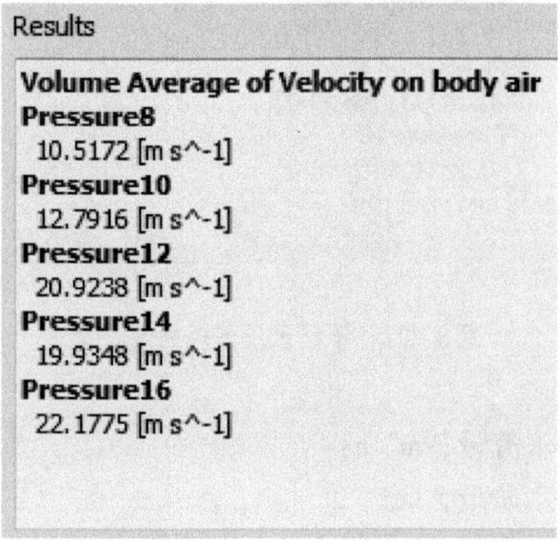

Results

Volume Average of Velocity on body air

Pressure8

10.5172 [m s^-1]

Pressure10

12.7916 [m s^-1]

Pressure12

20.9238 [m s^-1]

Pressure14

19.9348 [m s^-1]

Pressure16

22.1775 [m s^-1]

图 8－21　不同水压空气域的流体平均速度

由图 8－21 中空气域的平均速度，可以计算得到单位时间内被吸入的含煤尘空气的体积，则

$$Q = \nu S \tag{8-36}$$

式中　Q——空气流量，m^3/s；

ν——空气域的平均速度，m/s；

S——空气入口的截面积，m^2。

而单位时间内消耗的水的质量如图 8－22 所示。

由于水的密度为 1000 kg/m^3，则

$$V = \frac{m}{\rho} \tag{8-37}$$

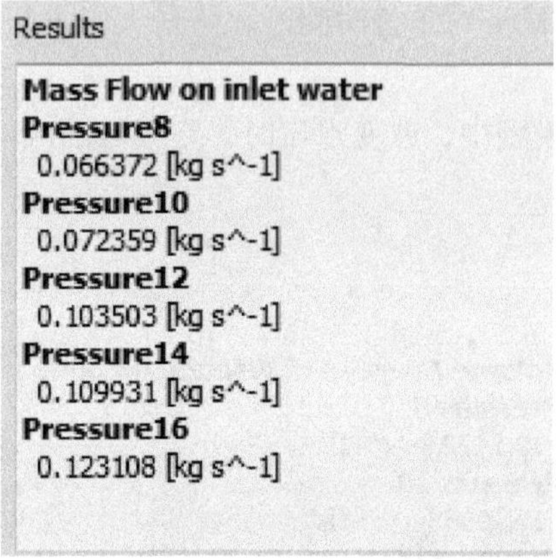

Results

Mass Flow on inlet water
Pressure8
0.066372 [kg s^-1]
Pressure10
0.072359 [kg s^-1]
Pressure12
0.103503 [kg s^-1]
Pressure14
0.109931 [kg s^-1]
Pressure16
0.123108 [kg s^-1]

图 8 - 22　不同水压消耗的水质量

式中　V——水流量，m^3/h；

m——水质量，kg；

ρ——水密度，kg/m^3。

由式（8 - 35）和式（8 - 36）分别计算出含煤尘空气的流量和耗水量，见表 8 - 2。

表 8 - 2　引射除尘器 Fluent 模型的模拟结果

压力/MPa	耗水量/($L \cdot s^{-1}$)	吸风量/($m^3 \cdot s^{-1}$)	液 气 比
8	0.066	0.119	1 : 1803
10	0.072	0.145	1 : 2014
12	0.104	0.237	1 : 2279
14	0.110	0.225	1 : 2045
16	0.123	0.251	1 : 2041

将水压为 10 MPa、12 MPa 和 14 MPa 三组的现场试验结果与

Fluent 模拟结果进行对比，发现存在误差，经过分析引起误差的因素有：①井下现场试验环境恶劣，受到采煤工作面通风、温度、湿度、空气对流或者回流的影响；②在测定耗水量和吸风量时受到测量装置和操作人员等因素引起的误差；③Fluent 模型在模拟之前对数据进行了简化，且忽略了高压水从泵站到喷嘴的管路压降损失。Fluent 模拟结果与现场试验结果的液气比误差大小为

$$\omega = \frac{\sum_{i=j=1}^{3}(x_i - x_j)}{\sum_{j=1}^{3} x_j} = \frac{\left(\frac{1}{2014} - \frac{1}{2494}\right) + \left(\frac{1}{2279} - \frac{1}{1972}\right) + \left(\frac{1}{2045} - \frac{1}{1793}\right)}{\frac{1}{2494} + \frac{1}{1972} + \frac{1}{1793}} = 2.8\% \tag{8-38}$$

式中　ω——液气比误差；

x_i——Fluent 模拟的液气比数值；

x_j——现场试验的液气比数值。

由式（8－14）可知，两者液气比误差值为 2.8%，可忽略不计，证明所建立的 Fluent 模型能较好反映现场的操作环境，符合工程实际，因此模型较为准确，可以使用。

由表 8－2 可知，水压为 12 MPa 时，吸风量为 0.237 m^3/s，液气比最小；水压为 16 MPa 时，吸风量最大为 0.251 m^3/s。吸风量和液气比都是除尘效果的重要指标，由于采煤的特殊环境，应当充分考虑水量对煤质和底板的影响，在提高除尘效果的前提下尽量减少水耗量；当水压从 12 MPa 改为 16 MPa 时，吸风量的变化量并不大，但是对泵站和管道的要求更高，故综上所述，最佳的水压参数为 12 MPa。

8.9.3 引射筒直径对流场的影响

由上文可知最佳水压参数为 12 MPa，故设定水压为 12 MPa，改变引射筒直径分别为 80 mm、120 mm 和 160 mm，流场中压力分布如图 8-23 所示，其中直径为 120 mm 时的流场分布在图 8-14 中已经描述过，此处不再赘述。

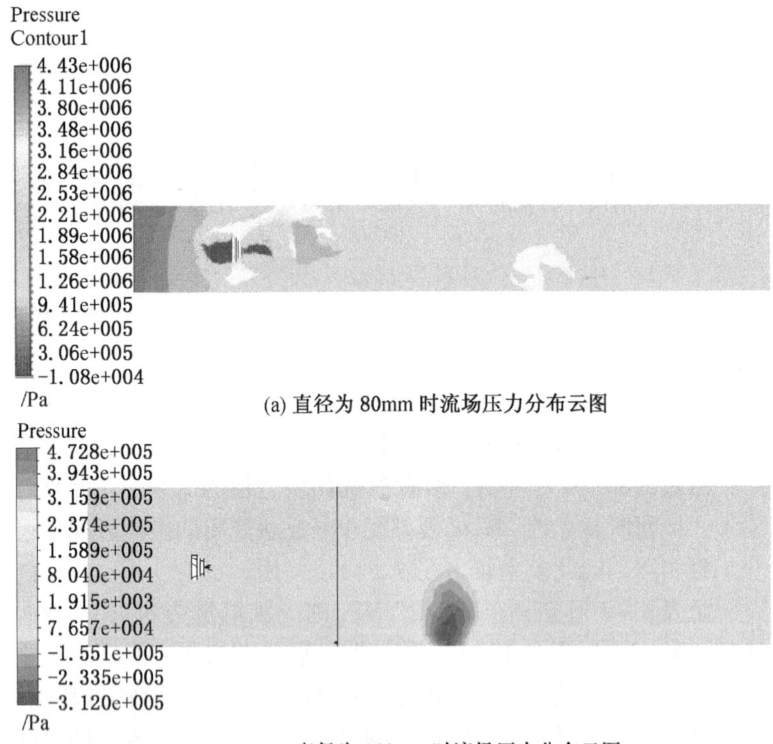

(a) 直径为 80mm 时流场压力分布云图

(b) 直径为 160mm 时流场压力分布云图

图 8-23　水压为 12 MPa 时不同引射筒直径的流场压力分布云图

在图 8 - 23 中，图 8 - 23a 是直径为 80 mm 时的压力分布，引射筒中从左至右压力先减小后增加，梯度较均匀，基本上呈上下对称。喷嘴出水口处和喷嘴后部出现负压，从喷嘴至出口，压力梯度变化不大，流场中压力最小值为 - 10781.4 MPa；图 8 - 23b 是直径为 160 mm 时的压力分布，整个引射筒中压力梯度变化平缓，在喷嘴附近并未出现明显低于周围的压力分布，在引射筒的下壁面出现最小压力为 - 312025 MPa。

直径不同时引射除尘器内部流场压力分布不同。由图 8 - 23 可知，当直径逐渐变大时，流场中压力梯度减少，在喷嘴附近出现低于周围压力的分布情况消失，最低压力值位置也发生变化，为更清晰准确的分析压力的变化，在三个模型中分别建立四条参考线，如图 8 - 24 所示，分别为 line3、line4（引射筒的轴线）、line5 和 line6（过喷嘴出口且垂直于轴线），其中 line3 和 line5 关于 line4 对称。

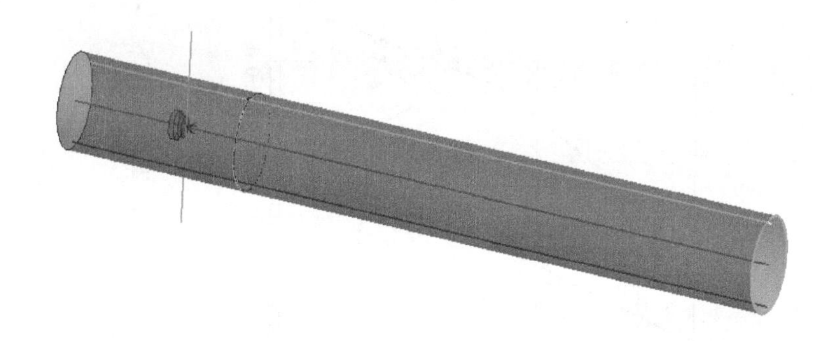

图 8 - 24　line3、line4、line5 和 line6 的位置

改变引射筒直径 line3、line4、line5 和 line6 上的压力变化，如图 8 - 25 至图 8 - 28 所示。

图 8 - 25 至图 8 - 27 中，$X = -0.4$ 处为含尘空气入口，$X = -0.25$ 处为喷嘴，$X = 0.4$ 处为出口。三条线上的压力整体呈下

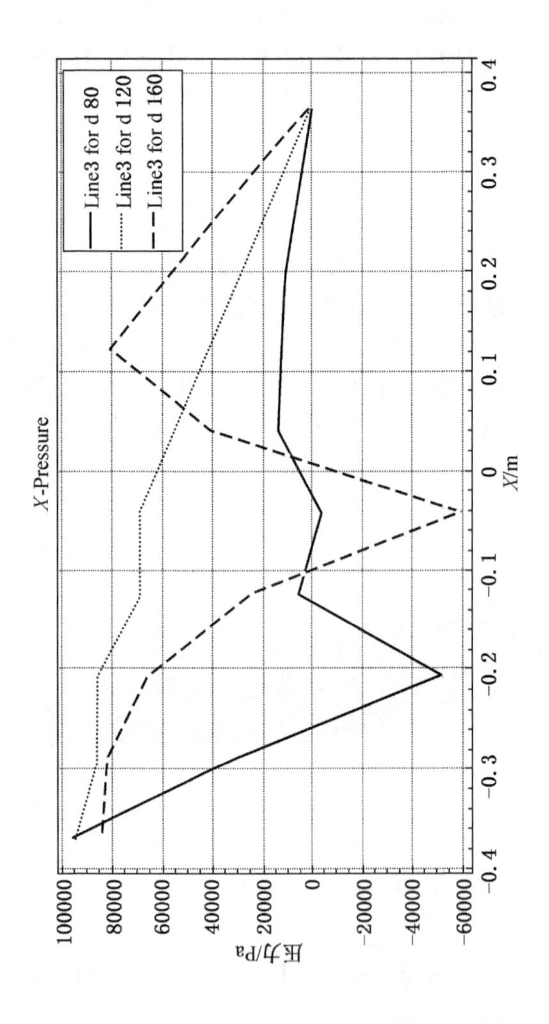

图 8-25　不同直径引射筒的 line3 压力变化图

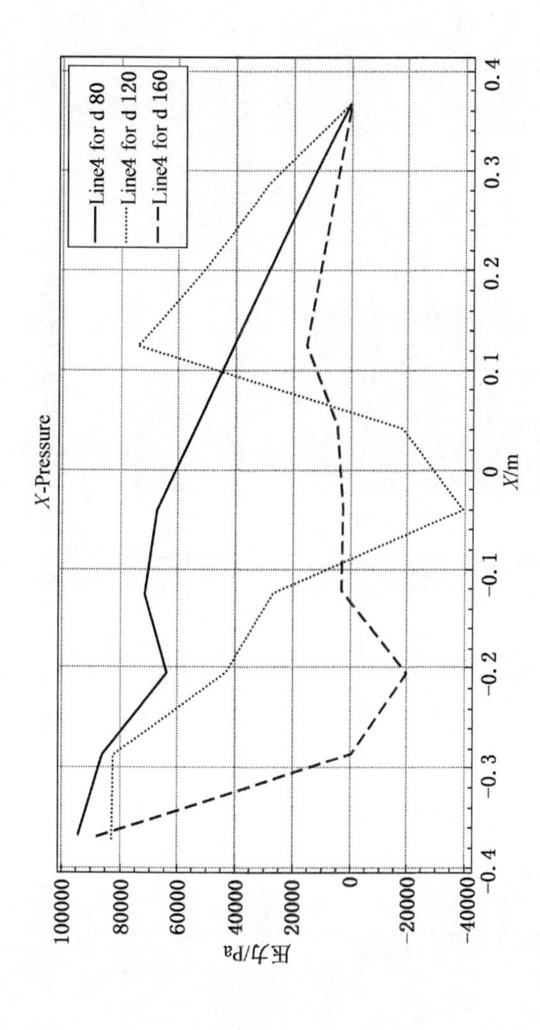

图 8-26 不同直径引射筒的 line4 压力变化图

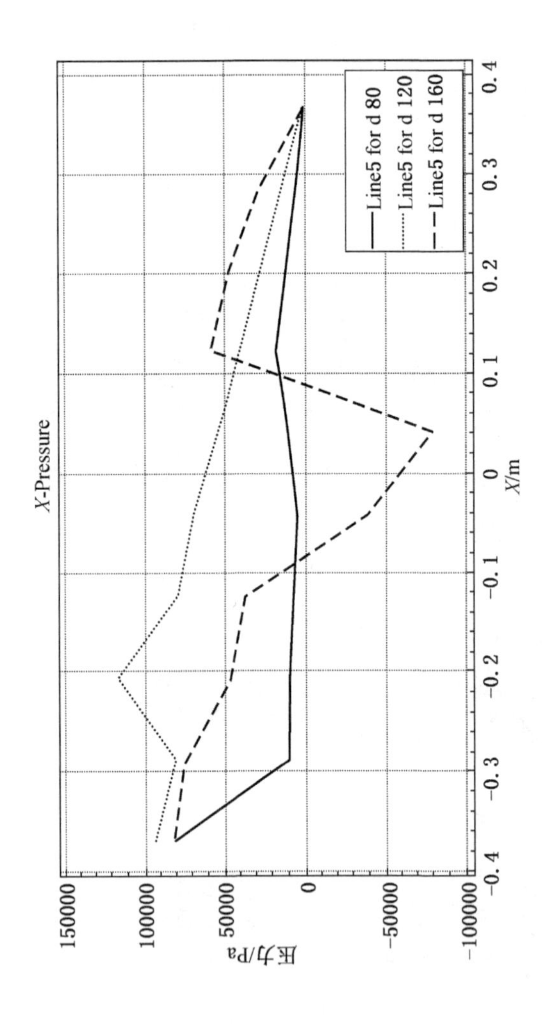

图 8-27　不同直径引射筒的 line5 压力变化图

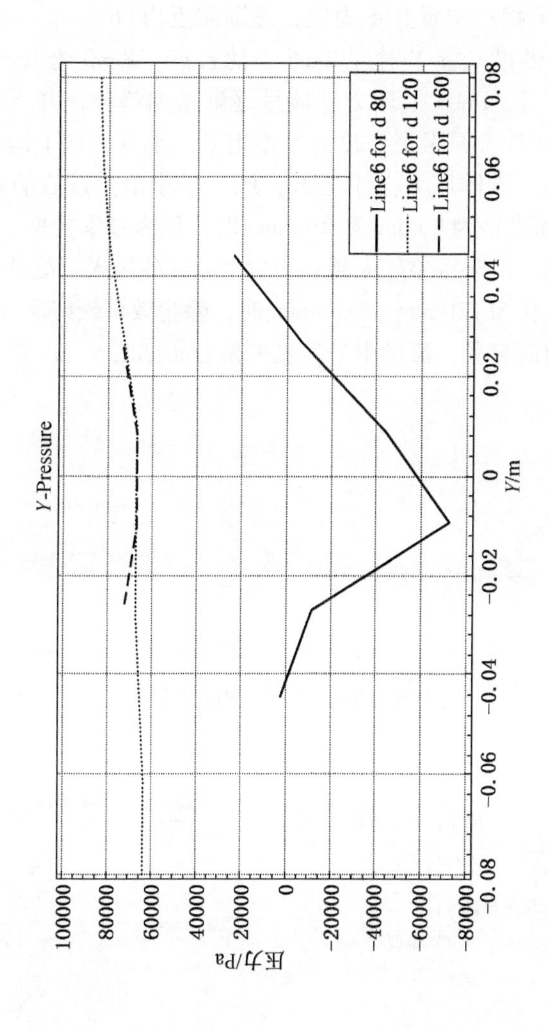

图 8-28 不同直径引射筒的 line6 压力变化图

降趋势且起点和终点基本重合；其中直径为 120 mm 和 160 mm 时，压力先下降后上升；三线的压力最小值都出现在直径是 160 mm 时，但相对位置并不固定，逐渐靠近出口。

图 8-28 的横坐标 Y 对应 line6 上的各点，$Y=0$ 为 line6 的中点。观察可得，line6 上压力整体呈逐渐增加趋势，并不完全关于点 $Y=0$ 对称，原因是在重力的作用下，水流有往下运动趋势，故在下部的流体压力大于上部；压力最小值出现在直径为 120 mm 时，而直径为 80 mm 和 160 mm 时，压力基本持平。

综上所述，由于压差越大越利于含尘空气的吸入，故从压差角度来说，直径为 120 mm 和 160 mm 时，除尘效果较好。

改变引射筒直径，流场中的速度矢量分布如图 8-29 所示。

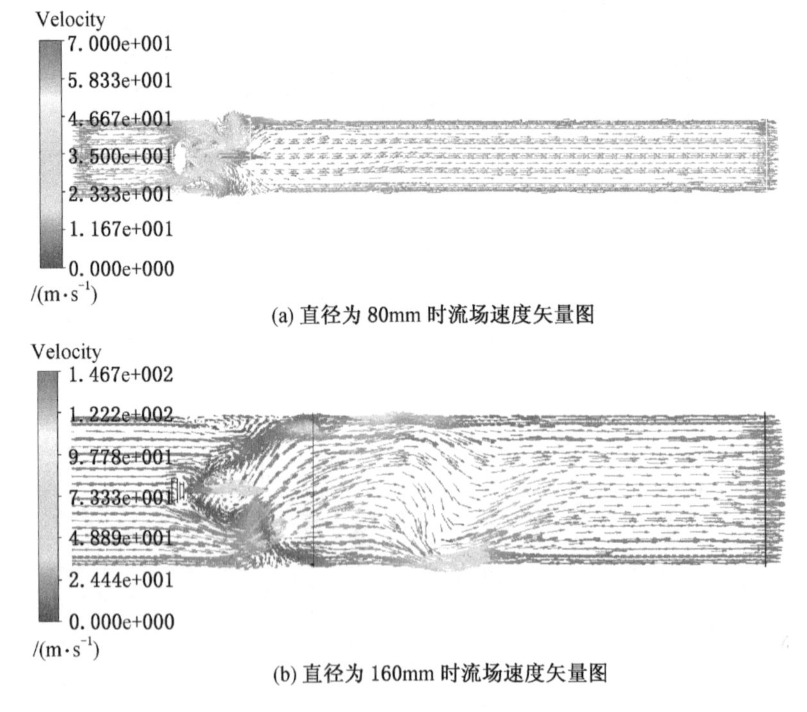

(a) 直径为 80mm 时流场速度矢量图

(b) 直径为 160mm 时流场速度矢量图

图 8-29　水压为 12 MPa 时不同引射筒直径的流场压力分布云图

图8－29观察可得,图8－29a和图8－29b在喷嘴、空气与水流交界面两个区域流体的速度和方向变化剧烈,原因是喷嘴出口处速度最大,在含尘空气和水射流交界面处，由于存在煤尘颗粒、空气与液体的相互碰撞和融合，能量相互交换；其中直径为160 mm时，在水流前进的过程中方向发生改变，有形成涡流趋势。

改变引射筒直径时，line3、line4、line5和line6上的压力变化如图8－30至图8－33所示。

图8－30至图8－32中，$X=-0.4$处为含尘空气入口，$X=-0.25$处为喷嘴，$X=0.4$处为出口。图8－30中的line3波动较大，规律性较差，速度最大值出现在直径为120 mm时；图8－31和图8－32中，line4和line5上的速度整体呈先上升后下降趋势，最大值基本在喷嘴附近；line4和line5的最大值分别出现在直径为120 mm和160 mm时。

图8－33观察可得，所有的压力不关于点$Y=0$对称；直径为80 mm和160 mm时，line6上速度波动不大，呈先减小后增加趋势；速度最大值出现在直径为120 mm时。

由于流速越大意味着吸入的含尘空气的流速越大，故直径为120 mm和160 mm时最有利于除尘。

在Fluent模型中，改变引射筒直径，空气域的流体平均速度和单位时间内消耗的水的质量如图8－34和图8－35所示。

由式（8－35）和式（8－36）计算可得不同引射筒直径的吸风量和耗水量，见表8－3。

表8－3　不同引射筒直径Fluent模型的模拟结果

直径/mm	耗水量/($L \cdot s^{-1}$)	吸风量/($m^3 \cdot s^{-1}$)	液气比
80	0.104	0.131	1∶1260
120	0.104	0.237	1∶2279
160	0.104	0.294	1∶2827

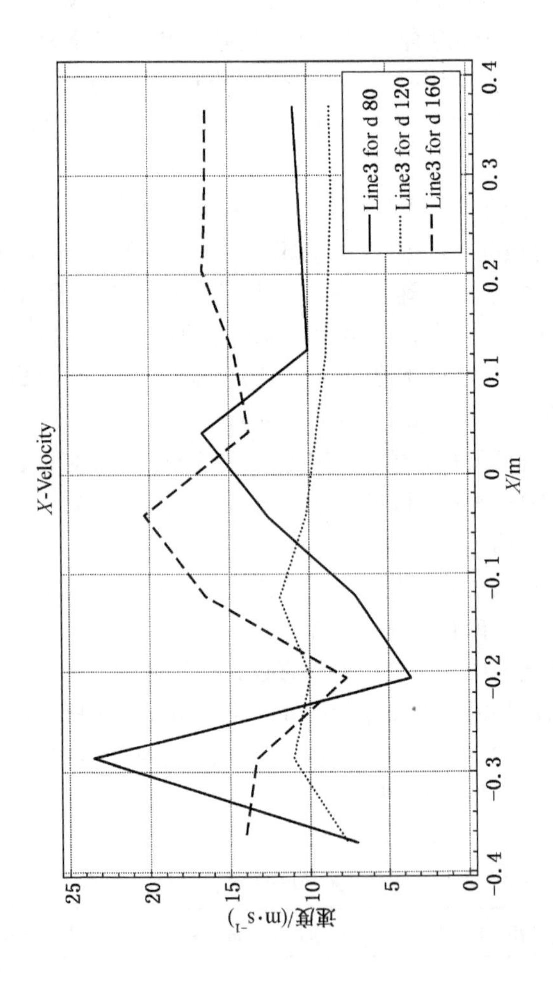

图 8－30　不同引射筒直径的 line3 速度变化图

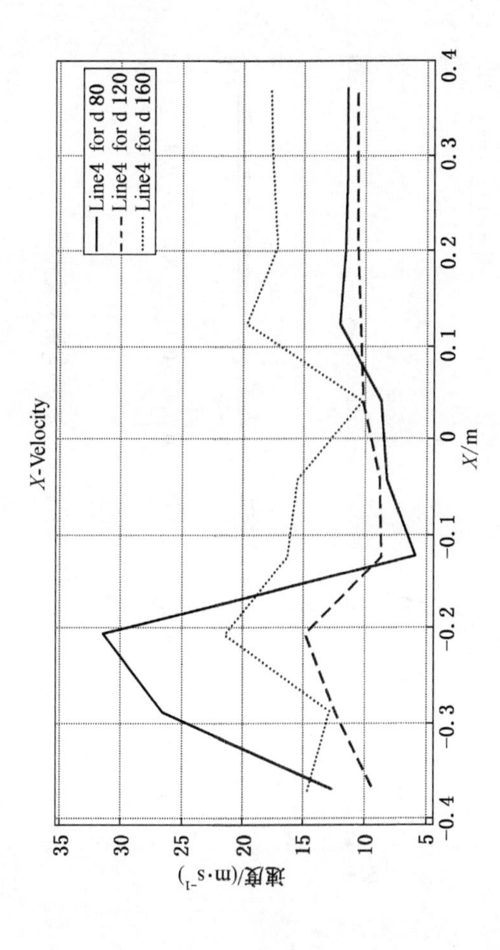

图 8-31 不同引射筒直径的 line4 速度变化图

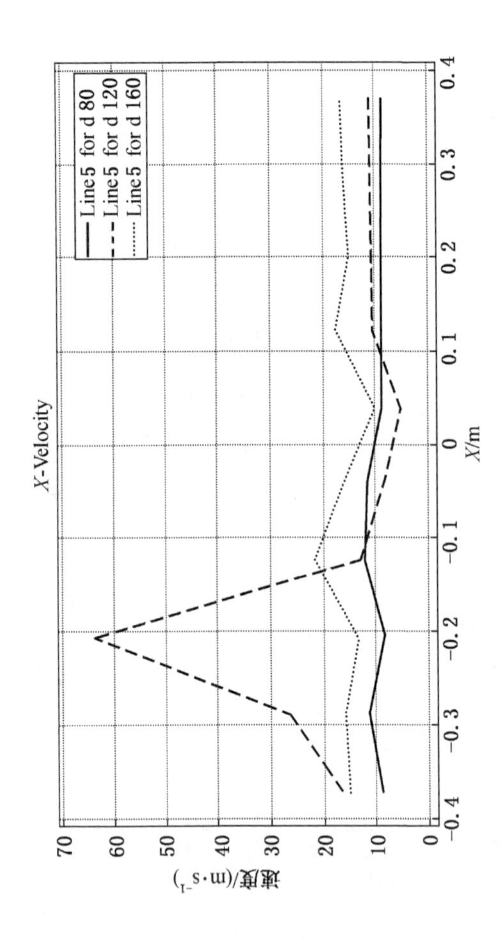

图 8-32　不同引射筒直径的 line5 速度变化图

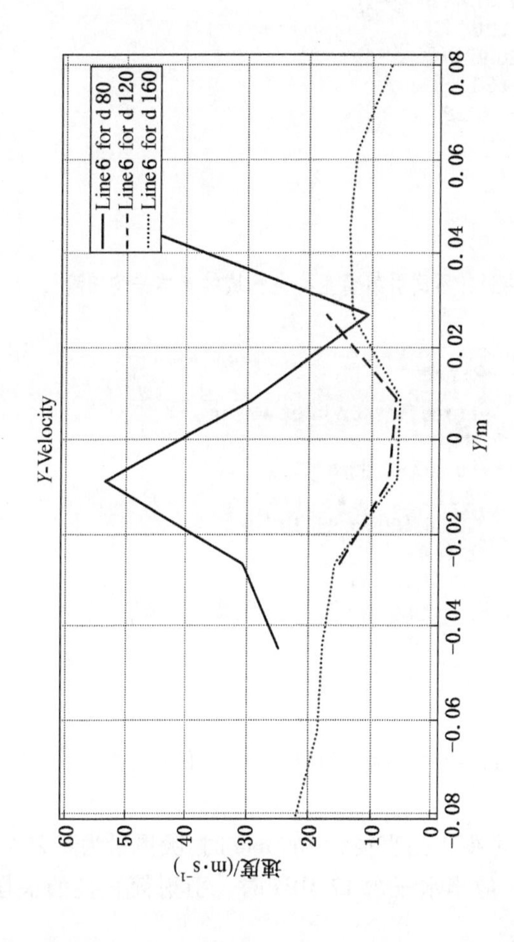

图 8－33　不同引射筒直径的 line6 速度变化图

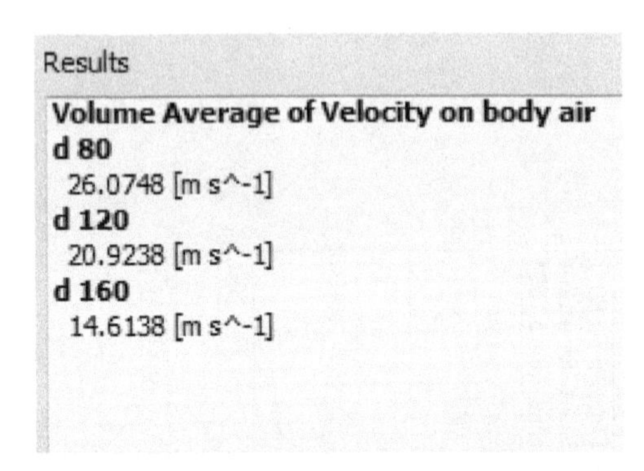

图 8-34　不同引射筒直径空气域的流体平均速度

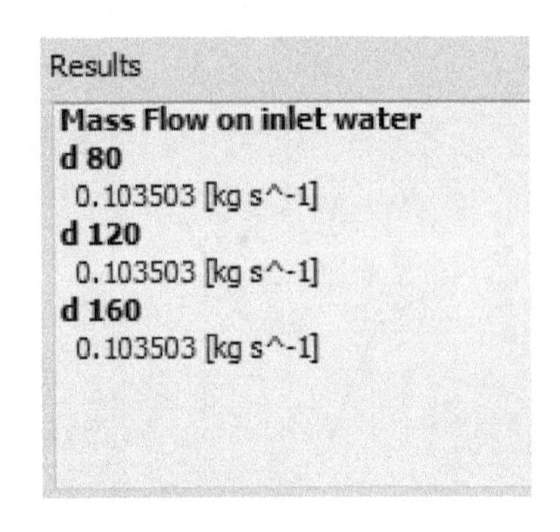

图 8-35　不同引射筒直径消耗的水质量

由表 8-3 可得，当直径为 160 mm 时，吸风量为 0.294 m^3/s，且液气比最小。故当水压为 12 MPa 时，引射筒直径的最佳参数为 160 mm。

经过模拟分析得到，引射除尘器的最佳参数是水压为 12 MPa，引射筒直径为 160 mm。此时吸风量最大为 0.294 m^3/s，液气比最小为 1∶2827。

9 引射除尘器流场仿真研究

9.1 引射除尘器仿真模型的建立

引射除尘器由集气筒、喷水设备、引射筒和折流分离器四部分组成，如图9－1所示。经过井下泵站加压的水通过管道输送到喷水设备2时，特制的喷嘴将水的压力能转化为速度能，喷出时形成雾化的高速水射流。由伯努利定律可知流速的增大伴随压力的降低，在喷嘴出口处，高速流动的水射流附近会产生低压，在压差作用下形成吸附作用。同时由于存在雾化角，水流呈伞雾状布满整个引射筒3并高速前进，形成活塞效应，产生二次负压。含有煤尘的空气在负压的作用下从集气筒1处被吸入，由于集气筒1呈收缩状，由文丘里效应知，含有煤尘的空气经过缩小的截面时，流速增大。含煤尘的空气在引射筒内前进的过程中，粗大的煤尘颗粒在重力和惯性碰撞的作用下沉降，而微细的煤尘与水雾混合被捕捉，向前高速推进，在折流分离器4作用下被处理过的空气和含尘废水分别从折流分离器的上部和下部排出。

为了建立引射除尘器的仿真模型，分析引射除尘器安装结构示意图（图9－2），其主要部件具有如下特征：

（1）集气筒采用正方形截面，为了产生文丘里效应，采用逐渐缩小的形式。

（2）引射筒是除尘器的关键部件，高速水射流在喷嘴处呈实心伞锥形运动，在引射筒中成活塞效应向前运动。引射筒中流场的分布直接影响到除尘效果。为方便安装喷水装置在引射筒上预留了长方形的孔。同时为了便于安装，在除尘器上焊接吊耳。

（3）喷水装置是负压除尘器的核心部件，其特制的喷嘴和

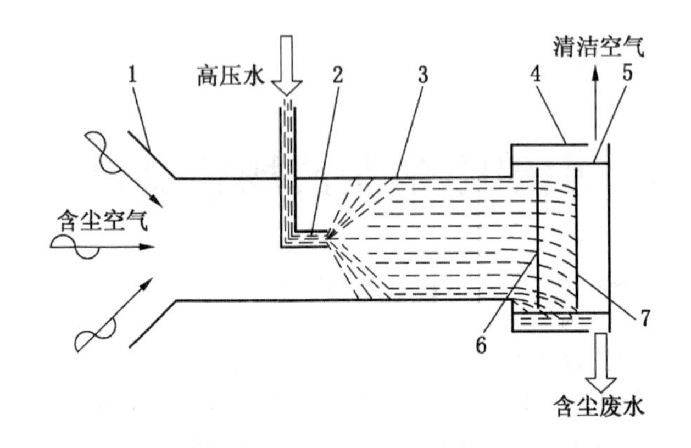

1—集气筒；2—喷水设备；3—引射筒；4—折流分离器；
5—捕雾滤网；6—折流滤板；7—折流板

图 9-1　引射除尘器的工作原理示意图

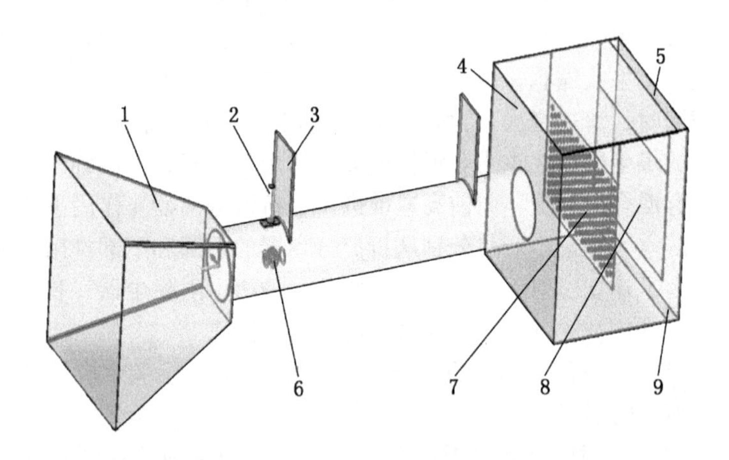

1—集气筒；2—进水管；3—吊耳；4—折流分离器；5—气体出口；
6—喷嘴；7—折流滤板；8—折流板；9—含尘液体出口

图 9-2　引射除尘器安装结构示意图

旋芯的相互配合，可以将高压水的压力能转换成速度能，同时将水雾化，喷出实心伞锥形雾粒群。

(4) 喷水设备端盖与引射筒上的长方形孔相配合，起到固定喷水设备的作用。

(5) 折流分离器有两个作用：一是改变水射流的方向，因为每一台放顶煤液压支架都将安装一个负压除尘器，而负压除尘器的中心轴平行于综放工作面，因此负压除尘器将首尾相接，如果不改变水射流的方向，则上一个负压除尘器的含尘废水将直接进入下一个负压除尘器的集气筒，无法实现降尘；二是实现含尘废水与洁净空气的分离，含尘废水从分离器的下出口流走，而经过负压除尘器处理过的空气从分离器的上出口溢出。在折流分离器中起到关键作用的是折流滤板和折流板，其中折流滤板是起到改变水流方向和减缓水压的作用，通过折流滤板继续前进的水流在折流板的作用下彻底改变方向降落下来。

根据引射除尘器的结构简图，建立仿真模型，如图 9－3 所示。网格划分时去掉在整个模型中存在对分析结果影响小或者影响结果可忽略的部分，保留集气筒、引射筒和折流分离器这三个

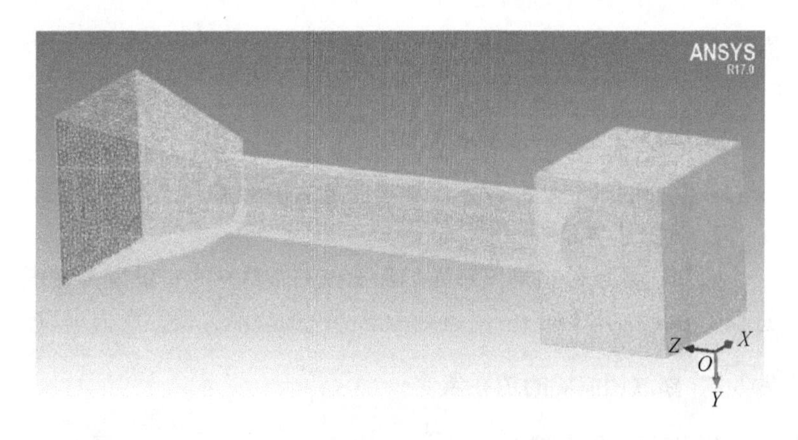

图 9－3　网格划分

能影响流场变化的计算区域，大量的减少计算量，提高运算效率，且能较好的显现除尘效果。

网格生成后进行网格检查与光顺，提高网格质量。光顺时的最小默认值是0.2，越靠近1网格质量越好，如图9－4所示，计算域光顺后的最小值为0.3，所以网格质量尚可，求解结果证明上面的网格划分是合理的。

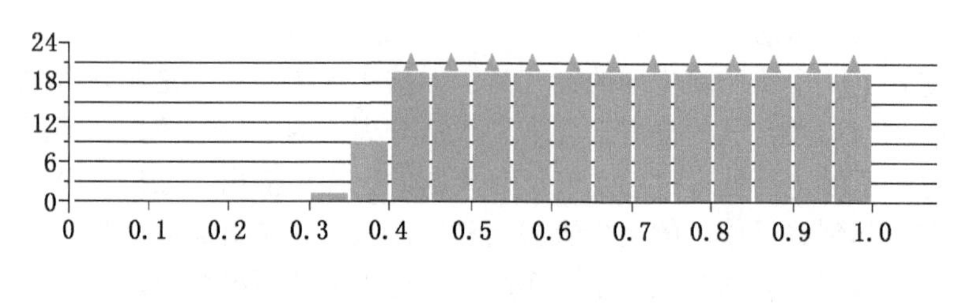

图9－4　网格质量

9.2　仿真参数的设置

9.2.1　气相流场的边界条件

1. 壁面边界条件

固体壁面，采用无速度滑移和无质量渗透条件，即假定相对于固体壁面的气流切向分速度和法向分速度为零。

2. 入口边界条件

入口边界条件指集气罩入口断面处的条件，入口设置为速度进口，参数为3.7 m/s，出口处考虑回流的影响，设为压力出口。

9.2.2　离散相流场的边界条件

1. 壁面边界条件

在壁面采用反射（reflect）边界条件，颗粒在此处反弹而发生动量变化，变化量由弹性恢复系数确定。法向恢复系数 e_n 和切向恢复系数 e_t 分别为颗粒与边界碰撞后法向动量和切向动量保留的比例：

$$e_n = \frac{v_{2,n}}{v_{1,n}} \qquad e_t = \frac{v_{2,t}}{v_{1,t}} \tag{9-1}$$

式中 $v_{1,n}$、$v_{2,n}$——碰撞前后颗粒的法向速度分量，m/s；

$v_{1,t}$、$v_{2,t}$——碰撞前后颗粒的切向速度分量，m/s。

壁面的离散相边界条件为 reflect，恢复系数默认为 1.0。

2. 入口边界条件

打开 DPM 模型，选择 breakup 破碎模型，建立 injection，并设置射流源的相关参数，具体情况见表 9-1。

表 9-1 射流源参数

类别	项目名称	参数
喷嘴	射流源方式	pressure-swirl atomizer
	粒子流数目	500
	喷射材料	water-liquid
	喷嘴直径/mm	0.010，0.015，0.020，0.025
	喷射半角/(°)	30
	喷射入口压力/MPa	8，10，12
	射流源位置/mm	(400，0，0)，(500，0，0)
		(600，0，0)，(700，0，0)

3. 出口边界条件

本文的喷雾颗粒相在出口取 escape 边界，即颗粒保持原来的速度移动到计算区域以外，其颗粒轨迹计算在边界处终止。

9.3 模拟结果分析

负压除尘器的自变量有三个：一是水压，将压力模拟值分别设置为 8 MPa、10 MPa、12 MPa；二是喷嘴直径，将喷嘴直径分别设置为 1.0 mm、1.5 mm、2.0 mm、2.5 mm；三是喷嘴位置，将喷嘴位置距集尘罩左端面的距离为 400 mm、500 mm、600 mm、700 mm。

9.3.1 水压对喷雾浓度的影响

改变水压参数，得到负压除尘器喷雾浓度分布云图。为方便观察分析，取负压除尘器的中心面，其喷雾浓度分布云图如图9－5 所示。喷雾的仿真模拟主要描述了液体颗粒在空气中的运移情况，水在喷嘴处破碎后进入工作面直到沉降在壁面或扩散到边界外，分析雾滴在不同风速和不同喷嘴压力作用下的运移情况、粒径分布等规律：喷雾压力不同则雾化效果不同。从所述浓度图可以看出，水自喷嘴喷出以后形成了一个近似锥形的喷雾，由于引射筒直径较小，喷雾与壁面碰撞后反弹，在喷嘴右侧断面内整体浓度逐渐增大，水雾在引射筒内的分布面积也逐渐增大。

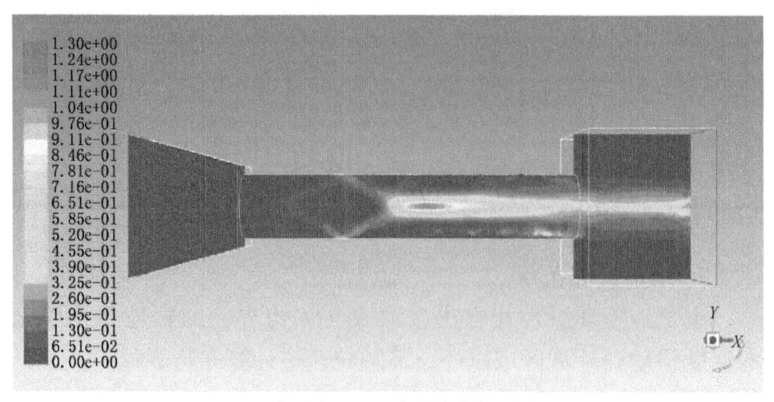

(a) 水压为8 MPa时喷雾浓度云图

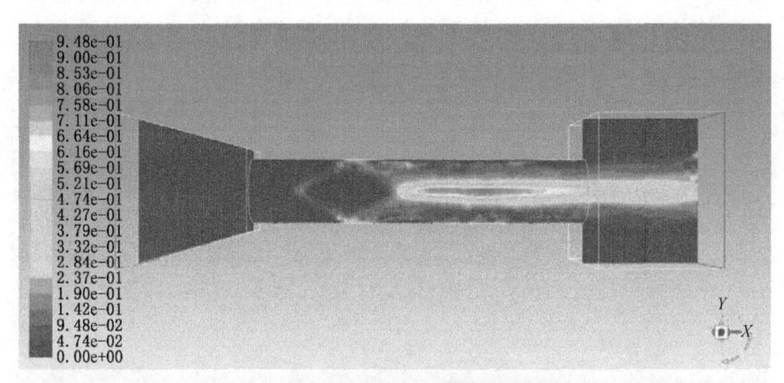

(b) 水压为10 MPa时喷雾浓度云图

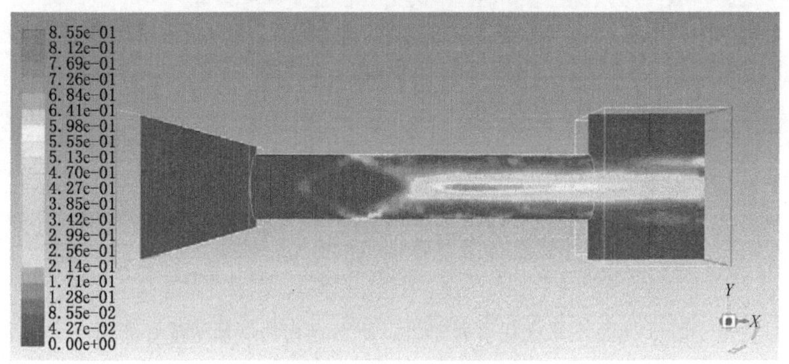

(c) 水压为12 MPa时喷雾浓度云图

图9－5　不同水压的喷雾浓度云图

如图9－6为引射筒出口处 Y 向直线的喷雾浓度云图，由图可知，水压为8 MPa时，引射筒出口处最大雾滴浓度相对于10 MPa和12 MPa时较低，且负向末端的雾滴浓度高于正向末端的浓度，出现明显的沉降现象。压力为10 MPa时，最大雾滴浓度显著增加，且正负两个方向的末端位置的喷雾浓度相差不多，说明其水平方向的运动速度远大于沉降速度，不会出现明显的衰减区。水的入射压力增加到 12 MPa 时，喷雾的分布面积增大，靠近壁面处的雾滴浓度有所增加，从而加强水雾活塞作用。

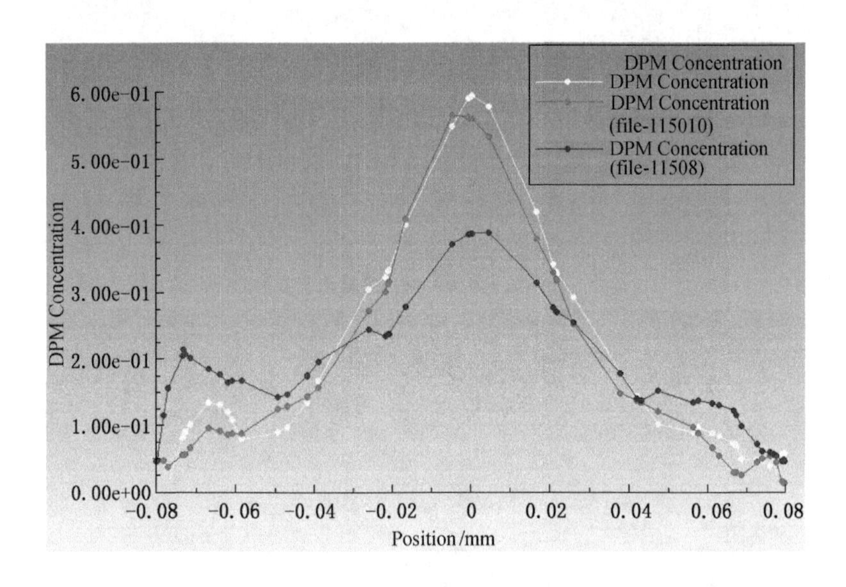

图 9-6　不同水压引射筒出口处 *Y* 方向的喷雾浓度分布图

如图 9-7 所示的不同水压轴线处压力变化图，观察中心轴线上的压力变化曲线，对比分析可以发现，随着水射流喷射压力的增加，集尘罩入口处的气体压力减小，在喷嘴附近形成逐渐增强的负压，负压越大，其卷吸含尘空气的能力越强，除尘效果越好。

综上所述，为了增加雾滴降尘能力，缩短喷雾的衰减作用区，应适当增加水的喷射压力，考虑到水的排放问题，水压不能过大，喷射压力 12 MPa 为最佳喷嘴入射压力。

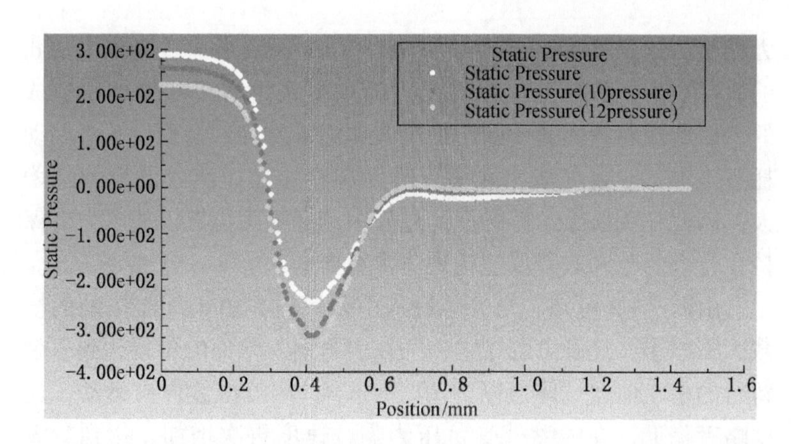

图9-7 不同水压轴线处压力变化

9.3.2 喷嘴位置对流场的影响

由图9-8可知，在引射筒内气体的静压能转化为动能，压

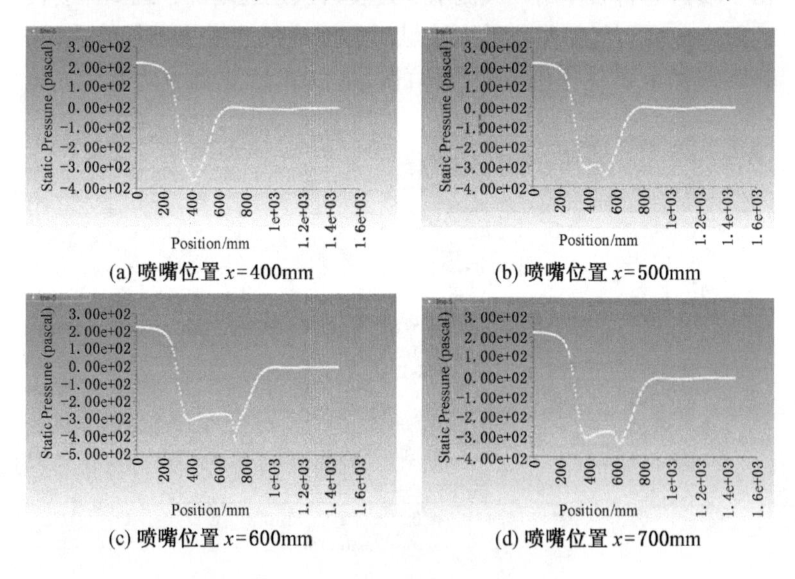

(a) 喷嘴位置 x=400mm

(b) 喷嘴位置 x=500mm

(c) 喷嘴位置 x=600mm

(d) 喷嘴位置 x=700mm

图9-8 不同喷嘴位置轴线处压力变化

力减小，速度增大，并在喷嘴处压力达到最小值。Azzopar - di的研究指出，负压除尘器的压力降主要是由雾滴颗粒加速造成的，因此随着液体速度的增加，液体流量增加，从而使气液湍动耗散增加，导致气液相互作用时因雾流的加速造成的压力降增大，因此在负压除尘器的设计过程中选择喷嘴位置以使压力降保持在合理的范围对降低能耗是非常重要的。

由图9 -9可知，当气体进入引射筒时，由于气流运动的横截面积减小，速度急剧增大，并在引射筒左端面的位置达到一个暂时的稳定值，气体速度为29.83 m/s，气流继续向右运动，速度略有降低，在喷嘴处受负压影响，速度再次增加，达到最大值，根据喷嘴位置（距离集尘罩断面的距离分别为400 mm、500 mm、600 mm、700 mm）的不同，气流的最大速度分别为34.73 m/s、35.43 m/s、34.94 m/s、35.07 m/s。到达喷嘴处后，由于喷雾的卷吸作用，气流水平速度再次迅速增加，达到流场内的最大速度。气流与喷雾流接触时，因液体速度小于气体速度，且在液体的雾化作用下使气体的动能转化为液滴的动能，气体

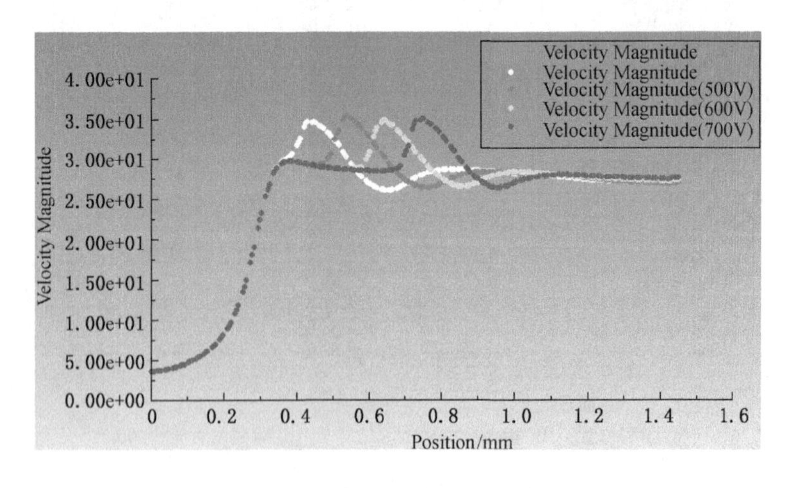

图9 -9　不同喷嘴位置轴线处气体速度变化

速度将会有所减小，气液间进行更充分地相互作用，近似于同质流动，速度趋于稳定。当喷嘴位于前部分时合适的气液速度差使气液间更充分地相互作用，引射筒处的速度场分布更加均匀。

湍流动能（Turbulent Kinetic Energy）随时间的变化体现湍流动能的净收支，是湍流强度的度量，是衡量湍流混合能力的重要指标。衡量湍流发展或衰退，关系到边界层内各种通量的输送和重新分配，在能量平衡中起重要作用。由图 9 - 10d 可知，喷嘴位于距集尘罩左端面 700 mm 处，对比图 9 - 10a 至图 9 - 10c 所示的湍动能分布情况，引射筒中截面明显分布有两个湍流动能强烈的部分，左侧的是由于文丘里效应引起的，气流进入引射筒中，横截面减小，气体速度增大，湍流动能增加。右侧处于喷嘴附近，由于气液速度差的存在，使喷雾对空气气流产生一定的扰动作用，产生相应的湍流动能。喷嘴的不同位置影响了负压除尘器内部流场的湍能分布情况，反映气液之间的混合接触情况，为

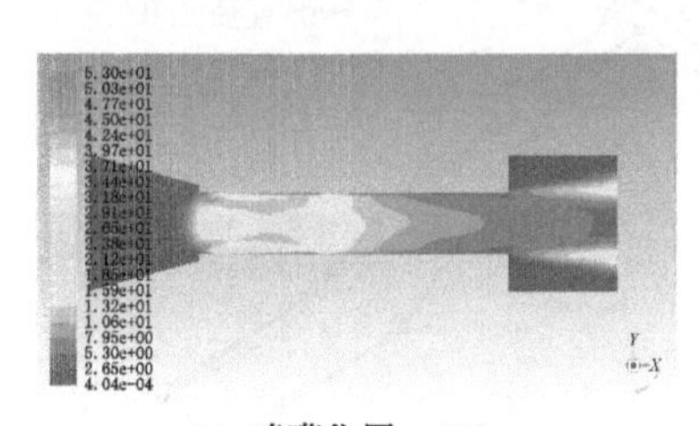

(a) 喷嘴位置x=400 mm

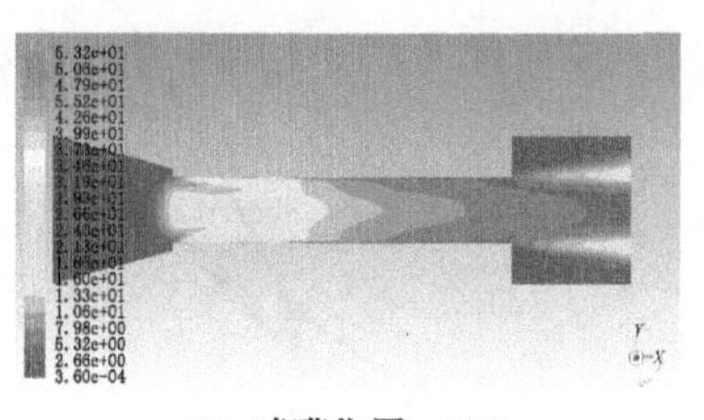

(b) 喷嘴位置x=500 mm

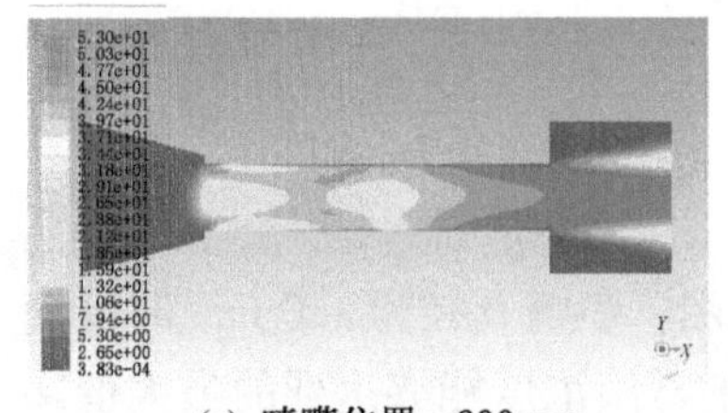

(c) 喷嘴位置x=600 mm

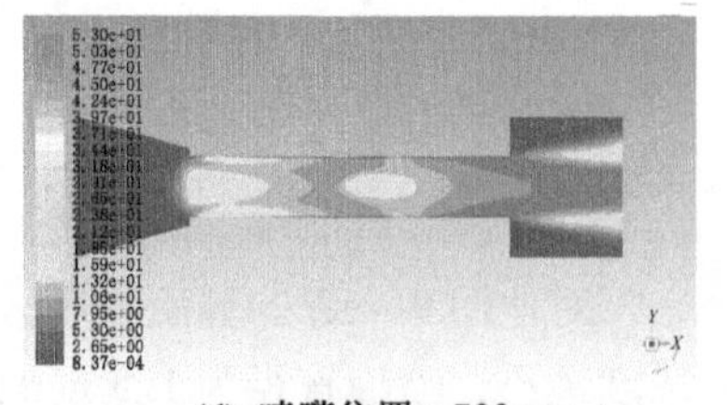

(d) 喷嘴位置x=700 mm

图 9 - 10　不同喷嘴位置中截面湍动能分布云图

了提高负压除尘器的除尘效率，应设置喷嘴的合适位置，引射筒段的湍流动能分布较为均匀，使气液得到更为充分地接触。

9.3.3 喷嘴直径对喷雾浓度的影响

图9－11为压力相同时，不同直径喷嘴雾场粒径分布，由图可知，在相同喷雾压力下，随着喷嘴直径的增加，喷雾形成的雾滴粒径也逐渐增加。喷嘴直径为1.0 mm时雾滴粒径整体都比较小，当喷嘴直径为1.5 mm、2.0 mm、2.5 mm时，粒径分布范围相似，且粒径比较均匀。由于喷雾雾化粒径的大小对粉尘的捕集和沉降起着至关重要的作用，因此在喷雾降尘时，为保证呼吸性粉尘的降尘效果，喷嘴直径不能过大。

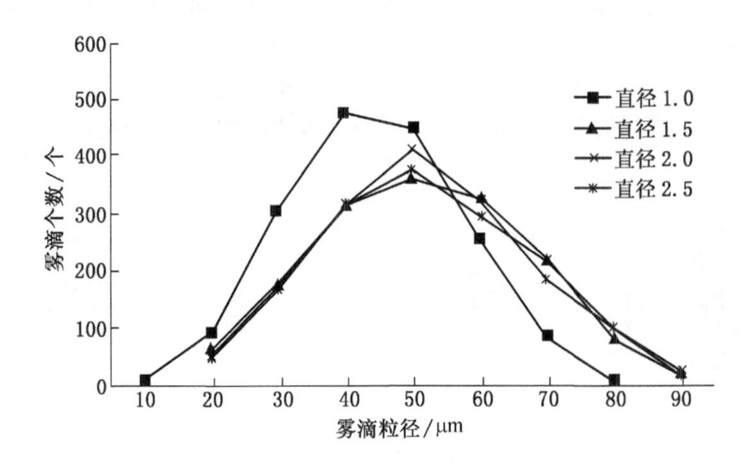

图9－11　不同喷嘴直径对应的雾滴粒径分布图

对比图9－12的雾滴浓度云图，喷嘴直径为1.0 mm时雾滴浓度最小，喷嘴直径为1.5 mm的雾滴浓度能够达到的最大值接近喷嘴直径为2.5 mm时的雾滴浓度。实际操作中考虑到蒸发，雾滴直径不能太小，浓度越大，含尘气体与雾流接触面积越大，降尘效率越好，因此喷嘴直径为 1.5 mm 更符合喷雾降尘的需要。

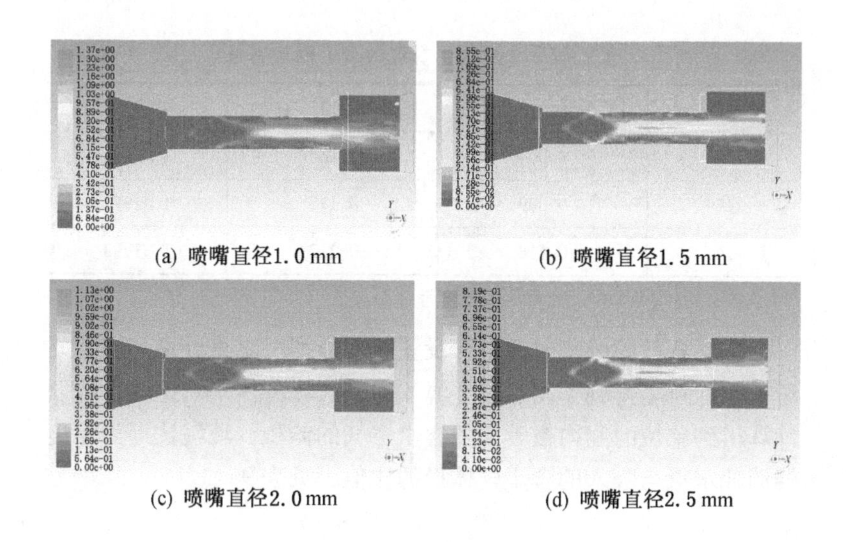

(a) 喷嘴直径1.0 mm　　(b) 喷嘴直径1.5 mm

(c) 喷嘴直径2.0 mm　　(d) 喷嘴直径2.5 mm

图 9－12　不同直径喷嘴雾滴浓度云图

9.3.4　Fluent 模型准确性验证

上文介绍了在 Fluent 流体分析软件中模拟负压除尘器直径为 160 mm，改变水压，其内部流场的分布情况。为了验证所建立的 Fluent 模型是否准确，需要通过现场试验加以验证。

选取负压除尘器引射筒直径为 160 mm，在郑煤集团超化煤矿 11091 综采放顶煤工作面进行井下现场试验，进水压力设置为 10 MPa、12 MPa 和 14 MPa 三组，测试结果见表 9－2。

表 9－2 中吸风量和液气比都是评判除尘效果的重要指标之一。其中液气比指耗水量与吸风量之比，液气比越小，意味着单位水量吸入的含尘空气越多，在一定范围内，除尘效果就越好。

其中水压为 14 MPa 时单位时间吸风量最大；水压为 10 MPa 时液气比最小。

表 9－2　负压除尘器现场试验测试结果

压力/MPa	耗水量/($L \cdot s^{-1}$)	吸风量/($m^3 \cdot s^{-1}$)	液气比
10	0.064	0.160	1 : 2494
12	0.089	0.175	1 : 1972
14	0.118	0.212	1 : 1793

在对离散相的喷射源进行设置时，根据耗水量计算并设置质量流率，可以得到不同水压环境下的空气域流体平均速度，可以计算得到单位时间内被吸入的含尘空气的体积，液气比即为除尘器消耗水量与吸入的含尘气体量的比值，见表 9－3。

表 9－3　负压除尘器 Fluent 模型的模拟结果

压力/MPa	耗水量/($L \cdot s^{-1}$)	吸风量/($m^3 \cdot s^{-1}$)	液气比
10	0.064	0.191	1 : 2984
12	0.089	0.190	1 : 2135
14	0.118	0.195	1 : 1653

将水压为 10 MPa、12 MPa 和 14 MPa 三组的现场试验结果与 Fluent 模拟结果进行对比，发现存在误差，经过分析引起误差的因素有：井下现场试验环境恶劣，受到采煤工作面通风、温度、湿度、空气对流或者回流的影响；在测定耗水量和吸风量时受到测量装置和操作人员等因素引起的误差；Fluent 模型在模拟之前对参数进行了简化，且忽略了高压水从泵站到喷嘴的管路压降损失。Fluent 模拟结果与现场试验结果的液气比误差大小为

$$
\begin{aligned}
\omega &= \left| \frac{\sum_{i=j=1}^{3} (x_i - x_j)}{\sum_{j=1}^{3} x_j} \right| \\
&= \left| \frac{\left(\frac{1}{2984} - \frac{1}{2494}\right) + \left(\frac{1}{2135} - \frac{1}{1972}\right) + \left(\frac{1}{1653} - \frac{1}{1793}\right)}{\frac{1}{2494} + \frac{1}{1972} + \frac{1}{1793}} \right| \\
&= 3.9\%
\end{aligned}
\tag{9-2}
$$

式中 ω——液气比误差；

x_i——Fluent 模拟的液气比数值；

x_j——现场试验的液气比数值。

由式子可知，两者液气比误差值为 3.9%，可忽略不计，证明所建立的 Fluent 模型能较好反映现场的操作环境，符合工程实际，因此模型较为准确，可以使用。

10 引射除尘器的试验研究

10.1 引射除尘器的总体性能要求

1. 吸尘量大

吸尘量是单位时间内吸入的含尘气体的体积，即吸风量的大小。影响吸风量大小的因素有供水压力、喷嘴性能、引射除尘器结构等。

2. 粉尘捕集能力高

粉尘捕集能力是进入除尘器的粉尘最大限度地被水滴捕集的比例。影响粉尘捕集能力的主要因素有雾滴的速度和粒径的大小等。一般认为雾滴直径应控制在20～50 μm 范围内，最大不超过200 μm；雾滴速度以20～30 m/s 以上为宜。

3. 液气比小

液气比（K）是指除尘器消耗水量 Q_2 与吸入的含尘气体量 Q_1 的比值。一般情况下，湿式除尘器中最大气流速度在40～150 m/s之间，液气比在1∶666.7～1∶3333.3之间，以选用1∶1000～1∶1428.6为多。由于除尘器消耗的水量几乎全部排入运出的煤中，水量过大会影响出煤质量，因此设计中应尽量降低液气比。

10.2 实验室风速测试系统

引射除尘器的吸风风量和吸风速度的大小是评定除尘器性能的主要指标之一，风速和风量越大，说明吸入的含尘气体量越多，一般降尘效率也高。在引射风量一定的情况下，希望耗水量越小越好，这样不但能够节约用水，还可以减少对废水的处理工作量。

为了通过试验获得合理的设计参数，设计了引射除尘器实验室风速测试系统，如图 10－1 所示，其中高压泵 3 用来为引射除尘器提供高压水，其工作压力为 10～15 MPa，流量为 15 L/min；溢流阀 2 用来调节压力的大小；引射除尘器的进水压力可从压力表 5 上读出；负压计（毕托管压力计）6 用来测定引射筒进口处的负压。实验室风速测试系统的工作过程：水源的水被高压泵 3 加压后，经压力表 5 到达喷嘴，在引射筒 7 中以雾状喷出。用负压计 6 测量此时引射筒 7 进口处的负压，根据负压可以计算出引射筒 7 进口处的风速。根据风速可以进一步计算引射筒 7 的吸风量。用流量计 4 可以读出引射除尘器的耗水量。计算耗水量与吸风量的比值，就可得到引射除尘器的液气比。

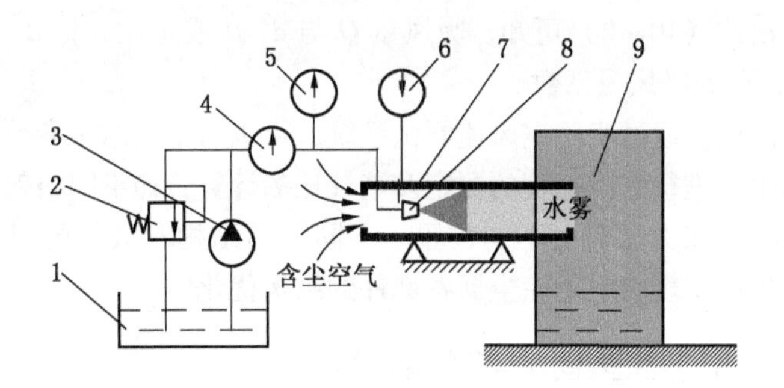

1—水源；2—溢流阀；3—高压泵；4—流量计；5—压力表；
6—负压计；7—引射筒；8—喷嘴；9—集水罩

图 10－1　实验室风速测试系统示意图

借助风速风量试验系统，可以从负压计上读出引射筒进气口中心线处的负压 h，然后计算吸风量系数 q。其推导过程如下：

被测点的风速与该点负压的关系如式（10－1）所示：

$$v=\sqrt{\frac{2g\gamma_1 h}{\gamma_2}} \tag{10-1}$$

式中　g——重力加速度，m/s^2；

γ_1、γ_2——毕托管液体和引射筒被测气体的密度，kg/m^3；

h——测得的负压读数，本试验以“cm 水柱高”的单位来记录。

假定被测点截面上各点速度相同，那么吸风量 Q 如式(10-2)所示：

$$Q=\frac{\pi d^2}{4}v=\frac{\pi d^2}{4}\sqrt{\frac{2g\gamma_1 h}{\gamma_2}}=kd^2\sqrt{h} \tag{10-2}$$

式中　d——引射筒的直径，m；

k——一个常数，与 g、γ_1、γ_2 有关。

由式（10-2）可知，吸风量 Q 与 $d^2\sqrt{h}$成正比。将 $d^2\sqrt{h}$记为 q，称为吸风量系数。

因此，通过实验室风速测试系统，可以对不同结构参数的引射除尘器进行气流速度的测定及液气比的计算，如不同引射筒直径、喷嘴在引射筒上不同位置、不同喷嘴结构参数等的对比试验，进而实现对引射除尘器各部件的结构优化。

10.3　引射除尘器的实验室试验

10.3.1　引射筒直径的确定

为了确定合适的引射筒直径参数，在风速测试系统中保持其他参数不变的条件下，只改变引射筒的直径 D，观察了直径对吸风量的影响情况，试验数据见表 10-1。试验表明：当引射筒直径较小时，引射筒的吸风量随直径的增大而增大；当引射筒直径达到某个值后，直径的增大反而使吸风量下降。由于引射除尘器安装在液压支架上，考虑到井下操作工的安全，其空间极限尺寸为：长 1198 mm，宽 350 mm，高 250 mm，加之实验室的条件，选用长度为 950 mm，内径为 102 mm 的引射筒。

表 10-1 引射筒直径与风速的关系

直径/mm	35		50		80		102	
系统压力/MPa	8	12	8	12	8	12	8	12
风速/($m \cdot s^{-1}$)	1.08	1.21	1.5	2.25	2.21	3.08	3.09	3.85

10.3.2 引射筒上喷嘴位置的确定

喷嘴装在引射筒中心线上，喷嘴喷出的水雾与引射筒壁作用，呈紊流状态向前推进，形成“活塞效应”而产生负压。在引射筒长度和直径确定的前提下，喷嘴在引射筒上的轴向位置，直接影响到除尘器的除尘效率。为了确定喷嘴在引射筒上的最佳位置，使用实验室风速测试系统，保持其他参数（喷嘴结构尺寸、引射筒直径和长度）不变，只改变喷嘴在引射筒上的轴向位置，测量了引射筒的吸风风速，测得数据见表 10-2 和表 10-3。

表 10-2 喷嘴 1 试验数据

系统压力/MPa	喷嘴位置/mm	风速/($m \cdot s^{-1}$)
8	0	3.2
	200	2.8
	400	2
10	0	3.76
	200	3.1
	400	2.3

表 10-2（续）

系统压力/MPa	喷嘴位置/mm	风速/(m·s^{-1})
12	0	3.85
	200	3.84
	400	3.77

表 10-3　喷嘴 2 试验数据

系统压力/MPa	喷嘴位置/mm	风速/(m·s^{-1})
8	0	3.87
	50	3.83
	100	4.2
	150	4.15
	200	4.1
10	0	4.3
	50	4.25
	100	4.5
	150	4.53
	200	4.12
12	0	4.5
	50	4.6
	100	4.58
	150	4.56
	200	4.3

图 10-2 给出了小孔径喷嘴(外壳出口孔径为 1.0~1.5 mm)的测量结果。图 10-3 是大孔径喷嘴（外壳出口孔径>1.5 mm）的测量结果。测量结果表明，对于小孔径喷嘴，当系统供水压力不超过 12 MPa 时，最佳位置在引射筒进气端口 300~400 mm 处；

对于大孔径喷嘴，当系统供水压力接近 12 MPa 时，最佳位置在距引射筒进气端口 100 ~150 mm 处。

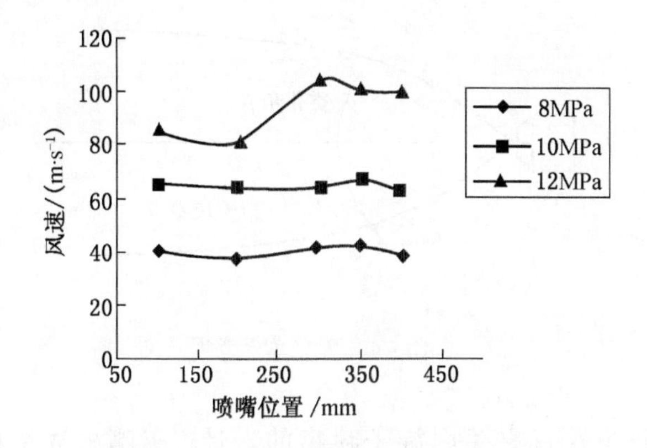

图 10 – 2　小孔径喷嘴位置与风速的关系

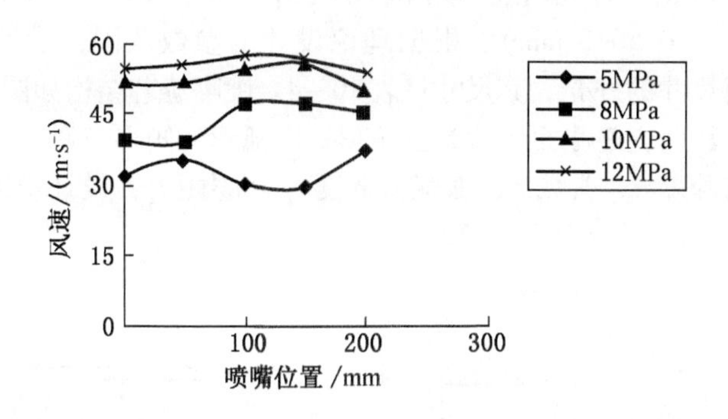

图 10 – 3　大孔径喷嘴位置与风速的关系

10.3.3　引射除尘器喷嘴外壳和旋芯的初步搭配试验

喷嘴喷出的射流能否雾化以及雾化的状况如何都直接影响除尘器的除尘效率。衡量雾化状况的指标有雾化角、雾滴速度、雾滴大小、雾滴密度等。雾化角越大除尘效果越好。雾化角示意如图 10－4 所示。

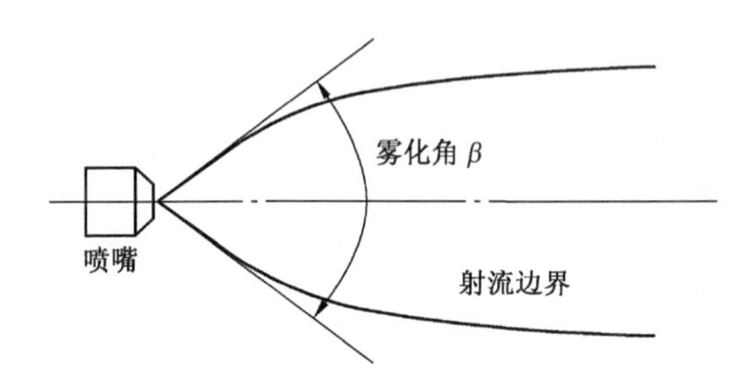

图 10－4　雾化角示意图

根据第 6 章有关内旋子喷嘴的设计，喷嘴外壳结构如图 10－5 所示，其结构参数包括出口直径 D、出口段长度 T、出口段内锥角 α_1、外壳内腔导角 α_2 等（$\alpha_1 = 30° \sim 60°$，$\alpha_2 = 120° \sim 150°$，$T = 0.5 \sim 3$ mm）。根据理论设计的参数范围，设计出 12 种不同尺寸的外壳，其尺寸见表 10－4。喷嘴旋芯结构如图 10－6 所示，其螺旋槽截面形状有三角形、圆弧形和矩形三种，改变螺旋槽的深度 d、头数 n、螺旋槽宽度 t_1 和螺距 t_2，设计不同形状的 14 种旋芯，具体见表 10－5。

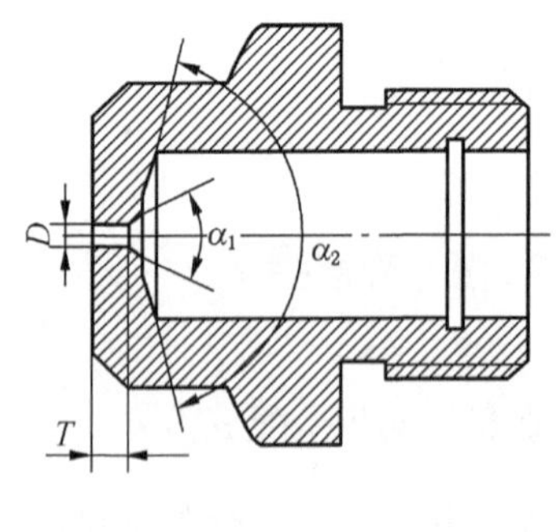

图 10－5　外壳结构图

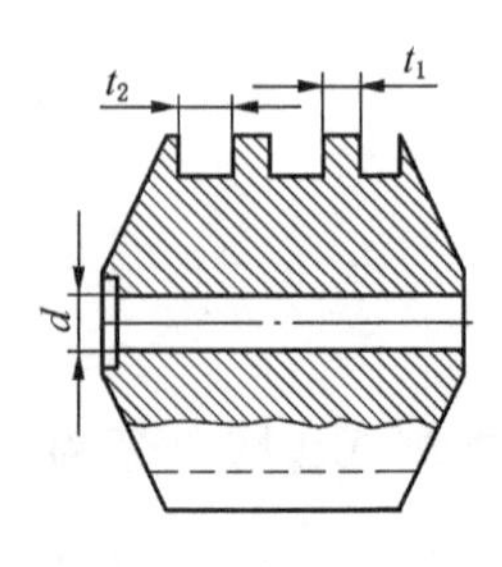

图 10－6　旋芯结构图

表10-4 外壳尺寸表

编号	1	2	3	4	5	6	7	8	9	10	11	12
D/mm	1	1	1.5	2	1.5	2.5	1.5					
T/mm	1.5	1	0.5	1.5	1	1	1.0	3	1.5	2	0.5	1.5
α_1/(°)	180						30	30	45	45	60	60
α_2/(°)	120						120	150	120	150	120	150

表10-5 旋芯尺寸表

编号	1	2	3	4	5	6	7	8	9	10	11	12	13	14
N	4	4	4	4	4	4	4	4	3	3	3	2	2	2
d/mm	2.5	1.5	1.5	1.5	1.5	1.2	1.0	1.0	0.5	1.5	2.0	1.5	1.5	1.5
T_1/mm	1.5	1.2	1.1	1.0	1.5	1.5	1.2	1.6	1.2	1.2	1.5	2.0	1.0	1.2
T_2/mm	1.5	1.8	1.8	2.0	1.8	1.0	1.8	1.2	1.0	1.8	1.5	2.0	2.0	1.0

将12种外壳和14种旋芯进行搭配，测量喷嘴在自由状态下（无引射筒约束的状态）喷出射流的雾化角。表10-6是它的测量结果。分析试验数据，得到如下结论：

（1）对每种搭配，雾化角随供水压力的增加而增大。

（2）对于1-6号外壳来说，当外壳出口孔径在1~1.5 mm，旋芯孔径为1 mm时，雾化角较大，最大能达22°左右。当外壳出口孔径小于旋芯孔径时，射流为束状，会出现喷嘴憋水现象，泵不能正常工作。当旋芯孔径在0.5~1 mm时，即旋芯孔径过小时，泵压不稳定，有憋水现象。

（3）7-12号外壳与各旋芯的搭配情况不如1-6号外壳，从试验数据看，α_1、α_2 或 T 的增大，均使雾化角减小，雾化角最大为14.25°。

由此可知，外壳的出口孔径在1.0~1.5 mm之间、出口圆柱段长度 T=1 mm，旋芯孔径在1.0~1.2 mm之间时，喷嘴的雾化效果较好。与其对应的外壳编号为2和5,旋芯编号为6、7、8。

表10-6 各种外壳与旋芯搭配的射流雾化角

<table>
<tr><th>压力/MPa</th><th>外壳编号</th><th>旋芯编号</th><th>雾化角</th></tr>
<tr><td rowspan="6">8</td><td rowspan="3">2</td><td>7</td><td>18.4°</td></tr>
<tr><td>11</td><td>19°</td></tr>
<tr><td>9</td><td>憋水</td></tr>
<tr><td rowspan="3">5</td><td>7</td><td>19.2°</td></tr>
<tr><td>11</td><td>21.4°</td></tr>
<tr><td>9</td><td>憋水</td></tr>
<tr><td rowspan="4">10</td><td rowspan="2">2</td><td>7</td><td>20.8°</td></tr>
<tr><td>11</td><td>憋水</td></tr>
<tr><td rowspan="2">5</td><td>7</td><td>21.2°</td></tr>
<tr><td>11</td><td>憋水</td></tr>
<tr><td rowspan="8">12</td><td>2</td><td>7</td><td>22.3°</td></tr>
<tr><td>5</td><td>7</td><td>22.4°</td></tr>
<tr><td>7</td><td>7</td><td>13°</td></tr>
<tr><td>8</td><td>7</td><td>12.5°</td></tr>
<tr><td>9</td><td>7</td><td>13°</td></tr>
<tr><td>10</td><td>7</td><td>14.25°</td></tr>
<tr><td>11</td><td>7</td><td>11.42°</td></tr>
<tr><td>12</td><td>7</td><td>13°</td></tr>
<tr><td rowspan="2">20</td><td>2</td><td>7</td><td>22.5°</td></tr>
<tr><td>5</td><td>7</td><td>22.6°</td></tr>
</table>

在风速测试系统中，引射筒的直径设计为102 mm，工作压力设计为12 MPa，然后在这个条件下寻找喷嘴外壳与旋芯的最佳搭配。对于小孔径喷嘴，喷嘴的安装位置定为距引射筒进气端

口 400 mm 处，对于大孔径喷嘴，则定在 120 mm 的地方。使用风速测试系统，依次将不同的喷嘴外壳与旋芯进行搭配，测量引射除尘器的吸风风速和液气比。试验表明：对于不同的旋芯，外壳 2 和外壳 5 的风速值都比较大，这说明外壳对风速的影响比旋芯大。外壳 5 与旋芯 7 搭配以及外壳 5 与旋芯 10 搭配为最佳搭配。前者的风速为 115.3 m/s，后者的风速为 117.1 m/s。计算出的液气比，前者为 1∶5047，后者为 1∶5416，都达到了前述引射除尘器的总体性能要求。可以找出喷嘴外壳与旋芯的最佳搭配，风速达 117.1 m/s，计算出液气比为 1∶5416，达到了引射除尘器的总体性能要求。

10.4　引射筒内雾化特性的研究

引射除尘技术的关键在于引射筒进气口处负压的大小，负压越大吸风量就越大。而喷嘴喷出射流的速度对负压的大小有直接影响，在其他条件一定的情况下，速度越大，负压就越大。在负压作用下吸入引射筒内的粉尘，最重要的环节之一要与水的颗粒充分混合、碰撞、吸附、黏结在一起，形成与水的混合物流体而排出引射除尘器。因此，在引射筒内，喷嘴射出的水的颗粒大小、运动方向、速度及其分布状态等参数影响射流对粉尘的捕集效率，直接影响引射除尘器的性能。为了弄清水的颗粒大小、运动方向、速度及其分布状态等喷雾特性参数对引射除尘器除尘效率的关系，以及这些喷雾特性参数与喷嘴、引射筒、喷嘴在引射筒上轴向位置等结构参数的关系，设计了射流参数测试系统。

10.4.1　喷嘴雾化的 PDA 试验研究现状

相位多普勒技术发明于 20 世纪 70 年代，应用于 20 世纪 80 年代，是在传统的激光多普勒测速仪（LDA/LDV）的基础上发展起来的，在国外习惯上叫相位多普勒风速计（Phase Doppler Anemometry，PDA），或是相位多普勒粒子分析仪（Phase

Doppler Particle Analyzer, PDPA)。相位多普勒风速计的测速原理与 LDA/LDV 相同，就是利用信号频率来测量速度，其粒径测量原理则是利用测量信号的相位来测量粒径，其基本原理是利用激光光线通过球形透明粒子产生的光散射多普勒频移信号 PDA/PDPA 可以实现对粒子尺寸、一维到三维速度和粒子浓度及对流场进行同步无干扰实时测量，具有空间分辨率高，动态响应快，测量量程大等优点，也可以在高温、高压、高湍流等高难度测量环境中工作。相位多普勒测速系统主要由激光器、光发射单元、光电接收单元、光电转换单元、数字信号处理器和微处理器等组成。到了 20 世纪 90 年代，随着激光测量技术不断发展，光路布置和接收处理方面的改进很好地解决了轨迹效应和狭缝效应等一些技术问题。现在 PDA/PDPA 测试系统已得到完善，被国内外的研究人员广泛应用于两相流的试验研究。利用激光相位多普勒技术对于研究雾化喷嘴的颗粒和流动特性具有独特的优点，它不仅可用来获得各种宏观的统计特性，还可以进一步得到各种流动参数与粒径之间的定量分析。为喷嘴雾化机理的了解、雾化效果的改善、雾化喷嘴结构的选择以及引射除尘器喷嘴的设计优化提供了有效的参考。

1. 喷嘴性能研究

McDonell 等和 Mao 等较早地于 1986 年使用 PDA 简单测量了气动喷嘴雾化的液滴尺寸和速度；Zhang Q P 等用一维 PDA 测量了高压下实际燃气透平喷嘴雾化的液滴尺寸分布，分析了气流和燃料流率对雾化场的影响，结果发现，雾化锥角和体积随燃料流率增加而增加，随气体压力增加而减小；Lang Nuqiang 等应用 PDA 分析了空气中锥形喷嘴非稳态雾化，研究了预燃柴油机内的大角度锥形喷雾的流动及粒子的直径分布，结果发现，在喷雾开始时，喷嘴喷出的粒子尺寸小、速度高，但速度快速下降，后来逐渐合并成更大的粒子被更大更慢的粒子所取代；ShenJihua 等对环形气动喷嘴的雾化特性进行了试验研究，使用 PDPA 在离喷嘴不同距离及在不同液体和空气流速下测得了液滴的索太尔直径（SMD）、平均速度和数量密度。发现SMD在喷雾中心有最小值并向外围不断增加；液滴的数量密度的径向分布近似于SMD分布，并在喷雾中心上随离喷嘴口的距离的增加而增加，但随气体和液体速度的增加而减小；Hosoya等在稳态条件下使用PDA对内燃机燃油喷雾特性进行了多次试验研究，测定了液滴的二维平均和波动速度及粒子在两个方向上的尺寸分布；诸惠民等应用PDA获得了双油路喷嘴详细的喷雾特性，将测得的空间点数据分别沿径向和测量截面积分，得到液滴的线平均和面平均直径。结果面积分平均直径与液膜波不稳定理论计算的初始平均直径相符合，研究结果表明PDPA是研究喷雾特性的可靠测量装置；曾卓雄等利用PDA对3种新型的喷嘴进行了测试，并根据结果分析了喷头、混合管的影响及这3种喷嘴的性能。试验发现雾化效果在很大程度上取决于喷嘴和其他各组成部分匹配的好坏，为喷嘴的模型设计和雾化的改善途径提供了试验论证；程圣清等利用PDA研究了气/液喷嘴压降比，液体流量对不同结构形式喷嘴的雾化特性的影响。通过试验，揭示了不同喷注器的性能，燃气温度分布，燃烧稳定性和点火性能差异；梁雪萍等研究了水平喷射，端面注气方式的气泡雾化喷嘴结构和工作参数对雾化及流动特性的影响。在常温常压下测量了液雾的平均直径尺寸分布和速度分布，试验研究了端面注气方式下，注气孔孔径及数目、混合管长度、液体流动状态及工作参数对雾化特性的影响。结果表明，水平喷射的气泡喷嘴注气孔尺寸及数目对雾化产生影响，混合段存在一个最佳值范围，液体旋转流动对雾化特性无显著影响，但影响两相流动中气泡的分布；郭志辉等应用2D－PDPA研究了一种新型锥面注气方式的气泡雾化喷嘴，测量了液雾的平均直径尺寸分布及速度分布。结果发现，气泡发生器的锥角存在一个最佳值，提高液体的喷射压力和气液比能够改善雾化，增大液雾速度。锥面多孔注气能有效地抑制水平喷射情况下由浮力产生的气泡聚合，能够使气泡均匀分布实现稳定连续地雾化；徐行等对一种由环缝射流和中心旋转射流组成的复合燃油射流所形成的气动雾化喷嘴的喷雾特性进行了试验研究。试验用二维 PDPA 对喷嘴下游几个截面上气流和液滴的平均速度和脉动速度，以及液滴的粒度和浓度沿径向的分布进行了测量。研究了中心旋流强度对喷雾的影响。测量结果显示喷雾中心存在低速区和刚性涡核，而喷雾边缘具有较高的速度和浓度，喷雾具有很大的湍流脉动。

2. 雾化机理研究

McCreery 等用 PDPA 进行试验研究，描述了平板喷嘴雾化液滴形成的机理以及直径分布，测得了液滴平均直径、索太尔直径（SMD）与压力和平板间的影响关系，并提出由两相流的不稳定性和湍动的剪切应力与液体表面张力的平衡状态决定液滴的尺寸分布；Sidahmed 等通过对三种扇形喷嘴（XR8001，XR8002，800061）在 207kPa 压力下水的喷射雾化的试验研究，检验了基于能量平衡的液滴尺寸和速度关联方程，应用 PDPA 同步测量了粒子尺寸和速度；Brena 等应用 2D－PDPA 研究了在等温雾化射流中有旋对液滴的动态行为和速度以及湍流区的影响效果，得出了旋流对液体雾化的稳定性及对污染物排放的影响；沈熊等在几何光学近似原理基础上分析了相位多普勒方法的理论模型和相位—粒径特性关系，分析了试验应用的光纤型激光多普勒系统的原理和组成，并应用此系统（PDPA）对雾化喷嘴的流动和颗粒特性进行了测量，得到了液滴的二维速度与粒径的相关和统计特性；徐行等用二维 PDPA 对直射式喷嘴在横向气流中所形成喷雾的粒度，平均速度和脉动速度以及浓度进行了测量。研究了喷雾的结构，气流速度以及喷射方向对喷雾特性的影响，不同直径的粒子在横向的扩散。为两相流模型的研究以及数值计算结果的验证提供了试验数据；邢小军等人使用 PDPA 对冷态下模型燃烧室内双油路离心压力喷嘴喷雾场进行了试验研究，测量了喷雾场不同工况下的三维速度、粒度、通量等参数，并研究了工况与喷雾场参数的关系，分析了喷雾压力和旋流器对喷雾场的影响，证明了喷嘴压力的提高可以增大雾化场中粒子速度、通量及降低平均直径。空气流则可改变喷雾场的速度分布，形成回流区并扩大喷雾场范围。胡春波等运用 3D－PDPA 进行了试验研究靶式喷嘴雾化机理，测出了不同截面上粒子的平均速度和粒径分布，以及气液比对雾化效果的影响。研究结果显示喷雾中心粒度较小，粒度随气液质量比增大呈减小趋势，重力对喷嘴场粒子速度分布有一定的影响，在不同气液比下，粒子平均速度及 SMD 沿喷雾方向分布趋势不变。为靶式喷嘴雾化理论研究提供了很有价值的试验数据。

10.4.2　系统构成及其工作原理

射流参数测试系统如图 10－7 所示，由喷雾子系统和 PDA 子系统两部分组成。喷雾子系统中高压泵用来为引射除尘器提供高压水，其工作压力为 10～15 MPa；溢流阀可以调节压力的大小，进水压力可从压力表上读出；负压计（毕托管压力计）用来测定引射筒进口处的负压。水源的水被高压泵加压后，经压力表到达喷嘴，在引射筒 7 中以雾状喷出。引射筒 7 上窗口 6 用来观察射流状态。用负压计测量此时引射筒 7 进口处的负压，根据负压可以计算出引射筒 7 进口处的风速。根据风速可以进一步计算引射筒 7 的吸风量。用流量计可以读出引射除尘器的耗水量。计算耗水量与吸风量的比值，就可得到引射除尘器的液气比。

PDA 子系统关键部件是三维粒子动态分析仪，PDA 是三维粒子动态分析仪的英文缩写（Particle Dynamics Analyzer），使用 PDA 可以测量雾滴的速度和粒径大小等参数。PDA 系统工作原理如下：经高压泵加压后的水，由喷嘴雾状喷出。PDA 把一束蓝色激光和一束紫色激光打到水雾上，并在测量点上聚焦。然后

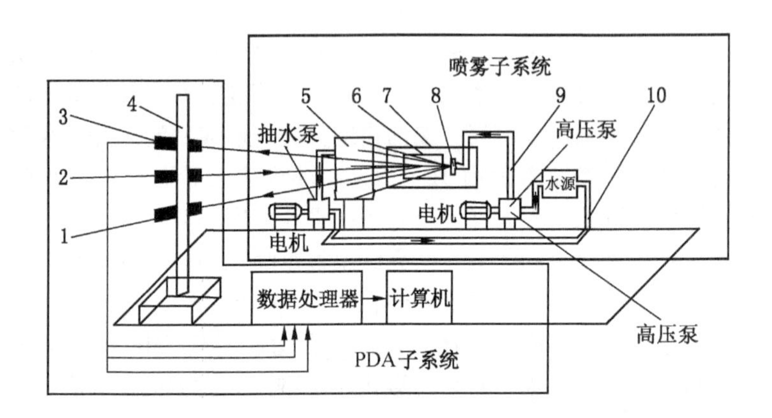

1、2—发送光源镜头；3—接收光源镜头；4—三维坐标架；5—集水装置；6—窗口；7—引射筒；8—喷嘴；9—进水管；10—回水管

图 10－7　射流参数测试试验系统示意图

把水滴反射回的激光信号收集起来，送数据处理器进行处理，得到被测处雾滴的速度、粒径等参数。

10.4.3　三维粒子动态分析仪简介

图 10－8 是 PDA 测量系统示意图。采用丹麦 Dantec 公司的三维 PDA 系统，即三维粒子动态分析仪（Particle Dynamics Analyzer），它是在传统的激光多普勒测速基础上发展起来的新型测量系统。其基本原理是相位多普勒原理，实现了速度、粒径、密度的同时测量，无须标定，是一种非接触式的绝对测量技术。

PDA 系统有以下几部分组成：

（1）激光光源（图 10－9）。PDA 系统的激光光源为氩离子激光器，最大输出功率为 5 W，激光功率连续可调。

（2）传输光路系统。从激光器来的激光经布莱格分光器分光和频移，被分成绿、蓝、紫三色六束激光，然后通过光纤传送

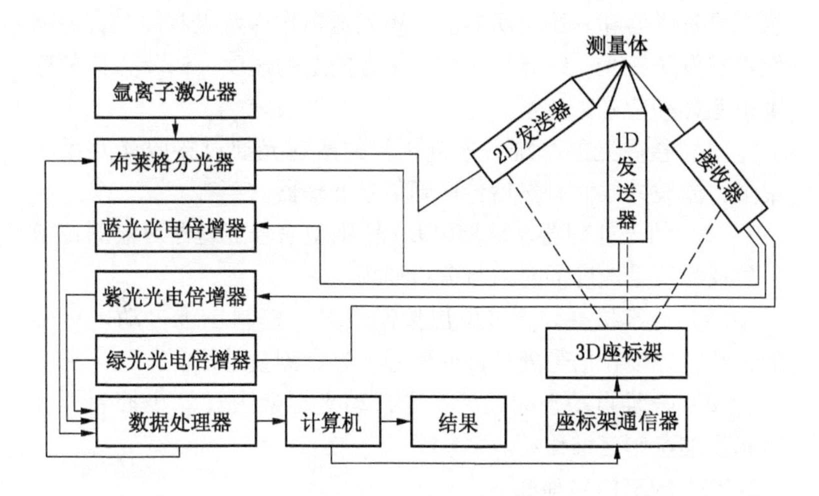

图 10-8 PDA 测量系统

图 10-9 PDA 激光光源产生器

至二维发送器和一维发送器。二维发送器发送蓝光和绿光，一维发送器发送紫光。绿光测量粒子 x 方向上的速度，y、z 方向的速度由蓝光和紫光来测量。

（3）接收光路系统。来自颗粒的散射光通过接收光路系统聚集、滤波并放大，然后传送到信号处理器。

（4）信号处理器。58N50PDA 增强型信号处理器对被测粒子的粒径和三维速度同时进行分析处理。

（5）计算机。计算机发出控制信号，控制三维自动坐标架的移动，并接收信号处理器的信号，显示测量结果。

（6）三维自动坐标架。三维自动坐标架由计算机控制，使激光聚集点作三维移动。

PDA 的工作原理如下：

（1）速度大小的测量。当具有相同波长的两束相干光聚焦于一点时，在该点附近的一个小区域内将产生一组干涉条纹，条纹的方向与两束入射光的角平分线平行（图 10－10）。设干涉条纹的间距为 d，光线 1 与光线 2 的夹角为 $2\theta_g$，则由图 10－11 可知：

$$d=\frac{\lambda}{2\sin\theta_g} \tag{10-3}$$

式中　λ——入射光的波长，nm；

θ_g——入射光束的夹角，(°)。

粒子在垂直于干涉条纹方向上以速度 U_L 穿过条纹时，其散射光强的频率为

$$f_d=\frac{U_L}{d}=\frac{2U_L}{\lambda}\sin\theta_g \tag{10-4}$$

因此，只要测得粒子的散射光光强的变化频率 f_d，就可以求得粒子垂直穿过干涉平面的速度 U_L。

（2）速度方向的确定。当激光源远离观察者时，观察者接收到的光源的频率将增高，当激光源接近观察者时，观察者接收

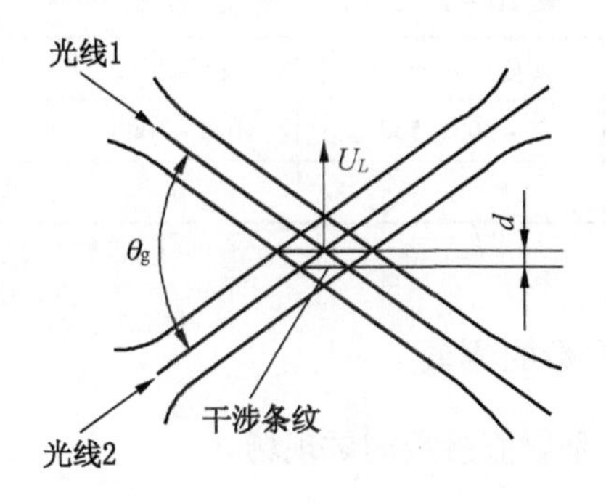

图 10-10　两束光相交点处的干涉条纹

到的光源的频率将减小，这就是多普勒效应。PDA 系统利用多普勒效应来识别颗粒的运动方向。

（3）粒径的测量。在接收器中，两个探测器从不同的角度接收粒子的散射光，两个探测器收到的信号具有相同的频率，但是由于它们的空间位置不同，使得多普勒信号到达探测器的时间存在时间差 Δt，即两探测器接收到的信号存在一个相位差：

$$\Phi_{12}=2\pi\omega\Delta t \tag{10-5}$$

式中　ω——光波角频率。

相位差 Φ_{12} 的大小依赖于颗粒的直径 D_L，因此，求出 Φ_{12} 后，便可求出 D_L。

实测中，很难保证颗粒为理想的球形。PDA 系统采用三个探测器同时采集信号，由 1、2 探测器之间的相位差 Φ_{12} 和 1、3 探测器之间的相位差 Φ_{13} 共同决定颗粒的尺寸。这样不但增大了测量范围，提高了测量灵敏度，而且能够对非球形颗粒进行测量。

PDA 测量系统的测量范围及精度见表 10-7。

表 10-7　PDA 测量范围及精度

项　目	速度/($m \cdot s^{-1}$)	粒径/μm	密度/(个 $\cdot m^{-3}$)
测量范围	-500 ~ 500	0.5 ~ 1000	0 ~ 1012
测量精度/%	1	4	30

10.4.4　射流参数的测量

图 10-11 是射流参数测试现场。

图 10-11　射流参数测试现场

1. 测点布置

由于雾滴的速度、粒径、密度分布都会影响射流对粉尘的捕集效率，所以使用射流参数测试系统对这些参数作了测量。试验对已经优化的喷嘴在进水压力为 12 MPa 时喷出的射流进行了测量。

喷嘴喷出的水雾呈圆锥形，根据其轴对称性，只需测量半个水平截面上的雾滴参数（如图 10-12 所示斜线部分）。测点沿喷雾的轴线方向每隔一段距离移动一次，在每一个半径上取若干个测点。测点的布置如图 10－13 所示。移动的顺序是先轴向，再径向，径向点采样完，再向轴向前移。在每一个采样点处，激光动态分析仪采样 50 次。当采样时间达到 2 min 或采到的雾滴数达到 3000 个时，结束采样工序。试验除个别测点外，大多数测点都能在 2 min 之内采到 1000 个以上的雾滴样本。U、V、W 分别为雾滴在 X、Y、Z 三个方向上的速度分量；X 为水雾喷射方向。

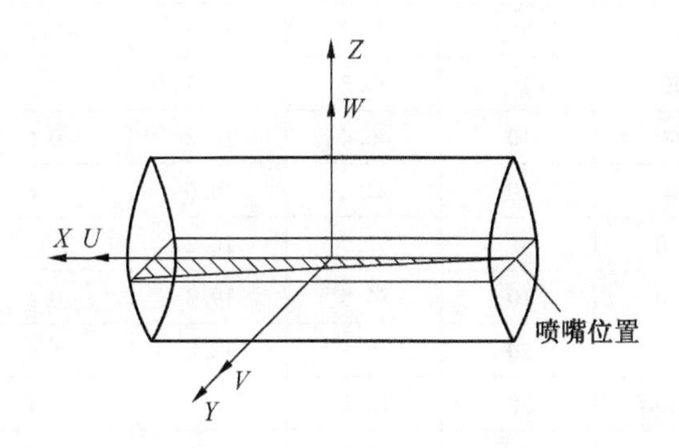

图 10－12　测量截面示意图

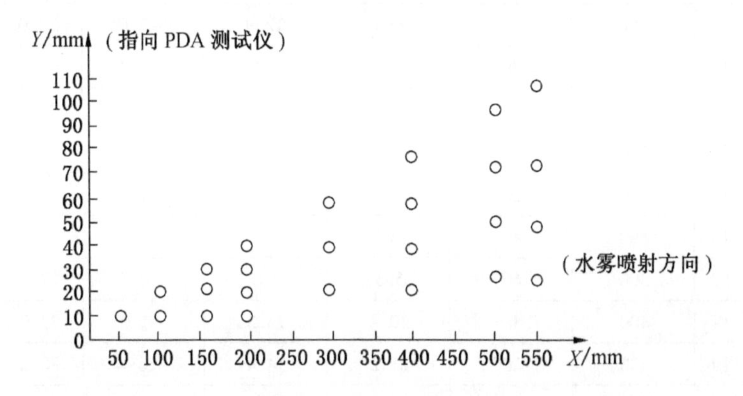

图 10－13　测点布置示意图

2. 试验结果

表 10－8 是经过计算机处理的试验结果。根据表中数据，得到三个坐标方向的速度分布图（图 10－14 至图 10－16）和粒径分布图，如图 10－17 所示。

表 10－8　雾滴的速度及粒径分布

测点序号	测点 X 坐标/mm	测点 Y 坐标/mm	X 方向速度 $U/(m \cdot s^{-1})$	Y 方向速度 $V/(m \cdot s^{-1})$	Z 方向速度 $W/(m \cdot s^{-1})$	粒径 D_L/μm
1	50	0	79.8	13.5	－0.5	31.6
2	50	10	55.2	20.1	－1.3	20.6
3	100	10	40.4	16.8	－0.6	24.8
4	100	20	23.2	14.0	－1.8	22.3
5	150	0	57.2	16.2	2.7	31.0
6	150	10	34.8	19.3	－0.1	25.1
7	150	20	18.5	12.8	－1.6	24.2
8	150	30	12.1	6.4	－0.7	27.4
9	200	0	49.9	21.8	－2.3	31.3
10	200	10	37.0	17.8	－0.8	24.5
11	200	20	23.0	12.9	－2.0	23.0
12	200	30	15.7	9.8	－0.4	24.4
13	200	40	9.2	4.5	0.2	24.4
14	300	0	38.2	15.8	－0.9	33.5
15	300	20	28.2	15.0	－1.2	26.6
16	300	40	15.2	7.6	－2.5	23.8
17	300	60	5.5	2.4	－0.6	27.8
18	400	0	30.2	13.3	－1.0	33.0
19	400	20	25.2	14.4	－0.94	30.2
20	400	40	15.6	8.3	－1.1	26.9

表 10-8（续）

测点序号	测点 X 坐标/mm	测点 Y 坐标/mm	X 方向速度 $U/(m \cdot s^{-1})$	Y 方向速度 $V/(m \cdot s^{-1})$	Z 方向速度 $W/(m \cdot s^{-1})$	粒径 D_L/μm
21	400	60	9.4	3.8	-1.7	26.8
22	400	80	3.6	0.1	-0.7	29.9
23	500	0	23.5	12.4	-1.8	31.7
24	500	25	22.9	12.0	-1.4	29.4
25	500	50	14.6	7.3	-1.9	26.2
26	500	75	7.8	2.3	-1.3	26.0
27	550	0	22.9	12.9	-1.3	31.7
28	550	25	21.2	11.5	-0.893	29.7
29	550	50	17.6	8.9	-0.994	28.3
30	550	75	10.8	4.4	-0.778	26.5
31	550	110	3.2	-0.2	-0.75	26.9

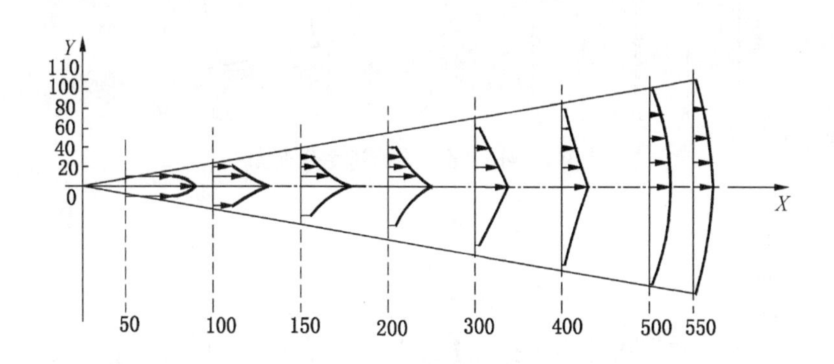

图 10-14　X 方向的速度分布图

从表 10-8 和分布图来看，雾滴在 X 方向上的速度最大，平均在 30 m/s 左右，Z 方向上的速度最小、几乎为零；粒径 D_L 的分布比较均匀，其平均值为 27.0 μm。

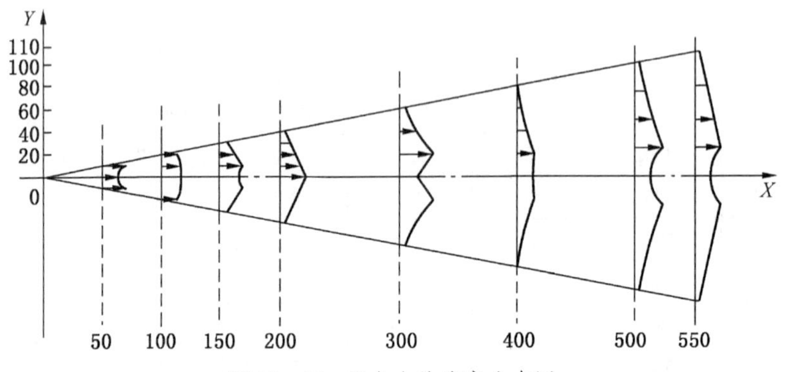

图 10-15　*Y* 方向的速度分布图

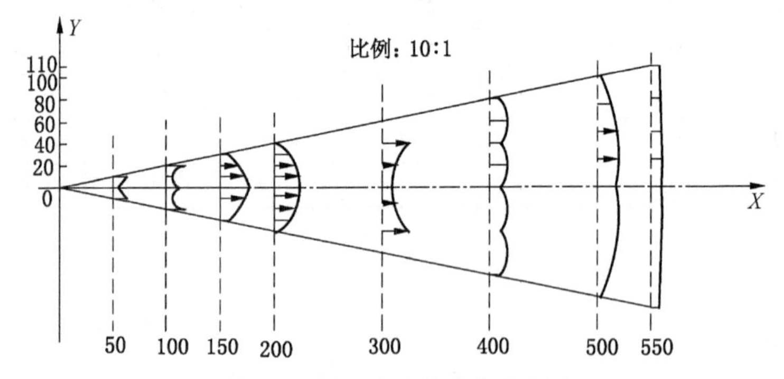

图 10-16　*Z* 方向的速度分布图

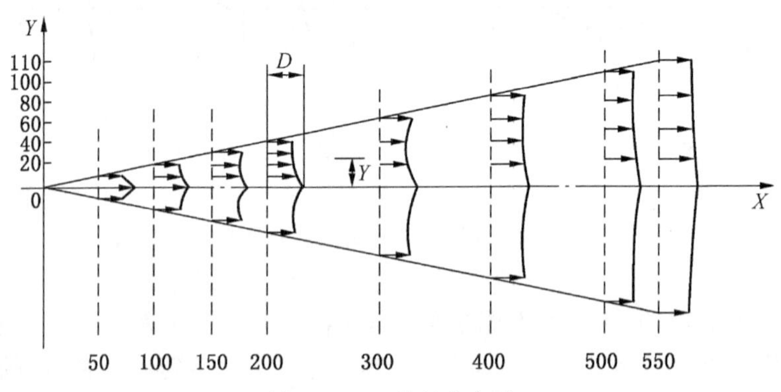

图 10-17　粒径分布图

一般认为，引射除尘器的雾滴速度应控制在 20 ~ 30 m/s 以上，雾滴直径应控制在 20 ~ 50 μm 范围以内。试验结果表明引射除尘器的设计满足这个要求。

10.5 引射除尘技术在综放工作面现场试验研究

10.5.1 放煤口引射除尘器安装位置的确定

将引射除尘器安装在放顶煤液压支架，放煤口位于支架掩护梁上。工作面为双输送机，前输送机在顶梁下面，后输送机在掩护梁下面，一前一后分别输送采煤机的落煤和放落的顶煤。前输送机紧邻人行道，为了保证工作人员的安全，不易在其上方安装除尘器；立柱之间有许多管线，还有控制阀，也不易安装除尘器。而放煤口位于掩护梁上，并且掩护梁下方空间较大，不是人员的主要通道。因此，把除尘器设置在掩护梁上，后输送机的上方。除尘器不能挡住放煤口，应安装在天窗外侧。制约除尘器总长度的主要因素为输送机上的输送煤堆煤高度、吸尘口位置和输送机位置。引射除尘器长度的具体数值，还要根据具体的放煤支架来确定。图 10 - 18 为引射除尘器安装位置示意图。

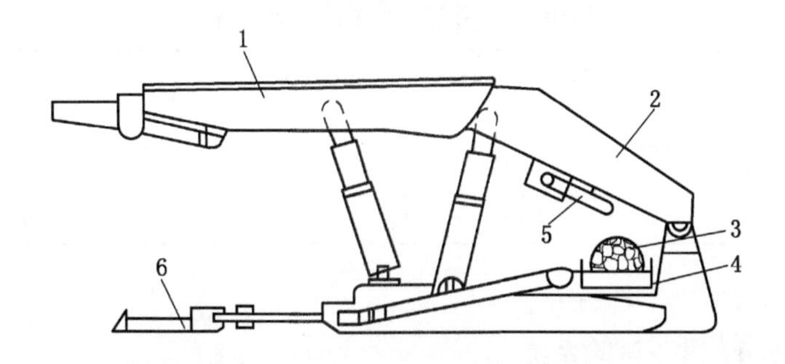

1—顶梁；2—掩护梁；3—煤；4—后输送机；5—引射除尘器；6—后输送机

图 10 - 18 引射除尘器安装位置

10.5.2 放煤口引射除尘器的设计原则

引射除尘器在提高除尘效率的前提下，应尽可能实现小型化，制作、搬运、拆装等操作方便。采煤机在每个滚筒向采空侧一端排出的涡旋风量，为提高引射除尘器的除尘效率，应吸收并净化滚筒割煤时产生的涡旋风流。引射除尘器应方便现场工人操作并具有较高的可靠性，如可以将喷嘴选用耐磨陶瓷芯和坚固外壳保护，减少喷嘴堵塞，经得起大块煤矸碰砸，并更换喷嘴方便，从而提高使用寿命。

10.5.3 引射除尘器的液气比

现场试验在郑煤集团超化煤矿进行。在井下试验之前，先在超化煤矿作引射除尘器的液气比测量。表 10－9 给出了每个引射除尘器在不同压力下的吸风量和耗水量的测量结果。从表中可以看出，引射除尘器的液气比很小，满足设计要求。每个引射除尘器耗水量在 7.1 L/min 以下，也满足总耗水量小于 50 L/min 的要求。

表 10－9 引射除尘器液气比数据表

压力/MPa	耗水量/($L \cdot min^{-1}$)	吸风量/($m^3 \cdot min^{-1}$)	液气比
10	3.85	9.60	1∶2494
12	5.32	10.50	1∶1972
14	7.10	12.74	1∶1793

10.5.4 井下试验系统

井下现场试验在郑煤集团超化煤矿 11091 综采放顶煤工作面进行。工作面风量在 800 ~ 1896 m^3/min 之间，最大风速为

3.7 m/s，工作面平均有效面积为8.5 m^2。

图10－19为现场试验系统图。液压支架工作时，开启截止阀和高压泵，调节溢流阀使压力表的压力达到除尘器的工作压力。当除尘器正常工作时，开启粉尘采样器采集上下风侧的粉尘样本，并从流量计读取除尘器的耗水量。

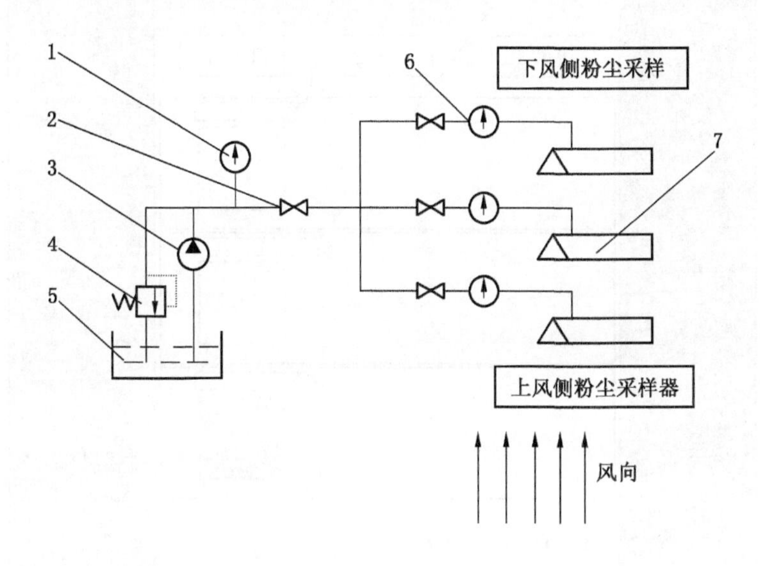

1—压力表；2—截止阀；3—高压泵；4—溢流阀；5—水源；
6—流量计；7—引射除尘器

图10－19　现场试验系统简图

试验使用XRB2B（A）型乳化泵，额定工作压力为20 MPa，额定流量为80 L/min。所用粉尘采样器为AFQ－20A型粉尘采样器，采样流量为20 L/min。

10.5.5　引射除尘器的除尘率

井下试验的内容是检测引射除尘器使放煤口附近的粉尘浓度

发生多大变化。粉尘采样点布置在与放煤口相距 5 m 的上下风侧，图 10－20 是粉尘采样点的布置图。

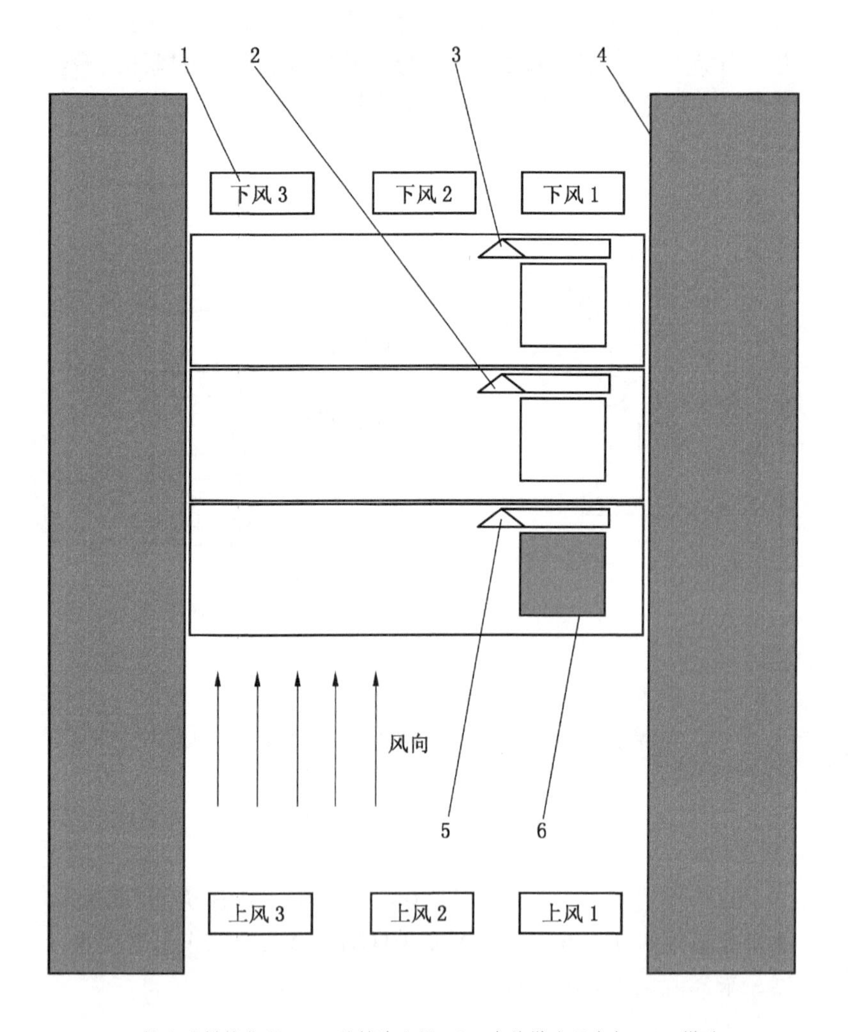

1—粉尘采样捕集器；2—引射除尘器；3—未放煤液压支架；4—煤壁；5—放煤液压支架；6—放煤口

图 10－20　粉尘采样点布置图

1. 测点布置

由于本引射除尘器主要解决放煤口除尘问题，因此测量重点是引射除尘器对放煤口附近粉尘的防治效果。测量根据工作面生产状况分两次进行。测点布置在与引射除尘器相距 5 m 的上下风侧的放煤口附近和人行道上。

2. 粉尘密度的计算

由于所使用的粉尘采样预捕集器有两种类型，因此，粉尘密度的计算方法相应的也有两种。

（1）使用全尘式预捕集器时粉尘密度的计算：

$$T_Z = \frac{f_2 - f_1}{Q_q \cdot t} \times 1000 \tag{10-6}$$

式中 T_Z——总粉尘密度，mg/m³；

f_1——采样前滤膜的质量，mg；

f_2——采样后滤膜的质量，mg；

t——采样时间，min；

Q——采样流量，L/min。

（2）使用冲击式预捕集器时粉尘密度的计算。

① 呼吸性粉尘密度：

$$R = \frac{f_2 - f_1}{Q_q t} \times 1000 \tag{10-7}$$

② 总粉尘密度：

$$T_Z = \frac{(G_2 - G_1) + (f_2 - f_1)}{Q_q t} \times 1000 \tag{10-8}$$

式中 R——呼吸性粉尘密度，mg/m³；

f_1——采样前滤膜的质量，mg；

f_2——采样后滤膜的质量，mg；

G_1、G_2——采样前冲击板的质量，mg；

t——采样时间，min；

T_Z——总粉尘密度，mg/m³；

Q——采样流量，L/min。

3. 测量结果

表 10－10 是井下试验的测量结果。如果没有引射除尘器，放煤口产生的粉尘被基础风流带到下风侧，下风侧的粉尘浓度将高于上风侧。但是由于引射除尘器的除尘作用，下风侧的粉尘浓度较上风侧有了明显的降低。表中的除尘率是按下式计算出的：

$$\eta = \frac{R_2 - R_1}{R_2} \times 100\% \tag{10-9}$$

式中　η——除尘率,%；

R_1——下风测粉尘浓度，mg/m^3；

R_2——上风侧粉尘浓度，mg/m^3。

由于下风侧水雾较大，粉尘样品所含水分影响了表中除尘率的准确性。扣除 10% 的水分影响，估计实际除尘率在 57% 左右。

表 10－10　井下测量结果

采样位置	上风侧粉尘浓度/(mg·m^{-3})		下风侧粉尘浓度/(mg·m^{-3})		除尘率/%		备注
	总粉尘	呼吸性粉尘	总粉尘	呼吸性粉尘	总粉尘	呼吸性粉尘	
1	198.8	113.8	98.6	57.4	50.4	49.6	三个引射除尘器同时开启
2	119.8	57.5	46.7	24.2	61.0	57.9	
3	585.0	390.0	61.3	35.0	89.5	91.0	
平均					67.0	66.2	

10.6　引射除尘器的结构优化

在初步试验的基础上，得出影响吸风量系数的主要因素有进水压力、喷嘴结构、引射筒直径以及喷嘴的安装位置等。喷嘴结构考虑两个因素，一个是喷嘴外壳参数 T，一个是旋芯出水口直径 D（图 10－5、图 10－6）。进水压力和引射筒直径取 3 个水平，其余因素取 4 个水平。若按常规做试验，需做 576 次试验，但是由于使用正交设计，只需 16 次试验就可以了。

试验测量引射筒进气口处的负压大小。试验指标是引射筒的吸风量。显然，在其他条件相同的情况下，吸风量越大除尘效率越高。

表 10－11 是试验的因素水平表，表 10－12 是试验的结果与分析。图 10－21 至图 10－25 是根据表中结果绘出的各因素与吸风量的关系图。

表 10－11　试验因素水平表

水平	因素				
	进水压力 (A)/MPa	旋芯出水直径 (B)/mm	喷嘴外壳参数 T(C)/mm	引射筒径 (D)/mm	喷嘴位置 (E)/mm
1	12	1.0	1.0	100	225
2	10	1.5	1.5	120	325
3	8	2.0	2.0	130	425
4	12	2.5	2.5	100	525

表 10－12　试验结果分析表

试验号	因素						
	进水压力 (A)/MPa	旋芯出水口直径（B）/mm	喷嘴外壳 T 参数（C）/mm	引射筒直径 (D)/mm	喷嘴位置 (E)/mm	测量负压/MPa	吸风量系数 q_i
1	1	1	1	1	1	14	374.2
2	1	2	2	2	2	26	734.3

表 10-12（续）

试验号	因素						
	进水压力(A)/MPa	旋芯出水口直径（B)/mm	喷嘴外壳 T 参数（C)/mm	引射筒直径(D)/mm	喷嘴位置(E)/mm	测量负压/MPa	吸风量系数 q_i
3	1	3	3	3	3	2	239.0
4	1	4	4	4	4	2	149.4
5	2	1	2	3	4	2	203.6
6	2	2	1	4	3	4	200.0
7	2	3	4	1	2	6	244.9
8	2	4	3	2	1	8	407.3
9	3	1	3	4	2	2	141.4
10	3	2	4	3	1	6	414.0
11	3	3	1	2	4	2	203.6
12	3	4	2	1	3	4	200.0
13	4	1	4	2	3	2	203.6
14	4	2	3	1	4	4	200.0
15	4	3	2	4	1	54	734.8
16	4	4	1	3	2	8	478.0
q_{j1}	388.2	230.7	314.0	279.6	482.6		
q_{j2}	264.0	387.1	468.2	387.2	399.7		
q_{j3}	239.8	355.6	246.9	333.7	210.7		
q_{j4}		306.7	251.0		187.2		
R_j	148.4	156.4	221.3	54.1	295.5		
优水平	1	2	2	2	1		
主次因素	E-C-B-A-D						
最优组合	A1+B2+C2+D2+E1						

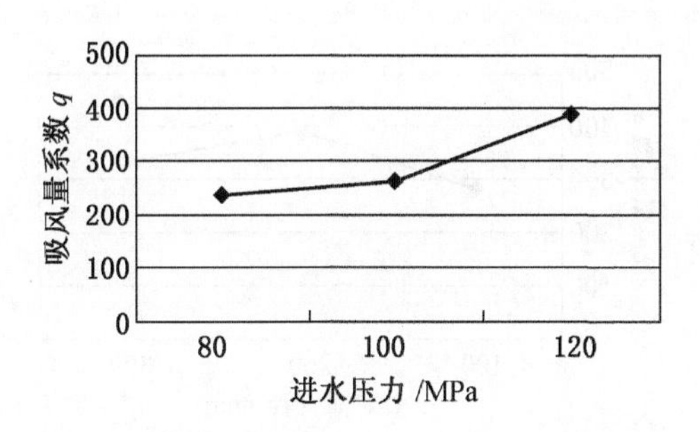

图 10－21 进水压力与吸风量系数的关系

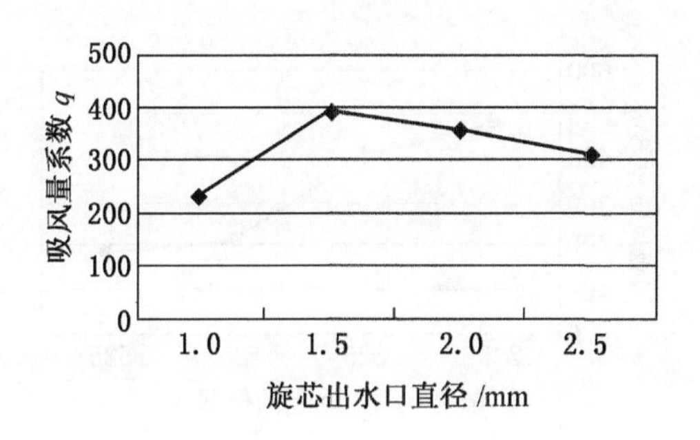

图 10－22 旋芯出水口直径与吸风量系数的关系

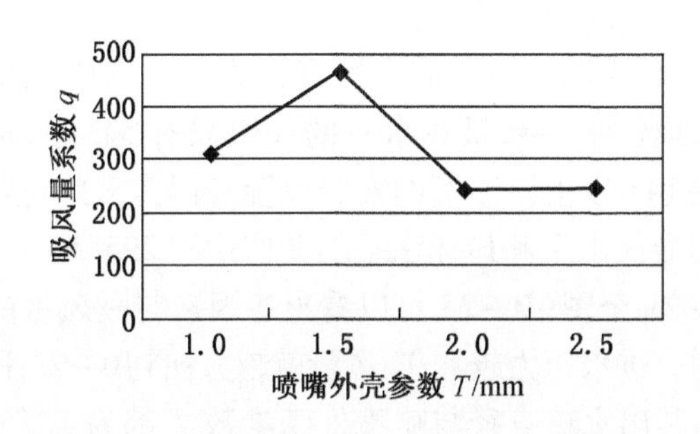

图 10－23 喷嘴外壳参数与吸风量系数的关系

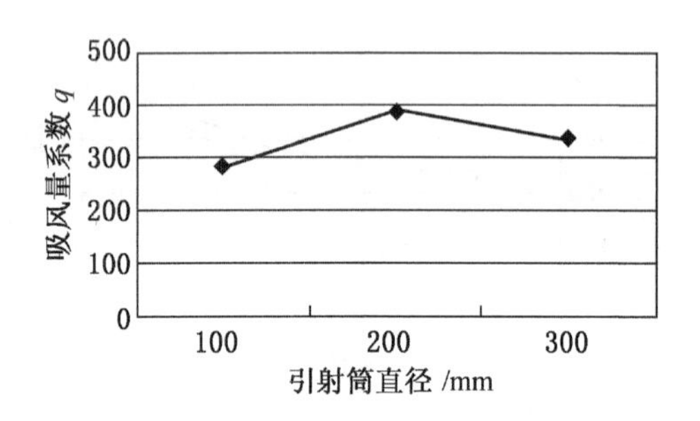

图 10-24　引射筒直径与吸风量系数的关系

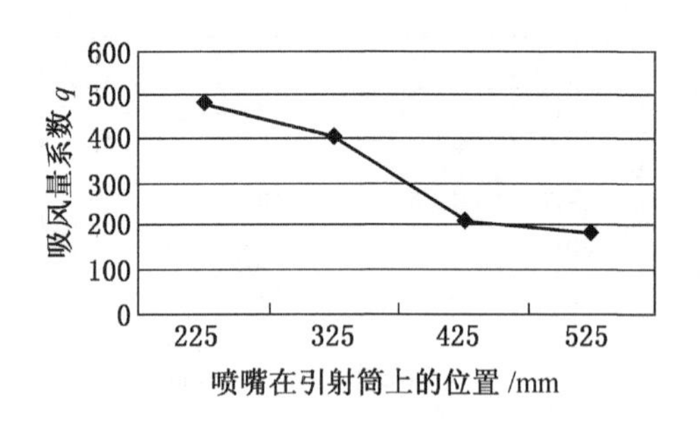

图 10-25　喷嘴位置与吸风量系数的关系

表 10-12 表明，引射筒直径（因素 D）对吸风量的影响不大，该因素最优水平和最坏水平的差值只有 54.1，而其他因素的差值都在 148 以上。喷嘴的安装位置（因素 E）对吸风量的影响最大，其最优水平和最坏水平的差值达到 295.5。

图 10-21 至图 10-25 可以看出各因素与吸风量的关系。图 10-21 表明，进水压力越大,吸风量就越大;图 10-22 和图 10-23 表明，当旋芯出水口直径与喷嘴外壳参数 T 都为 1.5 mm 时，吸风量最大；图 10-24 表明，引射筒直径对吸风量的影响不大；图 10-25 表明，喷嘴的安装位置（因素 E）对吸风量的影响显

著。由于喷嘴离吸风口越远，引射筒的喷雾段就越短，所以吸风量就越小。

因此，依据表 10－12，引射除尘器最优组合为 A1＋B2＋C2＋D2＋E1，即进水压力为 12 MPa，喷嘴旋芯出水口直径 D 和喷嘴外壳参数 T 均为 1.5 mm，引射筒直径为 120 mm，喷嘴位于距引射除尘器进气口 225 mm 处。

在实验室试验中得到，当射流速度 v 为 70 m/s，引射筒直径 D 为 120 mm 时，X 轴方向上平均速度在 30 m/s 左右，断流面 A 的流量 Q 为 0.21。而基于 Fluent 模拟得到的结果是流速 v_1 为 25.8 m/s，流量 Q 为 0.292 m^3/s。由于实验室试验时存在空气对流等环境因素的影响，故误差可以忽略，经过对比，得出模拟结果基本上符合实际状况，所建立的 Fluent 模型基本合理正确，优化的参数有效。

10.7 采用 Excel 分析工具进行试验数据分析

（1）试验数据输入 Excel 表格中，见表 10－13。

表 10－13 试验数据表

进水压力（A）	旋芯出水口直径（B）	喷嘴外壳 T 参数（C）	引射筒直径（D）	喷嘴位置（E）	吸风量系数口 q_i
12	1	1	100	225	374.2
12	1.5	1.5	120	325	734.3
12	2	2	130	425	239
12	2.5	2.5	100	525	149.4
10	1	1.5	130	525	203.6
10	1.5	1	100	425	200
10	2	2.5	100	325	244.9
10	2.5	2	120	225	407.3

表 10-13(续)

进水压力(A)	旋芯出水口直径(B)	喷嘴外壳 T 参数(C)	引射筒直径(D)	喷嘴位置(E)	吸风量系数口 q_i
8	1	2	100	325	141.4
8	1.5	2.5	130	225	414
8	2	1	120	525	203.6
8	2.5	1.5	100	425	200
12	1	2.5	120	425	203.6
12	1.5	2	100	525	200
12	2	1.5	100	225	734.8
12	2.5	1	130	325	478

(2) 在工具栏中的“数据”选项卡的“分析”命令中，单击“数据分析”按钮，弹出“数据分析”对话框。

(3) 在“数据分析”对话框的“分析工具”列表框中选择“回归”选项，单击“确定”按钮，系统弹出“回归”对话框，如图 10-26 所示。

(4) 按图 10-26 所示设置后，置信度选择默认的 95%，单击“确定”按钮，系统输出分析结果，如图 10-27 所示。

根据给出的数据可以写出回归方程为

$$q_i = 87.7 + 39.6A + 40.5B - 80.8C + 2.56D - 1.07E$$

(5) 输出结果分析：

① 相关系数 R（Multiple R），反映因变量和多个自变量之间的相关程度。本例中 $R=0.808$，说明相关程度一般。作为衡量拟合效果的指标，此值越接近 1 越好。

② Significance F，回归方程显著性水平 F 的临界值。本例中 $F=0.035$，小于显著性水平 $F_{0.10}(5, 10)=2.45$，因此该回归方程回归效果不显著。

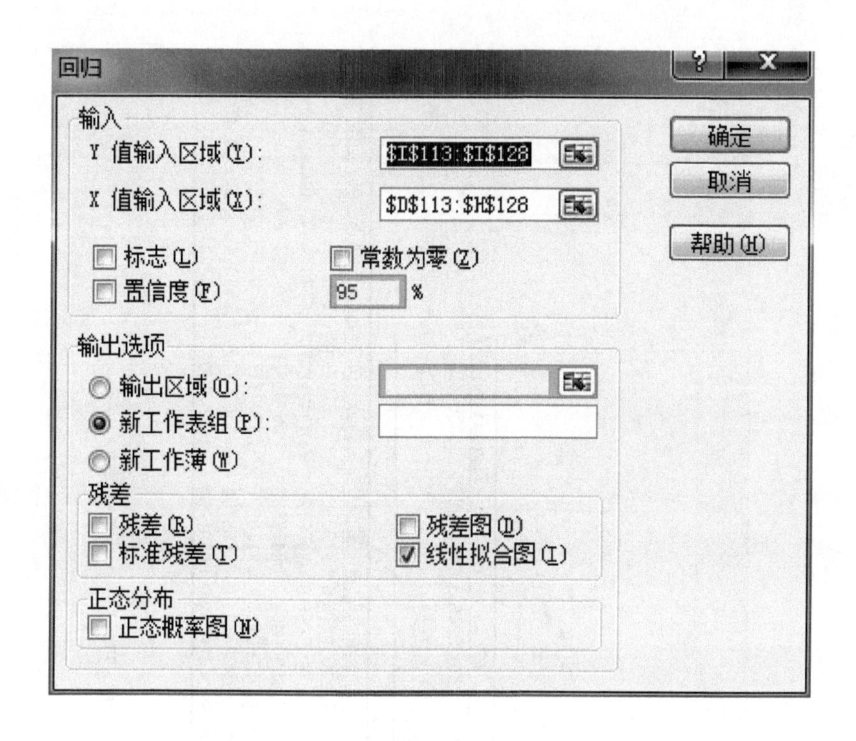

图 10-26 回归对话框

③ P-value 截距和斜率的显著性水平：

本例的常数项（截距）为 87.7，其 t 统计量为 0.211，显著性水平 P-value =0.837 > 0.05，故截距为 0 的假设成立，截距具有统计意义，即回归方程式的常数项可以省略。

（6）取截距 =0，重复步骤 3、4，系统输出结果如图 10-28 所示。

根据给出的数据可以写出调整截距后的回归方程为

$$q_i = 41.9A + 43.8B - 77.5C + 2.96D - 1.05E$$

（7）调整截距后的输出结果分析。

SUMMARY OUTPUT

回归统计	
Multiple R	0.8085931
R Square	0.6538229
Adjusted R Square	0.4807343
标准误差	137.36962
观测值	16

方差分析

	df	SS	MS	F	Significance F
回归分析	5	356404.4526	71280.8905	3.77738927	0.035062412
残差	10	188704.1167	18870.4117		
总计	15	545108.5694			

	Coefficient	标准误差	t Stat	P-value	Lower 95%	Jpper 95%	下限 95.0	上限 95.0%
Intercept	87.752557	416.2958268	0.21079375	0.83728162	-839.8123448	1015.32	-839.81	1015.317
X Variable 1	39.648864	20.70924896	1.9145486	0.08456726	-6.494218374	85.7919	-6.4942	85.79195
X Variable 2	40.485	61.43356033	0.65900462	0.52477638	-96.397502	177.368	-96.398	177.3675
X Variable 3	-80.835	61.43356033	-1.3158117	0.2176029	-217.717502	56.0475	-217.72	56.0475
X Variable 4	2.5602778	2.643679512	0.9684524	0.35565754	-3.330207229	8.45076	-3.3302	8.450763
X Variable 5	-1.069275	0.307167802	-3.4810778	0.00591054	-1.75368751	-0.3849	-1.7537	-0.38486

图 10-27　Excel 分析结果

SUMMARY OUTPUT

回归统计	
Multiple R	0.955719272
R Square	0.913399327
Adjusted R Squ	0.790999082
标准误差	131.2674593
观测值	16

方差分析

	df	SS	MS	F	Significance F
回归分析	5	1999154.065	399830.8131	23.2039596	3.33101E-05
残差	11	189542.6047	17231.14588		
总计	16	2188696.67			

	Coefficients	标准误差	t Stat	P-value	Lower 95%	Upper 95%	下限 95.0	上限 95.0%
Intercept	0	#N/A	#N/A	#N/A	#N/A	#N/A	#N/A	#N/A
X Variable 1	41.92906742	16.8751112	2.484669103	0.03032121	4.787198111	79.07094	4.7872	79.07094
X Variable 2	43.82929888	56.71320986	0.772823457	0.45591229	-80.99563433	168.6542	-80.996	168.6542
X Variable 3	-77.4907011	56.71320986	-1.3663607	0.19910603	-202.3156343	47.33423	-202.32	47.33423
X Variable 4	2.958408597	1.767631764	1.673656617	0.12236415	-0.932122681	6.84894	-0.9321	6.84894
X Variable 5	-1.05135911	0.282062984	-3.727391297	0.00333857	-1.672175556	-0.43054	-1.6722	-0.43054

图 10-28 调整截距后的 Excel 输出结果

① 相关系数 $R=0.956$，说明相关程度较高。

② Significance $F=3.33\times10^{-5}$，小于显著性水平0.05，所以说该回归方程回归效果不显著。

③ P－value 截距和斜率的显著性水平

进水压力 A 和喷嘴位置 E 的 t 统计量的 p 值为 0.030、0.003，小于显著性水平 0.05，因此该两种因素与吸风量相关，又因为 $0.003<0.030$，则喷嘴位置因素又比进水压力因素对吸风量的影响大。其他各项的 t 统计量大于进水压力和喷嘴位置的 t 统计量的 p 值，因此这些项的回归系数不显著。

10.8 提高引射除尘效率的途径

10.8.1 引射除尘效率的影响因素分析

根据水射流引射除尘器的除尘机理，其除尘效率的主要影响因素：

（1）喷嘴的外壳与旋芯的结构尺寸以及二者的搭配关系：喷嘴外壳与旋芯的搭配不仅影响喷出的高压水的射流速度，还影响雾化效果。喷嘴射出的流速越高，集气罩端口出的负压就越高，吸气量就越大，液气比降低，单位时间内处理含尘气体的体积就越多，可以有效提高除尘器的除尘效率。另外，雾化状况是影响除尘效率的关键因素。雾化状况越好，单位时间内尘粒与雾滴碰撞的概率增加，惯性碰撞参数 N_1 增大，除尘效率增高。

（2）喷嘴安装位置：喷嘴喷出的水雾在引射筒中的形状应类似于“活塞”，从而产生负压，故其安装位置将会影响“活塞”效应进而影响吸气量的大小和除尘效率。

（3）其他：集气罩的结构尺寸不仅影响到吸气量，还影响到一级降尘的效果；供水压力的大小会影响到吸气量的大小；除尘器的密封性影响除尘效率的高低；含尘水流撞击到折流板同时流入收集装置，可能会形成粉尘的二次飞扬，所以折流板的大小和形状同样影响除尘效率。

10.8.2　除尘器的结构优化

1. 集气罩的设计

集气罩是收集含尘空气，其结构尺寸会影响吸风量的大小，而且集气罩作为除尘器一级降尘的装置，还会影响除尘器的除尘效率，因此，有必要对除尘器的集气罩进行结构上的优化。集气罩按其截面形状的不同可分为矩形截面和圆形截面（不同的截面形状其端口处气流速度的分布是不同的），而其主要参数有最大截面面积 S 和深度 L，如图 10－29 所示，根据不同的参数便可以设计出不同类型的集气罩。可以在“风速测试系统”和“粉尘浓度测试系统”中测定安装不同参数集气罩的除尘器的除尘效率，寻求最佳的结构参数。

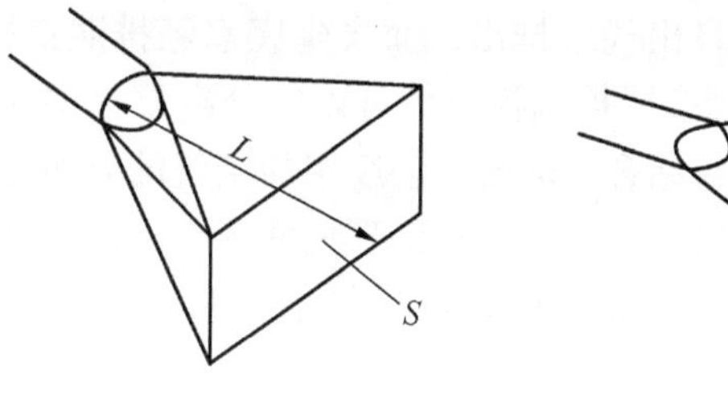

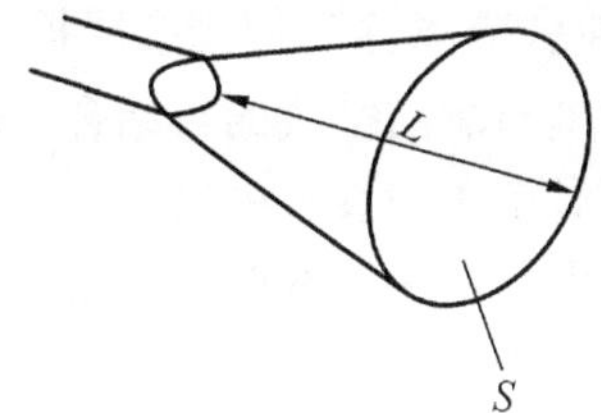

图 10－29　集气罩结构参数示意图

2. 喷嘴的设计

喷嘴是引射除尘器的重要结构，其喷射出的液体速度以及雾滴的大小、密度等影响除尘效率。综合射流速度和雾滴大小及密度，采用有旋芯喷嘴，其由外壳和旋芯组成，外壳的结构参数有出口直径 D、出口段长度 T、出口段内锥角 x 和外壳内腔导角 y 4

个参数；旋芯的结构参数有螺旋槽截面形状、螺旋槽深度 d、螺旋槽头数 n、螺旋槽宽度 b 和螺旋槽螺距 p 5 个参数。对这 9 个参数的匹配可以采用正交试验方法在风速试验系统中进行试验，根据除尘效果寻求喷嘴结构参数的最佳匹配。

3. 折流板的改进

含尘水流撞击到折流板而流入收集装置，可能会形成粉尘的二次飞扬，所以折流板的大小和形状同样影响除尘效率。水射流引射除尘器的折流板存在以下几个方面问题：①用一层折流板进行分离，效率低；②清洁空气与含尘废水由同一端输出，难以测量出气口粉尘的浓度，且测量时容易受到外界环境的影响；③容易形成回风，且在回风过程中，有可能使已经凝并的粉尘再次分开，形成粉尘的二次飞扬。为此可以把折流板替换为一个简易的“折流式分离器”，该分离器垂直布置，内部为多层折流板，主要用于分离含尘废水和气体；其进流口与引射筒出气端连接，引射筒流出的含尘废水进入分离器，经多层折流板后，从含尘废水中分离出的清洁气体自出气口排出，而含尘废水经排液口排出。“折流式分离器”使用多层折流板设计可以使分离效率增加，避免粉尘与清洁空气的再结合；同时含尘废水与空气的分离是在一个相对密闭的装置中进行，可减少外部环境的影响；清洁空气由单独出口出去，容易放置“粉尘浓度采样器”从而对出口气体进行粉尘浓度的测定。

参考文献

[1] 赵雷雨．煤矿喷雾降尘中多相流耦合机理及仿真研究［D］．太原：中北大学，2016.

[2] 卢义玉，王洁，蒋林艳，等．煤层钻孔孔口除尘装置的设计与实验研究［J］．煤炭学报，2011，10，(10)：1725 - 1730.

[3] 李庆钊．矿井煤尘的分形特征及对其表面润湿性能的影响［J］．煤炭学报，2012，37 (6)：138 - 142.

[4] 周刚．煤矿综放面雾化除尘理论及应用［M］．北京：煤炭工业出版社，2014.

[5] 王翱．单颗粒捕集细颗粒物的行为与机制研究［D］．清华大学，2016.

[6] 李忠奎．火电厂输煤系统除尘机理的研究与除尘系统的设计［M］．华北电力大学（北京）出版社，2006.

[7] 杨胜来．采煤工作面粉尘颗粒运动的动力学模型的探讨［J］．山西矿业学院学报，1994，3：250 - 258.

[8] 贾慧艳．皮带输煤系统转载点粉尘析出逸散规律及数值模拟研究［J］．辽宁工程技术大学，2007.

[9] 韩国庆，高飞，竺彪，等．煤层气井煤粉颗粒表观机械运移规律［J］．煤炭学报，2013，9：365 - 368.

[10] 曹建明．液体喷雾学［M］．北京大学出版社，2013.

[11] 左前明．大采高综采工作面煤尘扩散规律及防治技术研究［D］．中国矿业大学（北京）．2014.

[12] 刘立新，罗晶，司群猛，等．喷嘴位置对文丘里除尘器流场影响的模拟研究［J］．安全与环境学报，2016，8：283 - 287.

[13] 王松岭，靳超然，刘梅，等．风力机运行对近地层风速及湍动能影响的研究［J］．电力科学与工程，2015，10：70 - 73.

[14] 聂文．掘进机外喷雾负压二次降尘装置的研制与应用［J］．煤炭学报，2014，39 (12)：2446 - 2452.

[15] 祁海莹．产煤发达国家生产现状及安全形势分析［J］．中国煤炭，2015，(8)：140 - 143.

[16] 郝宇，郑少卿，彭辉．“供给侧改革”背景下中国能源经济形势展望

[J]. 北京理工大学学报（社会科学版），2017，（2）：28 -34.

[17] 何花，奚陈莲. 国外煤矿关闭退出及煤矿区转型的经验及启示 [J]. 煤炭经济研究，2016，（7）：19 -22.

[18] 高飞. 2006 年 -2015 年全国煤矿事故类型浅析 [J]. 内蒙古煤炭经济，2016，（22）：120 -121.

[19] 国家安全监管总局规划科技司. 安全生产“十三五”规划八大要点 [N]. 中国安全生产报，2017 -02 -06（003）.

[20] 李奇. 综放支架放煤口负压捕尘装置研究 [D]. 太原理工大学，2008.

[21] 周茂普. 综掘工作面通风除尘系统研发与应用 [J]. 煤炭科学技术，2009，37（10）：1 -3.

[22] 郭有为. 煤尘湿润性实验研究 [J]. 山东煤炭科技,2015(1)：99 -100 +103.

[23] 赵岩. 浅谈磁化水在煤炭抑尘方面的开发与应用 [J]. 港口科技动态，1998（2）：20 -21.

[24] 翟国栋，董志峰. 放煤口引射除尘器的设计和优化研究 [J]. 矿业安全与环保，2007，（2）：41 -43.

[25] 翟国栋，严升明. 放煤口引射除尘器中喷嘴雾化特性的研究 [J]. 液压与气动，2007，3：23 -26.

[26] 王纯，张殿印，等. 除尘设备手册 [M]. 化学工业出版社,2009：635 -660.

[27] 林南英，翟国栋，张祥珍. 综放工作面引射除尘器的设计研究 [J]. 煤矿机械，1999，6：12 -14.

[28] 翟国栋. 引射除尘器中喷雾的优化研究 [J]. 煤炭工程，2006，(11)：19 -21.

[29] 任万兴. 煤矿井下泡沫除尘理论与技术研究 [D]. 中国矿业大学，2009.

[30] 王世潭. 粉尘尘源分布规律初探 [J]. 矿业快报，2005，（8）：17 -18.

[31] Fu Gui，Wu Jian，Zhang Yinghua. Study on Dust - Control Water Injection in Fully - Mchanized Top - Coal Caving Longwall Faces [J]. Journal of China University of Mining and Technology 1999（11）：56 -59.

[32] 王晓珍，蒋仲安，王善文，等. 煤巷掘进过程中粉尘浓度分布规律的数值模拟 [J]. 煤炭学报，2007，32 (4)：386－390.

[33] 刘毅，蒋仲安，蔡卫，等. 综采工作面粉尘浓度分布的现场实测与数值模拟 [J]. 煤炭科学技术，2006，34 (4)：80－82.

[34] Yuan－Pan Zheng，Chang－Gen Feng，Guo－Xun Jing，et al. A statistical analysis of coal mine accidents caused by coal dust explosions in China [J]. Journal of Loss Prevention in the Process Industries，2009，22 (4)：528－532.

[35] 王和堂. 矿尘在井巷风流中的运动特性 [J]. 矿业工程研究，2011，26 (4)：66－69.

[36] El－shoboksky M S. A method for reducing the deposition of small particles from turbulent fluid by creating a thermal gradient at the surface [J]. The Canadian Journal of Chemical Engineering，1981，59 (2)：155－157.

[37] 东明. 大孔隙率多孔介质内湍流流动和质量弥散的数值研究 [D]. 大连理工大学，2009.

[38] 孔珑主. 两相流体力学 [M]. 高等教育出版社，2004.

[39] 刘秀萍. 三维六面体网格划分技术研究与实现 [D]. 东北大学，2010.

[40] Zhou，L. X. Two－fluid models for simulating turbulent gas－particle flows and combustion [J]. Multiphase Science and Technology，1999，11 (1)：37－57.

[41] Enwald H，Peirano E，Almstedt A E. Eulerian two－phase flow theory applied to fluidization [J]. International Journal of Multiphase Flow，1996，22 (S)：21－66.

[42] 郝金鹏. 陈家沟煤矿特厚煤层综放采场矿压特征及顶煤冒放性研究 [D]. 太原理工大学，2016.

[43] 马睿. 巷道快速掘进空顶区顶板破坏机理及稳定性控制 [D]. 中国矿业大学，2016.

[44] 杨晓霖，宋卫东，张玉荣，等. 基于GAMBIT的带翼舵导弹网格划分方法研究 [J]. 价值工程，2013，(17)：56－58.

[45] 顾飞飞，郑玉桥，袁晓雨. 不同煤质游离 SiO_2 的含量与尘肺发病关

系研究 [J]. 华北科技学院学报, 2016, (2): 56 - 60.
[46] 王凯. 基于风筒直径及位置参数优化的综掘面粉尘运移规律研究 [D]. 太原理工大学, 2016.
[47] 常婷. 露天储煤场煤尘起尘及抑尘研究 [D]. 山西大学, 2009.
[48] 步玉环, 王瑞和, 等. 旋转射流流线分析及旋流强度的计算 [J]. 石油大学学报, 1998 (5): 45 - 47.
[49] 翟国栋. 综采工作面人机环境系统安全研究 [D]. 中国矿业大学 (北京), 2011: 59.
[50] 徐江荣, 周志军. 强旋转受限射流的数值模拟 [J]. 中国电机工程学报, 1999 (12): 41 - 45.
[51] 王福军. 计算流体力动力学分析. 清华大学出版社, 2004.
[52] 邢茂. 旋转射流理论及实验研究 [D]. 太原理工大学, 2000.
[53] 牛全振. 矿用风水雾化除尘装置设计及其流场仿真研究 [D]. 太原理工大学, 2008.
[54] 杨莉娜. 煤矿粉尘监测与控制系统的模拟研究 [D]. 河北理工大学, 2007.
[55] 陈颖. 煤矿胶带输送机转载点喷雾降尘系统的研究 [D]. 北京化工大学, 2009.
[56] 任晓东. 煤矿快速施工的通风与除尘技术研究 [D]. 西安科技大学, 2007.
[57] 郭文彬. 平沟煤矿 1604 工作面的煤层综合防治的研究 [D]. 内蒙古科技大学, 2009.
[58] 崔谟慎, 孙家骏. 高压水射流技术 [M]. 北京: 煤炭工业出版社, 1993.
[59] 翟国栋. 综采工作面人 - 机 - 环境系统安全研究 [M]. 北京: 煤炭工业出版社, 2017.
[60] 孙九州. 基于 FLUENT 的板塔重力分离器的结构优化 [D]. 东北石油大学, 2014.
[61] 吴应豪. 巷道粉尘沉降规律与转载点喷雾降尘系统研究 [D]. 太原理工大学, 2005.
[62] 陈霖. 巷道综合喷雾降尘技术研究 [D]. 西安科技大学, 2008.
[63] 辛芳. 基于 DPM 的螺旋离心泵磨蚀特性分析 [D]. 兰州理工大学,

2016.
[64] 吴琼. 综采工作面喷雾除尘机理及高效降尘喷嘴改进研究 [D]. 辽宁工程技术大学, 2007.
[65] 俞嘉虎. 流体力学 [M]. 人民交通出版社, 2002.
[66] 张东速, 刘立本. 旋转锥形磨料射流钻孔性能的研究 [J]. 煤炭学报, 2001 (8): 410 - 412.
[67] 王瑞和, 倪红坚. 旋转水射流破沿的数值模拟分析 [J]. 石油大学学报, 2003 (10): 33 - 35.
[68] 刘力红. 旋转射流喷头内部流体速度的研究 [J]. 管道技术与设备, 2010 (10): 49 - 50.
[69] 林玉静, 杨延相. 旋转喷嘴射流初始阶段运动规律研究 [J]. 天津大学学报, 2001 (11): 790 - 793.
[70] 宋剑, 李根生. 同轴直射流与旋转射流组合的双射流湍流流场数值模拟 [J]. 水动力学研究与进展, 2004 (9): 671 - 674.
[71] 吴江, 刘浙, 等. 气固多相旋转射流的数值模拟研究 [J]. 硅酸盐通报, 2005: (5) 44 - 46.
[72] 郭仁宁, 王若旭. 高压水旋转射流喷嘴的外部流场数值模拟 [J]. 世界科技研究与发展, 2009 (10): 858 - 860.
[73] 孙锐, 李争起. 不同湍流模型对强旋流动的数值模拟 [J]. 动力工程, 2002 (6): 1750 - 1753.
[74] 薛胜雄, 舒平玲. 喷射技术信息源 [J]. 清洗世界, 2004(6):236 - 239.
[75] 金国栋. 高压水破岩 [J]. 高压水射流, 1988 (1): 45 - 49.
[76] 傅贵. 煤体预湿机理与注水防尘技术研究 [D]. 中国矿业大学 (北京), 1994.
[77] 蒋仲安, 金龙哲, 陈立武, 等. 掘进巷道粉尘控制技术的研究 [J]. 中国安全科学学报, 1999, 9 (1): 11 - 15.
[78] 蒋仲安, 金龙哲, 袁绪忠, 等. 掘进巷道中粉尘分布规律的实验研究 [J]. 煤炭科学技术, 2001, 29 (3): 43 - 45.
[79] 冯俊杰. 气液两相体系气泡的流体力学行为研究 [D]. 北京化工大学, 2016.
[80] 刘化勇. 超声速引射器的数值模拟方法及其引射特性研究 [D]. 中

国空气动力研究与发展中心，2009.
[81] 张建．采用修正来流条件和粗糙壁面处理方法的绕流问题研究 [D]．北京交通大学，2011.
[82] 郭勇，李东明．新型整体式 CS165E 露天潜孔钻机 [J]．建筑机械，2009 (7)：62－65.
[83] 余志英，邹善能，等．湿式纤维栅除尘器在 KQ150 型潜孔钻机上的应用 [J]．工业安全与防尘，2000 (4)：12－14.
[84] 唐文瑞．潜孔钻机水浴除尘器的开发与应用 [J]．工业技术，2010 (9)：88－90.
[85] 段鹏文，蒲志新．潜孔钻机干式除尘系统改造 [J]．煤矿机械，2000 (12)：46－49.
[86] 段鹏文，张宝华．露天钻机新型除尘系统的研究 [J]．辽宁工程技术大学学报，2001 (2)：105－107.
[87] 卢鉴章．我国煤矿粉尘防治技术的新进展 [J]．煤炭科学技术，1996 (24)：85－88.
[88] 张小良，陈建华．矿山粉尘防治技术的进展 [J]．矿山保护与利用，2001 (5)：63－65.
[89] 张延松．高压喷雾及其在煤矿井下粉尘防治中的应用 [J]．重庆环境科学，1994 (16)：32－36.
[90] 马汉鹏，王德明．矿井粉尘防治技术探讨 [J]．洁净煤技术，2005 (11)：68－70.
[91] 黄俊．水射流除尘技术 [M]．西安：西安交通大学出版社，1993.
[92] 黄诚为．基于大涡模拟与风洞试验的超高层双塔建筑风荷载特性研究 [D]．重庆大学，2014.
[93] 林建忠．湍动力学 [M]．杭州：浙江大学出版社，2000.
[94] 王敏．大采高放顶煤采场结构及围岩控制研究 [D]．太原理工大学，2010.
[95] 黄尚智，樊运策．推进我国放顶煤液压支架改革的建议 [J]．煤矿开采，2007.
[96] 张少江．大涡模拟在复杂流场中的计算与分析 [D]．南京航空航天大学，2015.
[97] 李春峰．用于油罐清洗的自激脉冲喷嘴研究 [D]．山东大学，2007.

[98] 周新建．引射雾化喷嘴性能研究［J］．化学工程，2004（1）：38－41.

[99] 徐刚．CFD 在旋流喷嘴设计巾的应用研究［D］．上海交通大学，2008.

[100] A. Datta，S. K. Som. Numerical Prediction of Air Core Diameter，coefficient of Discharge and Spray Cone Angle of a Swirl Pressure Nozzle. International Journal of Heat and Fluid Flow［J］．2000.

[101] 李兆东，王世和，王小明，等．湿法烟气脱硫旋流喷嘴喷雾角试验研究［J］．华东电力，2005（10）：16－18.

[102] Jeffery C. Thompson，Jonathan P. Rothstein. The atonmization of viscoelastic fluids in flat－fan and hollow－cone spray nozzles［J］．J. Non－Newtonian Fluid Mech，2007，147：11－22.

[103] B. Befrui，G. Corbinelli，D. Robart and W. Reckers. LES Simulation of the Internal Flow and Near－Field Spray Structure of an Outward－Opening GDi Injector and Comparison with Imaging Data［J］．SI Combustion and Direct Injection SI Engine Technology，2008，01：0137－0148.

[104] Seoksu Moon，Essam Abo－Serie，Choongsik Bae. Air flow and pressure inside a pressure－swirl spray and their effects on spray development［J］．Experimental Thermal and Fluid Science，2009，33（2）：222－231.

[105] Paolo E. Santangelo. Characterization of high－pressure water_ mist sprays：Experimental analysis of droplet size and dispersion［J］．Experimental Thermal and Fluid Science，2010，34（8）：1353－1366.

[106] Moussa Tembely，Christian Lecot，Arthur Soucemarianadin. Prediction and evolution of drop－size distribution for a new ultrasonic atomizer［J］．Applied Thermal Engineering，2011，31（5）：656－667.

[107] 张弛，张荣伟，徐国强，等．直射式双旋流空气雾化喷嘴的雾化效果［J］．航空动力学报，2006，805－809.

[108] 张建平，任亚鹏，潘艳．除尘旋流雾化喷嘴仿真及 CFD 流场分析［J］．煤矿机械，2014，47－49.

[109] 李明忠，赵国瑞．基于有限元仿真分析的高压雾化喷嘴设计及参数优化［J］．煤炭学报，2015，279－284.

[110] 郝磊，高雄，陈铁英，等．基于 ANSYS 雾化喷嘴流场分析及参数优化［J］．农机化研究，2016，08：19 -23.

[111] 邹全乐，徐幼平，郑春山，等．基于田口方法的钻割一体化喷嘴结构参数优化［J］．煤矿机械，2012，33（10）：17 -19.

[112] 解茂昭．内燃机计算燃烧学［M］．大连：大连理工大学出版社，1995.

[113] 侯凌云，侯晓春．喷嘴技术手册［M］．北京：中国石化出版社，2007.

[114] 周雪漪．计算水力学［D］．北京：清华大学出版社，1995.

[115] 陆曙光．基于 FLUENT 的动力机械三维流场模拟及结构改进［D］．哈尔滨工业大学，2013.

[116] 许小龙．煤层中水驱瓦斯建模与数值模拟［D］．重庆大学，2015.

[117] V. A. MECHEONVA. Using Completely Implicit Methods to Solve the Direct Problem of Nozzle Theory［J］. Computational Mathematics and Modeling. 1997.

[118] DARYL L. Theory of Multi - Nozzle Impactor Stages and the Interpretation of Stage Mensuration Data［J］. Aerosol Science and Technology. 2009.

[119] 程明，顾铭企，刘庆国．气动雾化喷嘴喷雾粒度的理论和试验研究［J］．航空发动机，1999.

[120] 游超林，陈迪龙，蔡国汉，等．多射流引射器的数值模拟［J］．煤气与热力，2010.

[121] 董星涛，孙磊，卢德林，等．低压旋流喷嘴喷雾特性数值仿真及结果分析［J］．机电工程，2011，28（11）：1306 -1309.

[122] 叶辉，张钰，陈志敏，等．引射混合器数值模拟及性能预测方法研究［J］．科学技术与工程，2012，12（02）：365 -368.

[123] 张璜．多液滴运动和碰撞模型研究［D］．清华大学，2015.

[124] HIRT C W，NICHOLS B D. Volume of fluid（VOF） method for the dynamics of free boundaries［J］. Journal of Computational Physics，1981，39（1）：201 -225.

[125] 于勇．FLUENT 入门与进阶教程［M］．北京：北京理工大学出版社，2008.

[126] 卢晓江，何迎春，赖维．高压水射流清洗技术及应用［M］．北京：化学工业出版社，2006.

[127] 沈忠厚．水射流理论与技术［M］．东营：石油大学出版社，1998.

[128] 侯宝月．采煤机二次负压降尘技术研究［J］．同煤科技，2015.

[129] 于全想．采煤机降尘技术研究与应用［D］．中国矿业大学，2014.

[130] 赵菊恒．尘粒在二维通道中输运特性的数值模拟［D］．西安建筑科技大学，2005.

[131] 何成．基于 FLUENT 的气力输送浓相气固两相流数值模拟［D］．广东工业大学，2014.

[132] 王立成．带导流筒搅拌槽中液—固—固三相流场的实验与模拟研究［D］．天津大学，2010.

[133] 阮龙飞．管道气液两相流流型及热—流—固耦合数值模拟研究［D］．长江大学，2015.

[134] 何青．管内气液两相流相间作用力特性仿真研究［D］．河北大学，2014.

[135] 陈雯，于向军．基于 FLUENT 的风粉管道风速流场模拟［J］．江苏电机工程，2008，(06)：72－75.

[136] 艾海峰．三维水流数值模拟及其在水利工程中的应用［D］．天津大学，2006.

[137] 郭雅迪，张人伟，刘曰帅，等．基于 FLUENT 模拟的选煤厂煤仓瓦斯超限治理研究［J］．安全与环境工程，2014.

[138] 高德真，李佳璐，李德臣，等．基于 FLUENT 气固两相流数值模拟与分析［J］．辽宁石油化工大学学报，2015.

[139] 陈浩．流体运输管道泄漏负压波模拟与信号处理研究［D］．东北石油大学，2012.

[140] Parham Babakhani Dehkordi. CFD simulation with experimental validation of oil－water core－annular flows through Venturi and Nozzle flow meters [J], Journal of Petroleum Science and Engineering, (2017): 540－552.

[141] M. Mahdavi, M. Sharifpur, J. P. Meyer. Simulation study of convective and hydrodynamic turbulent nanofluids by turbulence models [J], International Journal of Thermal Sciences, 110 (2016) 36－51.

[142] Deendarlianto, Moeso Andrianto, Adhika Widyaparaga. CFD Studies on the gas – liquid plug two – phase flow in a horizontal pipe [J], Journal of Petroleum Science and Engineering, 147 (2016) 779 – 787.

图书在版编目（CIP）数据

煤矿综放工作面引射除尘理论与技术研究/翟国栋著. --北京：煤炭工业出版社，2019
ISBN 978-7-5020-7154-7

Ⅰ.①煤… Ⅱ.①翟… Ⅲ.①煤矿—综采工作面—喷雾防尘—研究 Ⅳ.①TD714

中国版本图书馆 CIP 数据核字（2018）第297126号

煤矿综放工作面引射除尘理论与技术研究

著　　者　翟国栋
责任编辑　尹忠昌
编　　辑　孟　楠
责任校对　陈　慧
封面设计　罗针盘

出版发行　煤炭工业出版社（北京市朝阳区芍药居35号　100029）
电　　话　010-84657898（总编室）　010-84657880（读者服务部）
网　　址　www. cciph. com. cn
印　　刷　北京建宏印刷有限公司
经　　销　全国新华书店

开　　本　880mm×1230mm $^{1}/_{32}$　**印张**　$10^{1}/_{2}$　**字数**　272千字
版　　次　2019年3月第1版　2019年3月第1次印刷
社内编号　20181824　　　　**定价**　36.00元
